Beiträge zur Numerischen Mathematik 9

Beiträge zur Numerischen Mathematik 9

Herausgegeben von
Frieder Kuhnert und Jochen W. Schmidt

R. Oldenbourg Verlag München Wien 1981

CIP-Kurztitelaufnahme der Deutschen Bibliothek

Beiträge zur Numerischen Mathematik / hrsg. von
Frieder Kuhnert u. Jochen W. Schmidt. —
München, Wien : Oldenbourg.

NE: Kuhnert, Frieder [Hrsg.]

9. — 1981.
ISBN 3-486-24271-7

Printed in the German Democratic Republic
Gesamtherstellung: VEB Druckhaus „Maxim Gorki“, Altenburg
ISBN: 3-486-24271-7

Inhalt

Beiträge zur Numerischen Mathematik
9 (1981), 7–12

Konvergenzbeschleunigende Maßnahmen bei einem Verfahren zur Einschließung von positiven Inversen

Götz Alefeld

1. Einleitung

In [2] wurde ein Verfahren angegeben, welches in einem normierten halbgeordneten Ring das Inverse a^{-1} eines Elementes a unter der Voraussetzung $a^{-1} \geqq 0$ einschließt und mit der Konvergenzordnung 3 gegen a^{-1} konvergiert. Wie die meisten Verfahren höherer Ordnung ist auch dieses Verfahren äußerst wirksam, wenn man einen Startwert kennt, der hinreichend nahe an der Lösung liegt. Dagegen kann man bei ungünstig gewählten Startelementen unverhältnismäßig viele Schritte benötigen, bis man so nahe an der Lösung ist, daß die hohe Konvergenzordnung zum Tragen kommt.
In dieser Arbeit geben wir für das obengenannte Verfahren eine einfache Möglichkeit zur Konvergenzbeschleunigung im Sinne der Halbordnung an. Die Wirksamkeit dieses Vorgehens wird an einigen konkreten Beispielen aus der Menge der $m \times m$-Matrizen demonstriert. Der zusätzliche Aufwand gegenüber dem ursprünglichen Verfahren ist hierbei zumindest für großes m vernachlässigbar. Es zeigt sich, daß das neue Verfahren konvergieren kann, obwohl das ursprüngliche divergiert. Dies wird an einem konkreten Beispiel bestätigt.

2. Bezeichnungen und Hilfsmittel

Es sei R ein Ring mit Einselement e, der durch einen Kegel K $\big(K \subset R, K + K \subset K, K \cdot K \subset K, K \cap (-K) = \{0\}\big)$ halbgeordnet ist. In R sei eine Norm definiert ($\|x\| = 0 \Leftrightarrow x = 0$, $\|x\| = \|-x\|$, $\|x + y\| \leqq \|x\| + \|y\|$, $\|xy\| \leqq \|x\| \cdot \|y\|$), über die vermittels

$$\lim_{n\to\infty} x_n = x^* \Leftrightarrow \lim_{n\to\infty} \|x_n - x^*\| = 0$$

ein Konvergenzbegriff eingeführt ist.
Es bezeichne

$$I = \{x \in R \mid \exists\, x^{-1} \in R \text{ mit } xx^{-1} = x^{-1}x = e\}$$

die Menge der invertierbaren Elemente von R. Wir betrachten die Aufgabe, für ein $a \in I$ das Element a^{-1} zu bestimmen. Dies ist identisch mit der Aufgabe, die

Lösung der Operatorgleichung

$$F(x) \equiv a - x^{-1} = 0$$

zu bestimmen.

3. Verfahren und Vergleichssatz

Es sei $a \in I$, $a^{-1} \geqq 0$ und x_0 so gewählt, daß $e - ax_0 \leqq 0$ gilt. Dann liefert das Iterationsverfahren

$$\text{(V1)} \qquad \begin{cases} y_{n+1} = x_n + x_n(e - ax_n), \\ x_{n+1} = x_n + y_{n+1}(e - ax_n), \end{cases} \qquad n = 0, 1, 2, \ldots,$$

zwei Folgen $\{y_n\}_{n=1}^{\infty}$ und $\{x_n\}_{n=0}^{\infty}$, für deren Elemente die Beziehungen

$$\begin{aligned} e - ay_{n+1} &= (e - ax_n)^2 \geqq 0, \\ e - ax_{n+1} &= (e - ax_n)^3 \leqq 0, \end{aligned} \qquad n = 0, 1, 2, \ldots, \tag{1}$$

gelten, aus denen zusammen mit $e - ax_0 \leqq 0$ wegen $a^{-1} \geqq 0$ die Einschließung

$$y_{n+1} \leqq a^{-1} \leqq x_n$$

für alle $n = 0, 1, 2, \ldots$, folgt. Unter der Voraussetzung $\|e - ax_0\| \leqq 1$ gilt

$$\lim_{n\to\infty} y_n = \lim_{n\to\infty} x_n = a^{-1},$$

und beide Folgen konvergieren kubisch gegen a^{-1}. Siehe dazu [2].

Wir ändern das Verfahren (V1) nun folgendermaßen ab:

$$\text{(V1')} \qquad \begin{cases} y_{n+1} = x_n + x_n(e - ax_n), \\ \tilde{y}_{n+1} = x_n + (y_{n+1} - x_n)\,\omega_n, \\ x_{n+1} = x_n + \tilde{y}_{n+1}(e - ax_n), \end{cases} \qquad n = 0, 1, 2, \ldots$$

Dabei soll $\omega_n \in R$ so gewählt werden, daß

$$e - ax_n \leqq e - ax_n\omega_n \leqq 0 \tag{2}$$

gilt. Trivialerweise ist immer die Wahl $\omega_n = e$ möglich, für die (V1') in (V1) übergeht.

Über (V1') beweisen wir nun die folgende Aussage.

Satz. *Es seien* $\{y_n\}_{n=1}^{\infty}$, $\{x_n\}_{n=0}^{\infty}$ *bzw.* $\{y_n'\}_{n=1}^{\infty}$, $\{x_n'\}_{n=0}^{\infty}$ *die nach Verfahren* (V1) *bzw.* (V1') *mit* $x_0 = x_0'$ *unter der Voraussetzung* $e - ax_0 \leqq 0$ *berechneten Folgen. Dann gilt*

$$y_{n+1} \leqq y_{n+1}' \leqq a^{-1} \leqq x_n' \leqq x_n \quad \textit{für} \quad n = 0, 1, 2, \ldots$$

Beweis. Für $n = 0$ ist $x_0' = x_0$, und aus der Voraussetzung $e - ax_0 = e - ax_0' \leqq 0$ folgt wegen $a^{-1} \geqq 0$ sofort $a^{-1} \leqq x_0' = x_0$. Außerdem ist $y_1' = y_1$, und wegen

$$e - ay_1 = e - ay_1' = (e - ax_0)^2 \geqq 0$$

gilt $y_1 = y_1' \leqq a^{-1}$. Somit gilt die Behauptung für $n = 0$. Um sie für beliebiges $n \geqq 0$ zu zeigen, bemerken wir zunächst, daß analog zu (1) für die nach (V1') berechneten Iterierten unter Verwendung des zweiten Teils der Ungleichung (2) die Beziehungen

$$\begin{aligned} e - ay'_{n+1} &= (e - ax_n')^2 \geqq 0, \\ e - ax'_{n+1} &= (e - ax_n')(e - ax_n'\omega_n)(e - ax_n') \leqq 0, \end{aligned} \qquad n = 0, 1, 2, \ldots, \tag{1'}$$

durch vollständige Induktion bewiesen werden können. Aus (1') folgt zusammen mit der Voraussetzung $e - ax_0 \leqq 0$ wegen $a^{-1} \geqq 0$ die Einschließung

$$y'_{n+1} \leqq a^{-1} \leqq x_n' \tag{3}$$

für $n = 0, 1, 2, \ldots$ Wir zeigen weiter, daß die Ungleichungen

$$e - ax_{n+1} \leqq e - ax'_{n+1}, \qquad n = 0, 1, 2, \ldots, \tag{4}$$

und

$$e - ay_{n+1} \geqq e - ay'_{n+1}, \qquad n = 0, 1, 2, \ldots, \tag{5}$$

gelten. Für $n = 0$ ist wegen $e - ax_0 \leqq 0$ und wegen (2)

$$e - ax_1 = (e - ax_0)^3 \leqq (e - ax_0)(e - ax_0\omega_0)(e - ax_0) = e - ax_1'.$$

Außerdem ist wegen $y_1' = y_1$

$$1 - ay_1 = 1 - ay_1'.$$

Gelten (4) und (5) für alle $n \leqq N - 1$, so folgt zusammen mit (2)

$$\begin{aligned} e - ax'_{N+1} &= (e - ax_N')(e - ax_N'\omega_N)(e - ax_N') \geqq (e - ax_N')^3 \\ &\geqq (e - ax_N)^3 = e - ax_{N+1}. \end{aligned}$$

Analog folgt aus der Induktionsvoraussetzung $e - ax_N' \geqq e - ax_N$ die Beziehung

$$e - ay_{N+1} = (e - ax_N)^2 \geqq (e - ax_N')^2 = e - ay'_{N+1},$$

also insgesamt die Gültigkeit von (4) und (5). Aus diesen beiden Ungleichungen folgt wegen $a^{-1} \geqq 0$ zusammen mit (3) die Behauptung

$$y_{n+1} \leqq y'_{n+1} \leqq a^{-1} \leqq x_n' \leqq x_n \quad \text{für alle} \quad n \geqq 0. \blacksquare$$

Wir bemerken noch, daß z. B. bei vorausgesetzter Normalität des die Halbordnung definierenden Kegels K $(0 \leqq x \leqq y \Rightarrow \|x\| \leqq \beta \cdot \|y\|)$ aus der im vorangehenden Satz bewiesenen Ungleichungskette wegen

$$0 \leqq a^{-1} - y'_{n+1} \leqq a^{-1} - y_{n+1}$$

und

$$0 \leqq x_n' - a^{-1} \leqq x_n - a^{-1}$$

aus der Konvergenz der Folgen $\{y_n\}_{n=1}^{\infty}$ und $\{x_n\}_{n=0}^{\infty}$ sich die Konvergenz der Folgen $\{y_n'\}_{n=1}^{\infty}$ und $\{x_n'\}_{n=0}^{\infty}$ ergibt, während die Umkehrung nicht gilt.

4. Numerische Beispiele

Es sei jetzt R speziell die Menge $L(\mathbf{R}^m)$ der reellen quadratischen $m \times m$-Matrizen. Der Kegel K bestehe aus allen reellen Matrizen mit nichtnegativen Elementen. Es sei $a = (a_{ij}) \in R$ und $a^{-1} \geqq 0$. Weiter sei $x_n \in R$ so bekannt, daß $e - ax_n \leqq 0$ gilt (e Einheitsmatrix, 0 Nullmatrix). Dann ist $ax_n \geqq e$, d. h., in der Diagonale von ax_n stehen Zahlen, die alle nicht kleiner als eins sind. Alle übrigen Elemente sind nichtnegativ. Wählt man jetzt im Verfahren (V1′) ω_n gleich einer Diagonalmatrix

$$\omega_n = \operatorname{diag}(\omega_i^n) \quad \text{mit} \quad \frac{1}{(ax_n)_{ii}} \leqq \omega_i^n \leqq 1, \qquad i = 1(1)\,m,$$

so ist wegen $0 \leqq \omega_n \leqq e$

$$e - ax_n \leqq e - ax_n\omega_n \leqq 0.$$

Wegen

$$e - ax_n\omega_n \leqq e - ax_n\tilde{\omega}_n \leqq 0$$

für $\tilde{\omega}_n \leqq \omega_n$ ist es im Sinne der Aussagen des bewiesenen Satzes am günstigsten,

$$\omega_i^n = \frac{1}{(ax_n)_{ii}}, \qquad i = 1(1)\,m, \tag{6}$$

zu wählen.

Die Verwendung einer Diagonalmatrix für ω_n in (V1′) erfordert zusätzlich m^2 Multiplikationen reeller Zahlen gegenüber (V1). Da (V1) bereits 3 Matrizenmultiplikationen, also $3m^3$ Multiplikationen reeller Zahlen benötigt, ist zumindest für größere m der zusätzliche Aufwand bei (V1′) gegenüber (V1) in diesem Falle vernachlässigbar.

Für die Konstruktion der in den folgenden Beispielen verwendeten Startmatrizen x_0 mit $e - ax_0 \leqq 0$ schicken wir die folgenden Bemerkungen voraus: Es sei $\tilde{a} \leqq a$ und $\tilde{a}^{-1} \geqq 0$. Dann folgt $e - a\tilde{a}^{-1} \leqq 0$, d. h., mit $x_0 := \tilde{a}^{-1}$ ist die Voraussetzung $e - ax_0 \leqq 0$ erfüllt. Wir betrachten im folgenden Matrizen $a = d - b$, wobei $d = (d_{ij})$ den Diagonalanteil und $b = (b_{ij})$ den außerhalb der Diagonale stehenden Anteil bezeichnet. Es sei $b \geqq 0$ und $a^{-1} \geqq 0$; damit sind die Diagonalelemente von a notwendig positiv. Weiter sei mit $\alpha = \min\limits_{1 \leq i \leq n} d_{ii}$, $\beta = \max\limits_{i \neq j} b_{ij}$ die Ungleichung $(m-1) \cdot \beta < \alpha$ erfüllt. Dann gelten für die Matrix $\tilde{a} = (\tilde{a}_{ij})$

$$\tilde{a}_{ij} = \begin{cases} \alpha, & i = j, \\ -\beta, & i \neq j, \end{cases}$$

die Ungleichungen $\tilde{a} \leqq a$ und $\tilde{a}^{-1} \geqq 0$. Die Elemente von $\tilde{a}^{-1}$ lassen sich explizit angeben:

$$(\tilde{a}^{-1})_{ij} = \begin{cases} \dfrac{1}{\alpha} + \dfrac{\beta^2}{\alpha} \dfrac{m-1}{\alpha[\alpha - (m-2)\beta] - \beta^2(m-1)}, & i = j, \\[2ex] \dfrac{\beta}{\alpha[\alpha - (m-2)\beta] - \beta^2(m-1)}, & i \neq j. \end{cases}$$

Beispiel 1. $m = 4$

$$a = d - b \text{ mit } d = e \text{ (Einheitsmatrix)}$$

und

$$b_{ij} = \begin{cases} 0.32 + \dfrac{1}{300}, & i < j, \\[1ex] 0, & i = j, \\[1ex] 0.30 + \dfrac{1}{300}, & i > j. \end{cases}$$

Mit dem oben beschriebenen Vorgehen ergibt sich für $x_0 = \tilde{a}^{-1}$

$$(x_0)_{ij} = \begin{cases} 0.89000839630570_{10^1}, & i = j, \\ 0.81444164567598_{10^1}, & i \neq j. \end{cases}$$

Es ist $-(e - ax_0) \geqq 0$, so daß der Spektralradius $\varrho(e - ax_0)$ von der minimalen und maximalen Spaltensumme von $-(e - ax_0)$ eingeschlossen wird. Man erhält $0.977 \leqq \varrho(e - ax_0) \leqq 1.022$. Falls das Verfahren (V1) überhaupt konvergiert, so wird man in den ersten Schritten nur eine geringe Verkleinerung des Fehlers erreichen. In Tabelle 1 geben wir für die Verfahren (V1) bzw. (V1′) jeweils $\max\limits_{i,j} (x_{i,j}^{n+1} - y_{i,j}^{n+1})$ an.

Beispiel 2. Wie Beispiel 1 mit der Änderung

$$b_{ij} = 0.29 + \frac{1}{300}, \qquad i > j.$$

Tabelle 1

n	(V1)	(V1′)
0	0.87_{10^1}	0.64_{10^1}
1	0.81_{10^1}	0.11_{10^1}
2	0.67_{10^1}	$0.96_{10^{-3}}$
3	0.39_{10^1}	$0.15_{10^{-7}}$
4	0.77_{10^0}	0
5	$0.96_{10^{-3}}$	
6	$0.39_{10^{-7}}$	
7	0	

Tabelle 2

n	(V1)	(V1′)
0	0.20_{10^2}	0.13_{10^2}
1	0.16_{10^3}	0.99_{10^1}
2	0.15_{10^6}	0.50_{10^1}
3	$0.24_{10^{15}}$	0.80_{10^0}
4	$0.99_{10^{42}}$	$0.63_{10^{-3}}$
5	$0.78_{10^{125}}$	$0.63_{10^{-8}}$
6		0

Alle Spaltensummen von $-(e - ax_0)$ sind größer als 1, so daß $\varrho(e - ax_0) > 1$ gilt und (V1) divergiert. Tabelle 2, die wie im vorangehenden Beispiel aufgebaut ist, zeigt, daß (V1′) jedoch konvergiert.

In beiden Beispielen wurde ω_n nach (6) bestimmt.

Die Beispiele wurden auf der Rechenanlage CDC 6500 (Mantissenlänge 48 bit) der Zentraleinheit Rechenzentrum der Technischen Universität Berlin gerechnet. Für die Programmierung der Beispiele danke ich Herrn Dipl.-Math. H. Schwandt.

Zur Vollständigkeit sei an dieser Stelle noch auf einige andere Arbeiten hingewiesen. Bereits 1961 hat J. Albrecht in [1] gezeigt, daß das Schulzsche Verfahren unter geeigneten Bedingungen monoton konvergiert. W. Mönch hat in [4] eine Klasse von Verfahren angegeben, mit der sich ein Element a mit $a^{-1} \geqq 0$ mit beliebig hoher Konvergenzordnung einschließen läßt. Das Verfahren, welches wie (V1) drei Multiplikationen pro Schritt benötigt, besitzt dabei nur die Konvergenzordnung 2. Außerdem wurden von J. W. Schmidt [5, 6] sowie J. W. Schmidt und W. Nauber [7] Verfahren angegeben, welche an Stelle von $a^{-1} \geqq 0$ die leichter nachprüfbare Bedingung $a \geqq 0$ oder überhaupt keine Relation für a und a^{-1} voraussetzen. Schließlich sei auf die unter Verwendung der Intervallrechnung entstandenen Verfahren hingewiesen [3].

Literatur

[1] Albrecht, J., Bemerkungen zum Iterationsverfahren von Schulz zur Matrizeninversion, ZAMM **41** (1961), 262–263; **44** (1964), 148.

[2] Alefeld, G., Zur iterativen Einschließung von positiven Inversen, Computing **19** (1977), 171–174.

[3] Alefeld, G., und J. Herzberger, Einführung in die Intervallrechnung, Bibliographisches Institut, Mannheim–Wien–Zürich 1974.

[4] Mönch, W., Monotone Einschließung von positiven Inversen, ZAMM **53** (1973), 207–208.

[5] Schmidt, J. W., Monotone Einschließung von Inversen positiver Elemente durch Verfahren vom Schulz-Typ, Computing **16** (1976), 211–219.

[6] Schmidt, J. W., Ein kubisch konvergentes Einschließungsverfahren zur Inversion positiver Elemente, Computing **18** (1977), 175–178.

[7] Schmidt, J. W., und W. Nauber, Über Verfahren zur zweiseitigen Approximation inverser Elemente, Computing **17** (1976), 59–67.

Manuskripteingang: 25. 10. 1978

VERFASSER:

Prof. Dr. Götz Alefeld, Fachbereich 3/Mathematik, H 64 der Technischen Universität Berlin (West)

Beiträge zur Numerischen Mathematik
9 (1981), 13–19

Zur numerischen Auflösung der Matrizengleichung $AX^2 - I = 0$

Götz Alefeld

1. Die Aufgabe, eine Matrix X zu bestimmen, für die $AX^2 - I = 0$ gilt, wurde in der Literatur wiederholt behandelt. Siehe dazu insbesondere Albrecht [2, 3], Elsner [7], Laasonen [8], Liebl [10], Ljusternik-Sobolew [11] und Stummel-Hainer [13]. Gewöhnlich wird dabei vorausgesetzt, daß A symmetrisch und positiv definit ist oder zumindest positive Eigenwerte besitzt bzw. daß mit einer Matrix B, für die $\|B\| < 1$ ist, die Darstellung $A = I - B$ gilt. Als Spezialfall ist die betrachtete Aufgabe auch in [6] enthalten.

In dieser Arbeit betrachten wir die gleiche Problemstellung unter der Voraussetzung, daß A von monotoner Art ist. Eine Matrix $A = (a_{ij})$ heißt nach Collatz [5] von monotoner Art, wenn aus $Ax \geqq 0$ die Ungleichung $x \geqq 0$ folgt. Dies ist äquivalent mit $A^{-1} \geqq 0$. Die Halbordnung zwischen Vektoren bzw. Matrizen ist dabei und im folgenden elementweise erklärt. Spezielle Matrizen von monotoner Art sind die M-Matrizen. Eine Matrix A heißt M-Matrix, wenn $a_{ij} \leqq 0$, $i \neq j$, und $A^{-1} \geqq 0$ ist. (Siehe z. B. Varga [14].)

Anwendungen für die oben beschriebene Problemstellung ergeben sich beispielsweise bei der numerischen Behandlung der allgemeinen Eigenwertaufgabe

$$(\lambda A - B)\, x = 0$$

mit einer symmetrischen Matrix B und einer Matrix A, die von monotoner Art ist. Bezeichnet man eine Lösung der Gleichung $AX^2 - I = 0$ mit $A^{-1/2}$, so erhält man mit $y = A^{1/2}x$, $C = A^{-1/2}BA^{-1/2}$ das symmetrische Eigenwertproblem

$$(\lambda I - C)\, y = 0 .$$

Wir geben in dieser Arbeit ein Verfahren an, welches eine in der elementweisen Halbordnung monoton wachsende Folge liefert, die unter geeigneten Bedingungen an die Startwerte gegen eine nichtsinguläre Matrix X_* mit $AX_*^2 - I = 0$ konvergiert. Entsprechende Aussagen sind für das Schulzsche Verfahren zur Matrizeninvertierung von Albrecht [1] bewiesen worden.

Ohne auf Einzelheiten einzugehen, erwähnen wir, daß die nachfolgenden Ergebnisse auch in der Menge der linearen beschränkten Operatoren eines Banachraumes in sich mit einer geeigneten Halbordnung bewiesen werden können.

2. Es sei A eine zunächst beliebige nichtsinguläre Matrix. Die Bestimmung einer Matrix X_*, für die $AX_*^2 - I = 0$ gilt, ist dann äquivalent mit der Bestimmung

einer nichtsingulären Matrix X, für die

$$F(X) \equiv A - (X^{-1})^2 = 0 \tag{0}$$

gilt. Die Anwendung des Newton-Verfahrens

$$F(X_i) + F'(X_i)\,(X_{i+1} - X_i) = 0 \tag{1}$$

auf diese Gleichung führt wegen

$$F'(X)\,W = (X^{-1})^2\,WX^{-1} + X^{-1}W(X^{-1})^2 \tag{2}$$

auf die Iterationsvorschrift

$$X_{i+1}X_i + X_iX_{i+1} = 2X_i^2 + X_i^2(I - AX_i^2), \qquad i = 0, 1, 2, \ldots \tag{3}$$

Ist X_0 nichtsingulär und mit A vertauschbar, $AX_0 = X_0A$, so liefert das Newton-Verfahren (3) eine Folge $\{X_i\}$, die der Vorschrift

$$X_{i+1} = X_i + \frac{1}{2}\,X_i(I - AX_i^2), \qquad i = 0, 1, 2, \ldots, \tag{4}$$

genügt. Alle X_i sind mit A und untereinander vertauschbar.

Die Möglichkeit, diese Vorschrift zur Auflösung der Gleichung $AX^2 - I = 0$ zu verwenden, wurde in [8] — allerdings unter anderen Voraussetzungen — verworfen.

Lemma 1. *Es gelte* $A^{-1} \geqq 0$,[1]) $X_0 \geqq 0$, $I - AX_0^2 \geqq 0$, *und* X_0 *sei mit* A *vertauschbar. Dann gilt für die nach* (4) *berechneten Iterierten:*

a) $I - AX_i^2 \geqq 0$, $i \geqq 0$.

b) $0 \leqq X_0 \leqq X_1 \leqq \cdots \leqq X_i \leqq X_{i+1} \leqq \cdots$.

c) *Die Folge* $\{X_i^2\}$ *ist konvergent.*

d) *Für* $X_0 \geqq \varkappa I$, $\varkappa > 0$ *ist die Folge* $\{X_i\}$ *konvergent.*

e) *Ist* X_0 *nichtsingulär, so gilt* $\lim_{i\to\infty} X_i^2 = A^{-1}$ *und im Falle* $X_0 \geqq \varkappa I$, $\varkappa > 0$, *auch* $\lim_{i\to\infty} X_i = X_*$ *mit* $AX_*^2 - I = 0$.

Beweis. Zu a). Es gelte $I - AX_i^2 \geqq 0$, was nach Voraussetzung für $i = 0$ richtig ist. Dann gilt aufgrund der Vertauschbarkeit von A mit allen X_i

$$I - AX_{i+1}^2 = \left(I - \frac{1}{4}\,AX_i^2\right)(I - AX_i^2)^2. \tag{5}$$

Wegen $I - \frac{1}{4}\,AX_i^2 \geqq \frac{1}{4}\,I - \frac{1}{4}\,AX_i^2 = \frac{1}{4}\,(I - AX_i^2) \geqq 0$ gilt daher auch $I - AX_{i+1}^2 \geqq 0$.

Zu b). Wegen $X_i \geqq 0$, was nach Voraussetzung für $i = 0$ richtig ist, und wegen a) folgt $X_{i+1} = X_i + \frac{1}{2}\,X_i(I - AX_i^2) \geqq X_i$.

[1]) Es wird in diesem Lemma nicht vorausgesetzt, daß A eine M-Matrix ist.

Zu c). Nach a) gilt $I - AX_i^2 \geqq 0$, $i \geqq 0$, also wegen $A^{-1} \geqq 0$ die Ungleichung $X_i^2 \leqq A^{-1}$, $i \geqq 0$, d. h., die Folge $\{X_i^2\}$ ist durch A^{-1} nach oben beschränkt. Wegen b) gilt $X_{i+1}^2 \geqq X_i X_{i+1} \geqq X_i^2$, d. h., die Folge $\{X_i^2\}$ ist auch monoton wachsend, somit also konvergent.

Zu d). Mit $X_0 \geqq \varkappa I$, $\varkappa > 0$, gilt nach b) $X_i \geqq X_0 \geqq \varkappa I$, also $\frac{1}{\varkappa} X_i \geqq I$, und damit $\frac{1}{\varkappa} X_i^2 \geqq X_i$, d. h., die Folge $\{X_i\}$ ist auch beschränkt und damit konvergent.

Zu e). Wir zeigen zunächst, daß $\varrho(I - AX_0^2) < 1$ gilt (ϱ bezeichnet den Spektralradius). Dazu zerlegen wir A in $A = M - N$ mit $M = (X_0^{-1})^2$, $N = (X_0^{-1})^2 - A$. Wegen $M^{-1}N = I - AX_0^2 \geqq 0$, $NM^{-1} = I - AX_0^2 \geqq 0$ und $X_0^2 \geqq 0$ ist die angegebene Zerlegung von A schwachregulär (siehe Definition 2.4.15 in [12]). Da nach Voraussetzung $A^{-1} \geqq 0$ ist, gilt nach 2.4.17 in [12]

$$\varrho(M^{-1}N) = \varrho(I - AX_0^2) < 1.$$

Somit gibt es eine natürliche Matrixnorm ($\|I\| = 1$), für die

$$\|I - AX_0^2\| < 1$$

gilt.

Es gelte nun

$$\|I - AX_i^2\| < 1$$

für ein $i \geqq 0$, was — wie gerade gezeigt — für $i = 0$ richtig ist. Dann gilt auch

$$\left\|I - \frac{1}{4} AX_i^2\right\| = \left\|\frac{3}{4} I + \frac{1}{4} (I - AX_i^2)\right\| < \frac{3}{4} + \frac{1}{4} = 1.$$

Damit folgt aus (5)

$$\|I - AX_{i+1}^2\| \leqq \|I - AX_i^2\|^2, \qquad i \geqq 0, \tag{6}$$

und

$$\|I - AX_i^2\| \leqq \|I - AX_0^2\|^{2^i}, \qquad i \geqq 0.$$

Somit erhält man mit (5)

$$\|A^{-1} - X_{i+1}^2\| = \left\|A^{-1}\left(I - \frac{1}{4} AX_i^2\right)(I - AX_i^2)^2\right\| \leqq \|A^{-1}\| \, \|I - AX_0^2\|^{2^{i+1}},$$

also

$$\lim_{i\to\infty} X_i^2 = A^{-1}.$$

Wir haben unter d) mit der Voraussetzung $X_0 \geqq \varkappa I$, $\varkappa > 0$, bereits die Konvergenz $\lim_{i\to\infty} X_i = X_*$ gezeigt. Damit gilt dann auch

$$\lim_{i\to\infty} X_i^2 = X_*^2 = A^{-1},$$

also

$$AX_*^2 - I = 0. \quad \blacksquare$$

Im nächsten Lemma wollen wir zeigen, daß die in Lemma 1 benötigten Voraussetzungen bei M-Matrizen sehr einfach realisiert werden können.

Lemma 2. *Es sei A eine M-Matrix und $X_0 = \varkappa I$ mit*

$$0 < \varkappa \leqq \left(\max_{1 \leqq i \leqq n} a_{ii}\right)^{-1/2}.$$

Dann ist $X_0 \geqq 0$, X_0 nichtsingulär, X_0 mit A vertauschbar, und es gilt $I - AX_0^2 \geqq 0$.

Beweis. Es sei $A = (a_{ij})$ zerlegt in $A = D - B$, wobei D den Diagonalanteil bzw. B den außerhalb der Diagonale stehenden Anteil von A bezeichnet. Dann ist

$$I - AX_0^2 = I - \varkappa^2(D - B) = I - \varkappa^2 D + \varkappa^2 B \geqq 0,$$

falls $1 - \varkappa^2 a_{ii} \geqq 0$, $i = 1(1)\,n$, also

$$0 \leqq \varkappa \leqq \left(\max_{1 \leqq i \leqq n} a_{ii}\right)^{-1/2}$$

gilt. Schließt man $\varkappa = 0$ aus, so ist X_0 nichtsingulär, und alle anderen Behauptungen sind offensichtlich erfüllt.

3. Beim numerischen Rechnen, d. h. bei der Durchführung auf einer Rechenanlage mit Gleitpunktdarstellung der Maschinenzahlen, wird aufgrund der Rundungsfehler während der Rechnung im allgemeinen die Vertauschbarkeit der nach (4) berechneten X_i mit A und untereinander zerstört. Es muß daher untersucht werden, wie sich das Iterationsverfahren (4) in der Nähe von $A^{-1/2}$ für nicht notwendig mit A vertauschbare Startwerte X_0 verhält. Wir können diese Untersuchung in Analogie zu LIEBL [10] durchführen: Setzen wir

$$G(X) = X + \frac{1}{2} X(I - AX^2),$$

so ergibt sich für die Frechet-Ableitung an der Stelle $A^{-1/2}$ die $n^2 \times n^2$-Matrix

$$G'(A^{-1/2}) = \frac{1}{2} [I \times I - A^{1/2} \times A^{-1/2}].$$

Dabei bezeichnet $X \times Y$ für $n \times n$-Matrizen $X = (x_{ij})$ und $Y = (y_{ij})$ das Tensorprodukt, welches definiert ist als

$$X \times Y = \begin{pmatrix} x_{11}Y & \dots & x_{1n}Y \\ \dots & \dots & \dots \\ x_{n1}Y & \dots & x_{nn}Y \end{pmatrix}.$$

Siehe dazu z. B. LANCASTER [9].

Wir zeigen, daß die Eigenwerte von $G'(A^{-1/2})$ sicherlich nicht für alle Matrizen A von monotoner Art dem Betrage nach kleiner als 1 sind. Das bedeutet, daß es in beliebiger Nähe von $A^{-1/2}$ Matrizen X_0 gibt, für die das Verfahren (4) nicht gegen $A^{-1/2}$ konvergiert.

Dazu setzen wir speziell voraus, daß A eine symmetrische M-Matrix ist. Solche Matrizen heißen Stieltjes-Matrizen. Sie sind positiv definit. Siehe dazu VARGA [14]. Für die Orthogonalmatrix U gelte

$$UAU^T = \Lambda = \operatorname{diag}(\lambda_i).$$

Λ enthält in der Diagonale die Eigenwerte von A. Um die Eigenwerte von $G'(A^{-1/2})$ zu bestimmen, wenden wir auf $G'(A^{-1/2})$ eine Ähnlichkeitstransformation mit der Matrix $U \times U$ an. Dies führt auf eine Diagonalmatrix mit den Diagonalelementen

$$\lambda_{i,k} = \frac{1}{2}\left(1 - \sqrt{\frac{\lambda_i}{\lambda_k}}\right), \qquad i, k = 1(1)\,n.$$

Liegen also die Eigenwerte von A nicht sehr nahe zusammen, so sind nicht alle $|\lambda_{ik}| < 1$.

Eine Möglichkeit, die eventuell auftretende numerische Instabilität in der Nähe von $A^{-1/2}$ zu umgehen, besteht in der Durchführung des Verfahrens (3), welches ja lokal konvergent ist und sich gegenüber Rundungsfehlern gutartig verhält. Allerdings ist der Aufwand pro Schritt gegenüber (4) erheblich. Siehe dazu etwa [4].

Einen im allgemeinen sehr guten Startwert für (3) findet man durch Anwendung von (4) wie in dieser Arbeit beschrieben. (4) sollte abgebrochen werden, sobald die Monotonie verletzt ist oder in $I - AX_0^2$ mindestens ein Element negativ ist oder die nach (6) theoretisch bestehende Ungleichung für eine Norm nicht mehr erfüllt ist.

4. Abschließend sollen noch einige numerische Ergebnisse angegeben werden. Die Beispiele wurden auf der Rechenanlage CDC 6500 (Mantissenlänge 48 bit) der Zentraleinheit Rechenzentrum der Technischen Universität Berlin gerechnet. Für die Programmierung danke ich Herrn Dipl.-Math. H. SCHWANDT.

1. Die Matrix

$$A = \begin{pmatrix} 4 & 0 & -1 & -1 & -1 \\ -2 & 5 & 0 & -1 & -1 \\ -1 & -2 & 6 & -1 & 0 \\ 0 & -2 & -1 & 7 & -2 \\ -2 & -1 & 0 & -1 & 5 \end{pmatrix}$$

besitzt außerhalb der Hauptdiagonale nichtpositive Elemente und ist strengdiagonaldominant. Somit ist $A^{-1} \geqq 0$. (Siehe z. B. [5].) Als Startmatrix für das Verfahren (4) können wir nach Lemma 2 die Matrix $X_0 = \frac{1}{\sqrt{7}} I$ wählen. Es gilt für die numerische Rechnung

$$X_{i+1} \geqq X_i \quad \text{für} \quad i = 0(1)6,$$

$$I - AX_i^2 \geqq 0 \quad \text{für} \quad i = 0(1)7,$$

$$\|I - AX_{i+1}\|_\infty \leqq \|I - AX_i^2\|_\infty^2 \quad \text{für} \quad i = 0(1)6.$$

Es ist

$$\|I - AX_8{}^2\|_\infty \approx 0.28_{10^{-13}},$$

$$\|I - AX_9{}^2\|_\infty \approx 0.21_{10^{-13}}.$$

2. $A = I - B$ mit $B = (b_{ij}),\ b_{ij} = \begin{cases} 0, & i = j, \\ 0.246, & i \neq j, \end{cases} \quad 1 \leqq i, j \leqq n.$

Mit der gleichen Begründung wie in Beispiel 1 ist $A^{-1} \geqq 0$. Es gilt für die numerische Rechnung

$$X_{i+1} \geqq X_i \qquad \text{für} \quad i = 0(1)10,$$

$$I - AX_i{}^2 \geqq 0 \qquad \text{für} \quad i = 0(1)10,$$

$$\|I - AX_{i+1}^2\|_\infty \leqq \|I - AX_i{}^2\|^2 \quad \text{für} \quad i = 0(1)9.$$

Zur Demonstration listen wir noch $r := \|I - AX_i{}^2\|_\infty$ für $i = 0(1)19$ auf:

i	0	1	2	3	4	5	6
r	0.984	0.965	0.921	0.834	0.665	0.406	0.140

i	7	8	9	10	11	12
r	$0.154_{10^{-1}}$	$0.177_{10^{-3}}$	$0.236_{10^{-7}}$	$0.142_{10^{-9}}$	$0.554_{10^{-9}}$	$0.217_{10^{-8}}$

i	13	14	15	16	17	18	19
r	$0.848_{10^{-8}}$	$0.332_{10^{-7}}$	$0.130_{10^{-6}}$	$0.508_{10^{-6}}$	$0.199_{10^{-5}}$	$0.777_{10^{-5}}$	$0.104_{10^{-4}}$

Die Norm $\|I - AX_i{}^2\|_\infty$ nimmt monoton bis $i = 10$ ab. Die Vertauschbarkeit der X_i mit A und untereinander wird in der Nähe von $A^{-1/2}$ zerstört. Von $i = 11$ ab nimmt r wieder zu.

Literatur

[1] Albrecht, J., Bemerkungen zum Iterationsverfahren von Schulz zur Matrizeninversion, ZAMM **41** (1961), 262–263; **44** (1964), 148.

[2] Albrecht, J., Quadratisch konvergente Iterationsverfahren zur Berechnung von $A^{1/2}$ und A^{-1}. Moderne Methoden der numerischen Mathematik, Tagung Clausthal 1975, ISNM **32** (1976).

[3] Albrecht, J., Bemerkungen zu Iterationsverfahren zur Berechnung von $A^{1/2}$ und A^{-1}, ZAMM **57** (1977), T262–T263.

[4] Bartels, R. H., and G. W. Stewart, Algorithm 432, Solution of the Matrix Equation $AX + XB = C$, Communications of the ACM **15** (1972), 820–826.

[5] COLLATZ, L., Funktionalanalysis und numerische Mathematik, Springer-Verlag, Berlin—Heidelberg—New York 1964.
[6] DENNIS, J. E., J. F. TRAUB and R. P. WEBER, Algorithms for solvents of matrixpolynomials, SIAM J. Numer. Anal. **15** (1978), 523—533.
[7] ELSNER, L., Iterative Verfahren zur Lösung der Matrizengleichung $X^2 - A = 0$, Bul. Inst. Pol. Iaşi XVI(XX) (1970), 15—24.
[8] LAASONEN, P., On the iterative solution of the matrix equation $AX^2 - I = 0$, MTAC **12** (1958), 109—116.
[9] LANCASTER, P., Theory of Matrices, Academic Press, New York and London 1969.
[10] LIEBL, P., Einige Bemerkungen zur numerischen Stabilität von Matrizeniterationen, Apl. Mat. **10** (1965), 249—254.
[11] LJUSTERNIK, L. A., und W. I. SOBOLEW, Elemente der Funktionalanalysis, Akademie-Verlag, Berlin 1965 (Übersetzung aus dem Russischen).
[12] ORTEGA, J. M., and W. C. RHEINBOLDT, Iterative Solution of Nonlinear Equations in Several Variables. Academic Press, New York 1970.
[13] STUMMEL, F., und K. HAINER, Praktische Mathematik, Teubner Studienbücher, Stuttgart 1971.
[14] VARGA, R. S., Matrix Iterative Analysis, Prentice-Hall Inc., Englewood Cliffs, N. J., 1962.

Manuskripteingang: 25. 10. 1978

VERFASSER:

Prof. Dr. GÖTZ ALEFELD, Fachbereich 3/Mathematik, H 64 der Technischen Universität Berlin (West)

Beiträge zur Numerischen Mathematik
9 (1981), 21–29

Differenzenverfahren für eine nichtlineare elliptische Randwertaufgabe mit unstetigen Koeffizienten

CLAUS-PETER DAUTE und WILFRIED WEINELT

Eine aus der Halbleiterphysik herrührende nichtlineare elliptische Randwertaufgabe wird näherungsweise mittels Differenzenverfahren [3] gelöst. Die durch die Diskretisierung im allgemeinen entstehenden nichtlinearen Differenzenschemas werden auf ihre eindeutige Lösbarkeit mit Hilfe der Theorie monotoner Operatoren gemäß [1] untersucht. Es schließen sich Konvergenzaussagen in einer diskreten W_2^1-Norm an. Ähnliche Untersuchungen zu analogen Randwertproblemen mit anderen Randbedingungen enthält [2]. Die Klasse der dort zugelassenen Differentialgleichungen ist einerseits allgemeiner gefaßt, enthält andererseits jedoch keine unstetigen Koeffizienten.

1. Aufgabenstellung

Im Gebiet $\Omega = (0, \beta_1) \times (0, \beta_2) \subset R_2$ mit dem Rand $\Gamma = \bigcup_{i=1}^{2} \Gamma_i$, $\Gamma_i = \Gamma_i^+ \cup \Gamma_i^-$ (vgl. Abb. 1) wird der den folgenden Bedingungen genügende Spannungsverlauf $u = u(x)$ $\big(x = (x_1, x_2)\big)$ gesucht:

$$\left.\begin{aligned}
&-\frac{\partial}{\partial x}\big(a_1(x)\,p_1\big) - \frac{\partial}{\partial x_2}\big(a_2(x)\,p_2\big) + a_0(x, u) = 0, \quad x \in \Omega,\\
&u = \varphi^{\pm}(x_1),\ x \in \Gamma_2^{\pm},\ u \text{ periodisch bezüglich } x_1:\\
&u(0, x_2) = u(\beta_1, x_2), \qquad p_1(0, x_2) = p_1(\beta_1, x_2),\\
&p = (p_1, p_2) = \left(\frac{\partial u}{\partial x_1}, \frac{\partial u}{\partial x_2}\right).
\end{aligned}\right\} \tag{1}$$

Dabei sind mit $\Omega^+ = (0, \beta_1) \times (b_0, \beta_2)$ und $\Omega^- = (0, \beta_1) \times (0, b_0)$

$$a_i(x) = \begin{cases} a_i^+(x), & x \in \Omega^+,\\ a_i^-(x), & x \in \Omega^-, \end{cases} \quad i = 1, 2, \quad \text{und} \quad a_0(x, u) = \begin{cases} a_0^+(x, u), & x \in \Omega^+,\\ a_0^-(x, u), & x \in \Omega^-, \end{cases} \tag{2}$$

in $\bar{\Omega}^{\pm}$ genügend glatte Funktionen, die längs $\Gamma_0 = \bar{\Omega}^{+} \cap \bar{\Omega}^{-}$ Unstetigkeiten 1. Art besitzen können. Sie mögen weiterhin die Ungleichungen

$$a_i^{\pm}(x) \geqq c_0 > 0 \qquad (i = 1, 2), \qquad x \in \bar{\Omega}^{\pm}, \tag{3}$$

und

$$\frac{\partial a_0^{\pm}}{\partial u} \geqq 0, \qquad (x, u) \in \bar{\Omega}^{\pm} \times R_1, \tag{4}$$

erfüllen. Ferner seien alle Eingangsgrößen periodisch bezüglich x_1 mit der Periode β_1.

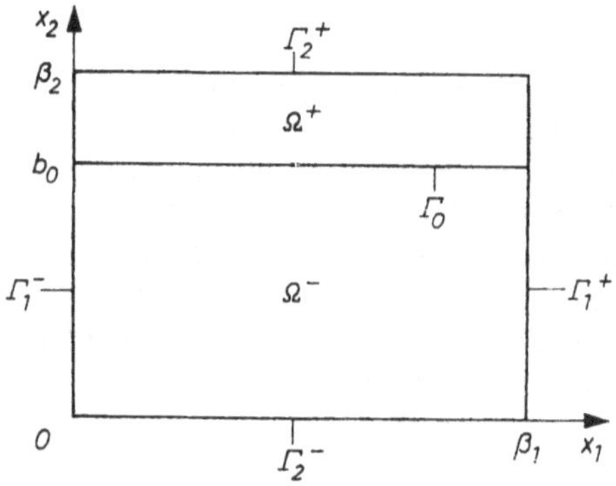

Abb. 1

Bemerkung 1. Die Differentialgleichung (1) im Gesamtgebiet Ω steht formal anstelle einer verallgemeinerte Lösungen definierenden Variationsformulierung, die für „klassische" Lösungen $u \in C^2(\bar{\Omega}^{+}) \cap C^2(\bar{\Omega}^{-})$ das Erfülltsein der „Anschlußbedingungen"

$$\begin{aligned} &u(x_1, b_0 + 0) = u(x_1, b_0 - 0), \\ &a_2^{+}(x_1, b_0)\, p_2(x_1, b_0 + 0) = a_2^{-}(x_1, b_0)\, p_2(x_1, b_0 - 0) \end{aligned} \tag{5}$$

beinhaltet.

Bemerkung 2. Die spezielle Aufgabenstellung aus der Halbleiterphysik enthielt folgende Koeffizientenfunktionen:

$$a_i^{\pm}(x) = \varepsilon^{\pm} \quad (i = 1, 2), \qquad a_0^{+}(x, u) \equiv 0, \qquad a_0^{-}(x, u) = c(e^{du} - 1)$$

mit positiven Konstanten ε^{+}, ε^{-}, c und d.

Bemerkung 3. Das Differenzenverfahren wird im folgenden in der Klasse der Lösungen $Q(\Omega) = C^3(\bar{\Omega}^{+}) \cap C^3(\bar{\Omega}^{-}) \cap C(\bar{\Omega})$ untersucht.

2. Diskretisierung

Das Gebiet Ω wird mit einem bezüglich der Gebiete Ω^+ und Ω^- gleichmäßigen Gitter $\omega = \omega^+ \cup \omega^- \cup \gamma_0$ mit

$$\omega^- = \left\{x \in R_2 \colon x_1 = ih_1,\ i = 1, \ldots, N-1,\ h_1 = \frac{\beta_1}{N};\ x_2 = jh_2^-,\right.$$
$$\left. j = 1, \ldots, j_0 - 1,\ h_2^- = \frac{b_0}{j_0}\right\}$$

und

$$\omega^+ = \left\{x \in R_2 \colon x_1 = ih,\ i = 1, \ldots, N-1;\ x_2 = j_0 h_2^- + jh_2^+,\right.$$
$$\left. j = j_0 + 1, \ldots, M-1,\ h_2^+ = \frac{\beta_2 - b_0}{M - j_0}\right\}$$

überzogen.

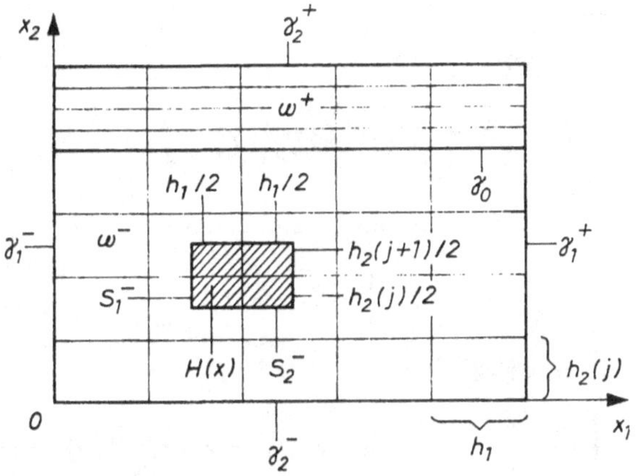

Abb. 2

Die auf den Rändern von Ω bzw. auf Γ_0 liegenden Gitterpunkte werden zu den Mengen $\gamma_i^\pm$ $(i = 1, 2)$ bzw. γ_0 zusammengefaßt (siehe Abb. 2). Die Differentialgleichung von (1) wird durch die Diskretisierung der Bilanzgleichung (Integration von (1) über ein Flächenstück $H(x)$, $x \in \omega \cup \gamma_1^+$, gemäß Abb. 2 und Division mit mes $H(x)$)

$$\frac{1}{\text{mes}\, H(x)} \iint\limits_{H(x)} \left\{-\frac{\partial}{\partial x_1}\left(a_1(x)\, p_1\right) - \frac{\partial}{\partial x_2}\left(a_2(x)\, p_2\right) + a_0(x, u)\right\} dx_1\, dx_2 = 0^{1)} \tag{6}$$

[1]) Für $x \in \gamma_1^+$ wird von der periodischen Fortsetzung von u Gebrauch gemacht.

mittels Differenzenverfahren in der folgenden Weise erreicht. Über den Gaußschen Integralsatz der Ebene läßt sich das Integral von (6) in die Gestalt

$$-\frac{1}{\hbar_2}\Bigg(\int\limits_{S_1^-(x)} a_1 \frac{\partial u}{\partial x_1}\,dx_2'\Bigg)_{x_1} - \frac{1}{h_1}\Bigg(\int\limits_{S_2^-(x)} a_2 \frac{\partial u}{\partial x_2}\,dx_1'\Bigg)_{\hat{x}_2} + \frac{1}{h_1\hbar_2}\iint\limits_{H(x)} a_0(x_1', x_2', u)\,dx_1'\,dx_2'$$

überführen, wobei die Kurzschreibweisen v_{x_1}, $v_{\hat{x}_2}$ gemäß [3] für die Differenzenquotienten

$$v_{x_1} = \frac{v(x_1 + h_1, x_2) - v(x_1, x_2)}{h_1}, \qquad v_{\hat{x}_2} = \frac{v\big(x_1, x_2 + h_2(j)\big) - v(x_1, x_2)}{\hbar_2}$$

mit

$$h_2(j) = \begin{cases} h_2^+ & \text{für} \quad j > j_0, \\ h_2^- & \text{für} \quad j \leqq j_0, \end{cases} \qquad \hbar_2 = \frac{h_2(j) + h_2(j+1)}{2}$$

benutzt werden. Es ist zum Beispiel

$$\begin{aligned} \int\limits_{S_1^-(x)} a_1 \frac{\partial u}{\partial x_1}\,dx_2' &= \int\limits_{x_2 - \frac{h_2(j)}{2}}^{x_2} a_1\left(x_1 - \frac{h_1}{2}, x_2'\right)\frac{\partial u}{\partial x_1}\left(x_1 - \frac{h_1}{2}, x_2'\right)dx_2' \\ &+ \int\limits_{x_2}^{x_2 + \frac{h_2(j+1)}{2}} a_1\left(x_1 - \frac{h_1}{2}, x_2'\right)\frac{\partial u}{\partial x_1}\left(x_1 - \frac{h_1}{2}, x_2'\right)dx_2'. \end{aligned} \tag{7}$$

Die Integranden werden mittels der Taylorschen Formel entwickelt gemäß

$$a_1\left(x_1 - \frac{h_1}{2}, x_2'\right) = \begin{cases} a_1\left(x_1 - \frac{h_1}{2}, x_2\right) + (x_2' - x_2)\,\frac{\partial a_1}{\partial x_2}\left(x_1 - \frac{h_1}{2}, x_2\right) \\ + O\big((x_2' - x_2)^2\big), \qquad x \notin \gamma_0, \\ a_1^{\pm}\left(x_1 - \frac{h_1}{2}, x_2\right) + (x_2' - x_2)\,\frac{\partial a_1^{\pm}}{\partial x_2}\left(x_1 - \frac{h_1}{2}, x_2\right) \\ + O\big((x_2' - x_2)^2\big), \qquad x \in \gamma_0, \quad x_2' \gtrless b_0 \end{cases}$$

und

$$\frac{\partial u}{\partial x_1}\left(x_1 - \frac{h_1}{2}, x_2'\right) = \begin{cases} \frac{\partial u}{\partial x_1}\left(x_1 - \frac{h_1}{2}, x_2\right) + (x_2' - x_2)\,\frac{\partial^2 u}{\partial x_1\,\partial x_2}\left(x_1 - \frac{h_1}{2}, x_2\right) \\ + O\big((x_2' - x_2)^2\big), \qquad x \notin \gamma_0, \\ \frac{\partial u}{\partial x_1}\left(x_1 - \frac{h_1}{2}, x_2\right) + (x_2' - x_2)\,\frac{\partial^2 u}{\partial x_1\,\partial x_2}\left(x_1 - \frac{h_1}{2}, x_2 \pm 0\right) \\ + O\big((x_2' - x_2)^2\big), \qquad x \in \gamma_0, \quad x_2' \gtrless b. \end{cases}$$

Es ergibt sich

$$\int\limits_{S_1^-(x)} a_1 \frac{\partial u}{\partial x_1}\, dx_2' = \begin{cases} h_2(j)\, a_1\left(x_1 - \dfrac{h_1}{2}, x_2\right) \dfrac{\partial u}{\partial x_1}\left(x_1 - \dfrac{h_1}{2}, x_2\right) + O\big(h_2^3(j)\big), \\ x \notin \gamma_0, \\ \left(\dfrac{h_2^-}{2}\, a_1^-\left(x_1 - \dfrac{h_1}{2}, x_2\right) + \dfrac{h_2^+}{2}\, a_1^+\left(x_1 - \dfrac{h_1}{2}, x_2\right)\right) \\ \times \dfrac{\partial u}{\partial x_1}\left(x_1 - \dfrac{h_1}{2}, x_2\right) + O(\hbar_2^2), \qquad x \in \gamma_0. \end{cases}$$

Analog ergeben sich

$$\int\limits_{S_2^-(x)} a_2 \frac{\partial u}{\partial x_2}\, dx_1' = h_1 a_2\left(x_1, x_2 - \frac{h_2(j)}{2}\right) \frac{\partial u}{\partial x_2}\left(x_1, x_2 - \frac{h_2(j)}{2}\right) + O(h_1^3)$$

und

$$\iint\limits_{H(x)} a_0(x_1', x_2', u)\, dx_1'\, dx_2' = \begin{cases} h_1 \hbar_2 a_0(x, u) + O(h_1^3 \hbar_2 + h_1 \hbar_2^3), \quad x \notin \gamma_0, \\ \dfrac{h_1}{2}\,(h_2^- a_0^- + h_2^+ a_0^+) + O(h_1^2 \hbar_2 + h_1 \hbar_2^2), \\ x \in \gamma_0. \end{cases}$$

Ersetzt man schließlich die noch auftretenden partiellen Ableitungen durch zentrale Differenzenquotienten, so erhält man bei Weglassung aller mit dem Ordnungssymbol O gekennzeichneten „Approximationsfehler" für die Randwertaufgabe (1) das nichtlineare Differenzenschema

$$\left.\begin{aligned} &-\big(k_1(x)\, y_{\bar{x}_1}\big)_{x_1} - \big(k_2(x)\, y_{\bar{x}_2}\big)_{\hat{x}_2} + k_0(x, y) = 0, \qquad x \in \omega \cup \gamma_1^+, \\ &y(x) = \varphi^{\pm}(x_1),\ x \in \gamma_2^{\pm},\ y \text{ periodisch: } y_{0j} = y_{Nj},\ y_{1j} = y_{N+1,j}. \end{aligned}\right\} \tag{8}$$

Dabei ist

$$k_1(x) = \begin{cases} a_1^+\left(x_1 - \dfrac{h_1}{2}, x_2\right), & x \in \omega^+, \\ \dfrac{h_2^+ a_1^+\left(x_1 - \dfrac{h_1}{2}, x_2\right) + h_2^- a_1^-\left(x_1 - \dfrac{h_1}{2}, x_2\right)}{2\hbar_2}, & x \in \gamma_0, \\ a_1^-\left(x_1 - \dfrac{h_1}{2}, x_2\right), & x \in \omega^-, \end{cases}$$

$$k_2(x) = \begin{cases} a_2^+\left(x_1, x_2 - \dfrac{h_2^+}{2}\right), & x \in \omega^+, \\ a_2^-\left(x_1, x_2 - \dfrac{h_2^-}{2}\right), & x \in \omega^-, \end{cases}$$

und

$$k_0(x, y) = \begin{cases} a_0^+(x, y), & x \in \omega^+, \\ \dfrac{h_2^+ a_0^+ + h_2^- a_0^-}{2\hbar_2}, & x \in \gamma_0, \\ a_0^-(x, y), & x \in \omega^-. \end{cases}$$

3. Untersuchung von Lösbarkeit und Konvergenz des Differenzenschemas

Durch $(\Lambda y)(x) \equiv -\left(k_1(x)\, y_{\bar{x}_1}\right)_{x_1} - \left(k_2(x)\, y_{\bar{x}_2}\right)_{\hat{x}_2} + k_0(x, y)$, $x \in \omega \cup \gamma_1^+$, wobei die formal auftretenden Werte y_{0j}, $y_{N+1,j}$ und $y|_{\gamma_2\pm}$ durch $y_{0j} = y_{Nj}$, $y_{1j} = y_{N+1,j}$ und $y = \varphi^\pm(x_1)$, $x \in \gamma_2^\pm$, bereits eingesetzt gedacht seien, wird ein Differenzenoperator Λ definiert, der eine beliebige Gitterfunktion $y \in L_2(\omega \cup \gamma_1^+)$ in eine Gitterfunktion des $L_2(\omega \cup \gamma_1^+)$ abbildet. Nach der Herleitung von (8) ergibt sich für den Approximationsfehler $\psi = \Lambda u - \Lambda y$, $x \in \omega \cup \gamma_1^+$, die Darstellung

$$\psi = -\eta^{(1)}_{x_1} - \eta^{(2)}_{\hat{x}_2} + \psi^*, \tag{9}$$

wobei

$$\eta^{(1)}(x) = \begin{cases} O(h^2), & x \notin \gamma_0, \\ O(h), & x \in \gamma_0, \end{cases} \quad \eta^{(2)}(x) = O(h^2) \quad \text{und} \quad \psi^*(x) = \begin{cases} O(h^2), & x \notin \gamma_0, \\ O(h), & x \in \gamma_0, \end{cases}$$

$(h = \max\{h_1, h_2^\pm\})$ sind. Damit ist das Differenzenschema (8) der Operatorgleichung

$$\Lambda y = 0 \tag{10}$$

äquivalent. Nachfolgend wird die eindeutige Lösbarkeit von (10) in $L_2(\omega \cup \gamma_1^+)$ und die Konvergenz der Näherungslösung y von (10) gegen u von (1) für $h \to 0$ in einer diskreten W_2^1-Norm gezeigt.

Im Raum $L_2(\omega \cup \gamma_1^+)$ werde das Skalarprodukt mit

$$\langle u, v \rangle = \sum_{x \in \omega \cup \gamma_1^+} u(x)\, v(x)\, h_1 \hbar_2$$

bezeichnet. Ferner bedeute

$$\langle u, v]_2 = \sum_{x \in \omega \cup \gamma_1^+ \cup \gamma_2^+} u(x)\, v(x)\, h_1 h_2(j).$$

Es gilt der folgende

Satz. *Für den Operator Λ von (10) gelten unter der Voraussetzung, daß das Verhältnis $h_2(j)$: $\bar{h}_2 \geqq \alpha > 0$, $\bar{h}_2 = \max\{h_2^+, h_2^-\}$, ist, die Ungleichungen*

$$\langle \Lambda u - \Lambda v, u - v \rangle \geqq \gamma \langle u - v, u - v \rangle \quad \textit{mit} \quad \gamma = \frac{8\alpha^2 c_0}{\beta_2^2} > 0 \tag{11}$$

und

$$\langle \Lambda u - \Lambda v, u - v\rangle \geqq \frac{1}{c} \{\langle u - v, u - v\rangle + \langle (u - v)_{\bar{x}_1}, (u - v)_{\bar{x}_1}\rangle + \langle (u - v)_{\bar{x}_2}, (u - v)_{\bar{x}_2}]_2\} \tag{12}$$

mit $\frac{1}{c} = \min\{\gamma, c_0\}$ *für beliebige* $u, v \in L_2(\omega \cup \gamma_1^+)$.

Beweis. Es ist für beliebige $u, v \in L_2(\omega \cup \gamma_1^+)$

$$\langle \Lambda u - \Lambda v, u - v\rangle = \sum_{i=1}^{N} \sum_{j=1}^{M-1} \Big[-\big(k_1(u - v)_{\bar{x}_1}\big)_{x_1,ij} (u - v)_{ij} - \big(k_2(u - v)_{\bar{x}_2}\big)_{\hat{x}_2,ij} (u - v)_{ij} + \big(k_0(x_{ij}, u) - k_0(x_{ij}, v)\big) (u - v)_{ij}\Big] h_1\hbar_2. \tag{13}$$

Unter Anwendung der partiellen Summation [3, S. 48], $(u - v)_{i0} = (u - v)_{iM} = 0$ und der Periodizität von $k_1(x)$, $u(x)$ und $v(x)$ ergibt sich aus (13)

$$\langle \Lambda u - \Lambda v, u - v\rangle = \sum_{i=1}^{N} \sum_{j=1}^{M-1} k_{1,ij}(u - v)^2_{\bar{x}_1} h_1\hbar_2 + \sum_{i=1}^{N} \sum_{j=1}^{M} k_{2,ij}(u - v)^2_{\bar{x}_2} h_1 h_2(j) + \sum_{i=1}^{N} \sum_{j=1}^{M-1} \big(k_0(x_{ij}, u) - k_0(x_{ij}, v)\big) (u - v)_{ij} h_1\hbar_2.$$

Auf den letzten Summanden der rechten Seite dieser Gleichung wird der Mittelwertsatz angewandt:

$$\langle \Lambda u - \Lambda v, u - v\rangle = \sum_{i=1}^{N} \sum_{j=1}^{M-1} k_{1,ij}(u - v)^2_{\bar{x}_1} h_1\hbar_2 + \sum_{i=1}^{N} \sum_{j=1}^{M} k_{2,ij}(u - v)^2_{\bar{x}_2} h_1 h_2(j) + \sum_{i=1}^{N} \sum_{j=1}^{M-1} \frac{\partial k_0}{\partial u} \big(x_{ij}, v + \theta(u - v)\big) (u - v)^2_{ij} h_1\hbar_2$$

$\big(0 < \theta(x_{ij}) < 1\big)$.

Die rechte Seite dieser Gleichung läßt sich nach unten gemäß (3) und (4) über die Definition der Funktionen k_i $(i = 0, 1, 2)$ des Differenzenschemas (8) zu

$$\langle \Lambda u - \Lambda v, u - v\rangle \geqq c_0\{\langle (u - v)_{\bar{x}_1}, (u - v)_{\bar{x}_1}\rangle + \langle (u - v)_{\bar{x}_2}, (u - v)_{\bar{x}_2}]_2\} \tag{14}$$

abschätzen. Unter Weglassung des nichtnegativen ersten Summanden in der geschweiften Klammer ergibt sich

$$\langle \Lambda u - \Lambda v, u - v\rangle \geqq c_0\langle (u - v)_{\bar{x}_2}, (u - v)_{\bar{x}_2}]_2 = c_0\langle \Lambda_2(u - v), (u - v)\rangle \tag{15}$$

mit dem auf der Menge $L_{2,0}$ beliebiger Gitterfunktionen $y = y(x)$, $x \in \omega \cup \gamma_1^+ \cup \gamma_2^\pm$, die auf $\gamma_2^+ \cup \gamma_2^-$ verschwinden, definierten Differenzenoperator

$$(\Lambda_2 y)(x) \equiv -y_{\bar{x}_2\hat{x}_2}, \qquad x \in \omega \cup \gamma_1^+. \tag{16}$$

Der lineare Operator Λ_2 ist bezüglich des in $L_2(\omega \cup \gamma_1^+)$ eingeführten Skalarprodukts symmetrisch. Für deren Eigenwerte $\lambda(\Lambda_2)$ gilt die Abschätzung

$$\lambda(\Lambda_2) \geqq \frac{8\alpha^2}{\beta_2{}^2},$$

denn es ist

$$\Lambda_2 y = -\frac{2}{\alpha_{j+1} + \alpha_j} \frac{1}{\bar{h}_2} \left(\frac{y_{ij+1} - y_{ij}}{\alpha_{j+1}\bar{h}_2} - \frac{y_{ij} - y_{ij-1}}{\alpha_j \bar{h}_2} \right) \quad \text{mit} \quad \alpha_j = \frac{h_2(j)}{\bar{h}_2},$$

womit das Eigenwertproblem $\Lambda_2 y = \lambda y$ dem Eigenwertproblem $\tilde{\Lambda}_2 y = \lambda B y$ mit

$$\tilde{\Lambda}_2 y \equiv -\frac{1}{\bar{h}_2} \left(\frac{y_{ij+1} - y_{ij}}{\alpha_{j+1}\bar{h}_2} - \frac{y_{ij} - y_{ij-1}}{\alpha_j \bar{h}_2} \right), \qquad By \equiv \frac{\alpha_{j+1} + \alpha_j}{2} y,$$

äquivalent ist. Weiterhin gelten die Ungleichungen

$$\alpha \leqq \alpha_j \leqq 1, \qquad \beta_2 \leqq \bar{l} \equiv M\bar{h}_2 \leqq \frac{\beta_2}{\alpha}, \qquad B \leqq I \quad \text{und} \quad \tilde{\Lambda}_2 \geqq \tilde{\Lambda}_2{}' \equiv \tilde{\Lambda}_2|_{\alpha_j = 1}. \tag{17}$$

Demnach ist mit $\lambda_{\min}(\tilde{\Lambda}_2{}', I) \geqq \frac{8}{\bar{l}^2}$ (man sehe z. B. [3]) $\lambda_{\min}(\Lambda_2{}') \geqq \lambda_{\min}(\tilde{\Lambda}_2{}', I)$ $\geqq \frac{8\alpha^2}{\beta_2{}^2}$, womit obige Abschätzung bewiesen ist. Mit dieser gewinnt man aus (15) über (16) die behauptete Ungleichung (11). Wird diese mit der Ungleichung (14) addiert und die erhaltene Ungleichung mit Hilfe von $\frac{1}{c} = \min\{\gamma, c_0\}$ nach unten abgeschätzt, so ergibt sich die Behauptung (12) des Satzes. Der Satz ist damit bewiesen.

Aus der Stetigkeit und der starken Monotonie des Operators Λ, d. h. der Gültigkeit von (11), folgt die eindeutige Lösbarkeit der Operatorgleichung (10) (man vgl. etwa [1]). Der Fehler der Näherungslösung wird nachfolgend in der Norm

$$\|y\|_{(1)} = (\langle y, y\rangle + \langle y_{\bar{x}_1}, y_{\bar{x}_1}\rangle + \langle y_{\bar{x}_2}, y_{\bar{x}_2}]_2)^{1/2} \tag{18}$$

des Raumes $W_2{}^1(\omega \cup \gamma_1^+)$ abgeschätzt. Nach (12) ist

$$\|z\|_{(1)}^2 \leqq c\langle \Lambda u - \Lambda y, z\rangle, \qquad z = u - y,$$

woraus

$$\|z\|_{(1)} \leqq c \frac{\langle \Lambda u - \Lambda y, z\rangle}{\|z\|_{(1)}} = c \frac{\langle \psi, z\rangle}{\|z\|_{(1)}} \leqq c \max_{z \in W_{2,0}^1} \frac{\langle \psi, z\rangle}{\|z\|_{(1)}} \tag{19}$$

folgt, wobei $W_{2,0}^1$ die Menge der nicht identisch verschwindenden, auf dem Gitter $\omega \cup \gamma_1^+$ beliebigen Gitterfunktionen ist, die durch die Werte $z_{N+1,j}$, $z_{N+1,j} = z_{1j}$, z_{0j}, $z_{0j} = z_{Nj}$ für $j = 1, \ldots, M-1$ und $z_{i0} = z_{iM} = 0$ für $i = 1, \ldots, N$ ergänzt werden. Benutzt man die Darstellung des Approximationsfehlers ψ aus (9), so ist

$$\langle \psi, z\rangle = \langle -\eta_{x_1}^{(1)} - \eta_{\bar{x}_2}^{(2)} + \psi^*, z\rangle,$$

und hieraus ergibt sich mit Hilfe der partiellen Summation

$$\langle \psi, z\rangle = \langle \eta^{(1)}, z_{\bar{x}_1}\rangle + \langle \eta^{(2)}, z_{\bar{x}_2}]_2 + \langle \psi^*, z\rangle .$$

Durch mehrfaches Anwenden der Schwarz-Bunjakowskischen Ungleichung ergibt sich daraus

$$\begin{aligned}\langle \psi, z\rangle &\leqq \langle \eta^{(1)}, \eta^{(1)}\rangle^{1/2} \langle z_{\bar{x}_1}, z_{\bar{x}_1}\rangle^{1/2} + \langle \eta^{(2)}, \eta^{(2)}]_2^{1/2} \langle z_{\bar{x}_2}, z_{\bar{x}_2}]_2^{1/2} + \langle \psi^*, \psi^*\rangle^{1/2} \langle z, z\rangle^{1/2}\\ &\leqq (\langle \eta^{(1)}, \eta^{(1)}\rangle + \langle \eta^{(2)}, \eta^{(2)}]_2 + \langle \psi^*, \psi^*\rangle)^{1/2} \|z\|_{(1)} . \qquad (20)\end{aligned}$$

Der Ausdruck in runden Klammern der rechten Seite der Ungleichung (20) wird mittels der in (9) angegebenen Ordnungsbeziehungen abgeschätzt. Es ist $\langle \eta^{(1)}, \eta^{(1)}\rangle = O(h^3)$, $\langle \eta^{(2)}, \eta^{(2)}]_2 = O(h^4)$ und $\langle \psi^*, \psi^*\rangle = O(h^3)$, woraus nach (19), (20)

$$\|z\|_{(1)} = \|u - y\|_{(1)} = O(h^{3/2}) \qquad (21)$$

folgt. Aus (21) ist die Konvergenz der aus dem Differenzenschema (8) gewonnenen Näherungslösung y für $h \to 0$ gegen die Lösung u von (1) in der Norm $\|\cdot\|_{(1)}$ ablesbar, und die Beziehung (21) gibt eine Aussage über die Konvergenzgeschwindigkeit.

Das nichtlineare Differenzenschema (8) wurde näherungsweise mit dem modifizierten Newtonverfahren gelöst.

Literatur

[1] GAJEWSKI, H., K. GRÖGER und K. ZACHARIAS, Nichtlineare Operatorgleichungen und Operatordifferentialgleichungen, Akademie-Verlag, Berlin 1974.

[2] КАРЧЕВСКИЙ, М. М., и А. Д. Ляшко, Разностные схемы для нелинейных задач математической физики, Казань 1976.

[3] САМАРСКИЙ, А. А., Введение в теорию разностных схем, изд. „НАУКА", Москва 1971.

Manuskripteingang: 15. 1. 1979

VERFASSER:

Dipl.-Math. CLAUS-PETER DAUTE und Dozent Dr. rer. nat. WILFRIED WEINELT, Sektion Mathematik der Technischen Hochschule Karl-Marx-Stadt

Beiträge zur Numerischen Mathematik
9 (1981), 31–46

Zur lokalen Konvergenz der Pseudostöriteration und Rayleighquotienteniteration

Uwe Flemming

Für die theoretisch äquivalenten Verfahren Pseudostöriteration und Rayleighquotientiteration werden lokale Konvergenz gezeigt sowie Aussagen über die Konvergenzgeschwindigkeit getroffen. Dabei stellen die hier angegebenen Resultate für selbstadjungierte (nicht notwendig beschränkte) Operatoren, aber auch für hermitesche Matrizen, eine Erweiterung bisher bekannter dar.

1. Einleitung

Zur Lösung der einfachen Eigenwertaufgabe

$$A\varphi = \Lambda\varphi \tag{1}$$

werden in der vorliegenden Arbeit Verfahren betrachtet, die eine vorgegebene Näherung iterativ verbessern. Es wird hierbei vorausgesetzt, daß A ein linearer selbstadjungierter (s. a.) Operator im Hilbertraum H, Λ ein einfacher Eigenwert und isolierter Spektrumspunkt von A und $\varphi \in D(A)$, $\|\varphi\| = 1$, das dazugehörige Eigenelement ist. Dabei wird mit $D(A)$ das in H dichte Definitionsgebiet von A und mit $\zeta(A)$ sein Spektrum bezeichnet. Fernerhin sei P_x der Orthoprojektor auf den von $x \in H$, $x \neq 0$, aufgespannten Unterraum, $Q_x = I - P_x$ (I ist der Einheitsoperator) und

$$H(x) = \{y \in H \colon (y, x) = 0\}.$$

Die die Isoliertheit von Λ charakterisierende Größe sei

$$\varrho = \min_{\substack{t \in \zeta(A) \\ t \neq \Lambda}} |\Lambda - t| \neq 0.$$

2. Die Pseudostöriteration (PSI)[1]

Ausgehend von $\varphi_0 \in D(A)$, $\|\varphi_0\| = 1$, läßt sich die PSI durch folgenden iterativen Prozeß zur Lösung der Aufgabe (1) beschreiben (Einschrittverfahren von Gavurin [2]):

$$\lambda_n = (A\varphi_n, \varphi_n), \tag{2}$$

$$\sigma_n = A\varphi_n - \lambda_n\varphi_n, \tag{3}$$

$$C_n = (\cdot, \varphi_n)\,\sigma_n + (\cdot, \sigma_n)\,\varphi_n, \tag{4}$$

$$(A - C_n - \lambda_n I)\,u_n = \sigma_n \quad \text{mit} \quad (u_n, \varphi_n) = 0, \tag{5}$$

$$\varphi_{n+1} = \frac{\varphi_n - u_n}{\|\varphi_n - u_n\|} \qquad (n = 0, 1, \ldots). \tag{6}$$

Dabei gelten die Beziehungen

$$(\sigma_n, \varphi_n) = 0 \tag{7}$$

und

$$(A - C_n - \lambda_n I)\,\varphi_n = 0, \tag{8}$$

d. h., φ_n ist Eigenelement zum Eigenwert λ_n des s. a. Operators $A - C_n$ mit $D(A - C_n) = D(A)$. Unter der Voraussetzung, daß λ_n (ebenso wie Λ) einfacher Eigenwert und isolierter Spektrumspunkt von $A - C_n$ ist — was später unter gewissen Voraussetzungen gezeigt wird —, bedeutet die Bestimmung von $u_n \in H(\varphi_n)$ der Gleichung (5) die Suche der normalen Lösung.

3. Ein äquivalentes Verfahren

Wird vorausgesetzt, daß $\lambda_n \neq \Lambda$ ist, dann folgt aus

$$A\varphi_{n+1} = \frac{1}{\|\varphi_n - u_n\|}\,A(\varphi_n - u_n)$$

unter Beachtung von (3), Gleichung (5) sowie (7)

$$A\varphi_{n+1} = \lambda_n\varphi_{n+1} - \frac{(u_n, \sigma_n)}{\|\varphi_n - u_n\|}\,\varphi_n$$

oder

$$(A - \lambda_n I)\,\varphi_{n+1} = -\frac{(u_n, \sigma_n)}{\|\varphi_n - u_n\|}\,\varphi_n. \tag{9}$$

[1]) Eine umfassende Darstellung der störungstheoretischen Grundlagen sowie Konvergenzaussagen sind in der Arbeit [1] enthalten.

Die letzte Gleichung zeigt, daß $\varphi_{n+1} \in D(A)$ nach Formel (6) auch als Lösung der Gleichung (9) angesehen werden kann. Das gleiche Ergebnis würde man erhalten, wenn statt der Gleichung (9) die Lösung $\tilde{\varphi}_{n+1} \in D(A)$ von

$$(A - \lambda_n I)\,\tilde{\varphi}_{n+1} = t_n \varphi_n, \qquad t_n \neq 0, \quad \text{reell},$$

gesucht, der Parameter t_n mit $\operatorname{sgn} t_n = -\operatorname{sgn}(u_n, \sigma_n)$ gewählt und $\tilde{\varphi}_{n+1}$ anschließend zu Eins normiert wird. Diese Überlegungen zeigen, daß die PSI nach den Formeln (2)—(6) für $\lambda_n \neq \Lambda$ folgendem Verfahren äquivalent ist:

$$\begin{aligned} &\varphi_0 \in D(A), \qquad \|\varphi_0\| = 1, \\ &\lambda_n = (A\varphi_n, \varphi_n) \end{aligned} \tag{10}$$

$$(A - \lambda_n I)\,\tilde{\varphi}_{n+1} = t_n \varphi_n, \qquad t_n \neq 0, \quad \text{reell}, \tag{11}$$

$$\varphi_{n+1} = \frac{\tilde{\varphi}_{n+1}}{\|\tilde{\varphi}_{n+1}\|}, \tag{12}$$

$$\operatorname{sgn} t_n = -\operatorname{sgn}(u_n, \sigma_n), \qquad n = 0, 1, \ldots \tag{13}$$

Für das Verfahren (10)—(12) ist in der Literatur die Bezeichnung Rayleighquotienteniteration (RQI) üblich, das für den Fall $t_n = 1$ von Crandall [3], Ostrowski [4, 5], Kahan [6], Kikuta [7] u. a. untersucht wurde.

Für eine spätere Verwendung werden noch einige Beziehungen hergeleitet. Dabei mögen bezüglich $\lambda_n \neq \Lambda$ die Bedingungen von Punkt 2 erfüllt sein. Aus der Gleichung (5) folgt wegen (7) und (8)

$$u_n = (u_n, \sigma_n)\,(A - \lambda_n I)^{-1} \varphi_n + \varphi_n$$

und durch Multiplikation mit φ_n daraus

$$0 = (u_n, \sigma_n)\big((A - \lambda_n I)^{-1} \varphi_n, \varphi_n\big) + 1$$

oder

$$(u_n, \sigma_n) = -\big((A - \lambda_n I)^{-1} \varphi_n, \varphi_n\big)^{-1}. \tag{14}$$

Unter Verwendung von (14) ist dann

$$u_n = -\frac{1}{\big((A - \lambda_n I)^{-1} \varphi_n, \varphi_n\big)}\,(A - \lambda_n I)^{-1} \varphi_n + \varphi_n \tag{15}$$

und

$$\|u_n\|^2 + 1 = \frac{\|(A - \lambda_n I)^{-1} \varphi_n\|^2}{\big((A - \lambda_n I)^{-1} \varphi_n, \varphi_n\big)^2}. \tag{16}$$

4. Konvergenz für einen Sonderfall

Während die RQI für den Fall $\lambda_0 = \Lambda$ (bzw. $\lambda_n = \Lambda$) nicht realisierbar ist, ergibt sich für die PSI eine Besonderheit.

Satz 1. *Ist λ_0 ein einfacher Eigenwert und isolierter Spektrumspunkt von $A - C_0$, $(\varphi_0, \varphi) \neq 0$ und gilt $\lambda_0 = \Lambda$, dann ist $\varphi_1 = \varphi$ und $\lambda_1 = \lambda_0 = \Lambda$.*

Beweis.

(i) Die Gleichung (5) hat auf Grund der Voraussetzung eine eindeutige Lösung $u_0 \in H(\varphi_0) \cap D(A)$.

(ii) Es gilt (vgl. [1])

$$\lambda_1 = \lambda_0 - \frac{(u_0, \sigma_0)}{1 + \|u_0\|^2} \tag{17}$$

und

$$\|\sigma_1\| = \frac{|(u_0, \sigma_0)|}{1 + \|u_0\|^2} \|u_0\|. \tag{18}$$

(iii) Aus der Gleichung (5) folgt durch skalare Multiplikation mit $\varphi \in D(A)$

$$\big((A - \Lambda I)\, u_0, \varphi\big) - (u_0, \sigma_0)\,(\varphi_0, \varphi) = -(u_0, \sigma_0)\,(\varphi_0, \varphi) = (\sigma_0, \varphi)$$
$$= \big((A - \Lambda I)\, \varphi_0, \varphi\big) = 0,$$

d. h., es ist $(u_0, \sigma_0) = 0$. Aus den Gleichungen (17) und (18) folgt dann die Behauptung.

5. Konvergenzbedingungen

Für die Verfahren PSI und RQI sind in einer Reihe von Arbeiten lokale Konvergenzbedingungen formuliert worden, von einigen Autoren werden jedoch nur Ordnungsrelationen für „hinreichend" gute Näherungen angegeben.

Satz 2 (GAVURIN [2]). *Sind die Bedingungen*[1])

$$|\Lambda - \lambda_0| \leqq \|\sigma_0\| < \frac{\varrho}{3} \tag{19}$$

erfüllt, dann ist die PSI für s. a. Operatoren A realisierbar, d. h., die Gleichung (5) *hat immer eine eindeutige Lösung, und es gilt* $\lambda_n \to \Lambda$, $\varphi_n \to \varphi$ *und* $\|\sigma_n\| \to 0$. *Die Konvergenz ist von 3. Ordnung.*

LANG [8, 14] zeigte, daß bei

$$|\Lambda - \lambda_0| \leqq \|\sigma_0\| < \frac{\varrho}{2} \tag{20}$$

die Defekte σ_n eine Nullfolge bilden.

---

[1]) In der Arbeit [2] sind diese in der Form $|\Lambda - \lambda_0| < \varrho - \|\sigma_0\|$, $\|\sigma_0\| < \varrho/3$ aufgeschrieben, was aber mit (19) übereinstimmt (s. [10]).

Satz 3 (Ostrowski [4, 5]). *Ist die Ungleichung*[1])

$$|\Lambda - \lambda_0| < \frac{\varrho}{2} \min\left(1, \frac{\varrho}{2} \frac{\|P_\varphi \varphi_0\|^2}{\varrho_A}\right) \tag{21}$$

erfüllt, dann konvergiert die RQI für hermitesche Matrizen.

Schließlich sei noch die später erschienene Arbeit von Ditkin [15] erwähnt, in der der Prozeß (10)—(12) für nicht s. a. Operatoren untersucht wird und lokale Konvergenzbedingungen angegeben sind.[2])

Testbeispiele haben jedoch gezeigt, daß die PSI und RQI auch dann noch lokal konvergieren, wenn die Voraussetzungen (19), (20) oder (21) nicht erfüllt sind. In den Arbeiten [5, 6] und auch [9] wird außerdem die globale Konvergenz der RQI für hermitesche bzw. normale Matrizen untersucht.

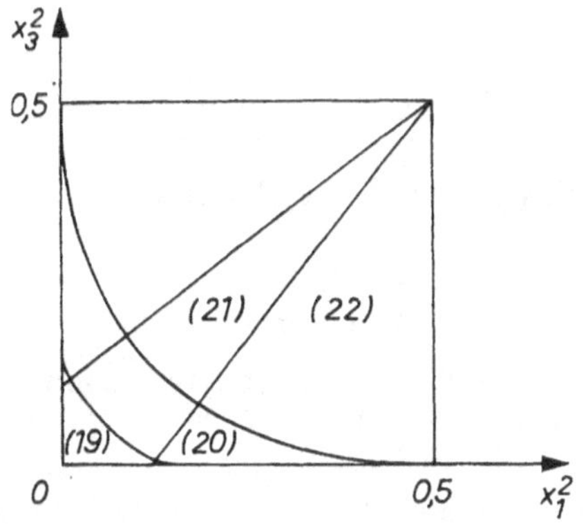

Abb. 1

Im folgenden Abschnitt wird die lokale Konvergenz und Durchführbarkeit der PSI bzw. RQI unter folgenden Voraussetzungen bewiesen:

$$\left.\begin{aligned} &|\Lambda - \lambda_0| < \varrho L, \\ &\|P_\varphi \varphi_0\|^2 > L \quad \text{mit} \quad 0 < L \leqq \frac{1}{2}. \end{aligned}\right\} \tag{22}$$

Durch einfache konstruierte Beispiele kann gezeigt werden (s. [10]), daß die Bedingungen (22) erfüllt sein können, (19), (20) bzw. (21) aber nicht. Ebenso wird dies durch Abb. 1 in vergleichender Weise demonstriert.

[1]) In den Arbeiten des Autors werden andere Bezeichnungen verwendet. Dabei gilt die Beziehung $\varrho_A = |\Lambda_{\max} - \Lambda_{\min}|$, wobei $\Lambda_{\max}$ bzw. $\Lambda_{\min}$ der größte bzw. der kleinste Eigenwert von A ist. Außerdem kann man zeigen, daß $\min\left(1, \frac{\varrho}{2} \frac{\|P_\varphi \varphi_0\|^2}{\varrho_A}\right) = \frac{\varrho}{2} \frac{\|P_\varphi \varphi_0\|^2}{\varrho_A}$ ist.

[2]) Für den hier behandelten Fall und für s. a. Operatoren formuliert lauten diese

$$\|Q_\varphi \varphi_0\| \leqq \xi \leqq \frac{1}{5} \quad \text{und} \quad |\Lambda - \lambda_0| \leqq \frac{4\xi(1+\xi)}{1 + 4\xi(1+\xi)}\, \varrho.$$

Beispiel im R^3
Es sei

$$\zeta(A) = \begin{cases} \Lambda - \varrho, & \text{Eigenwert zum Eigenelement } g_1, \|g_1\| = 1; \\ \Lambda, & \text{Eigenwert zum Eigenelement } g_2 = \varphi; \\ \Lambda + \varrho, & \text{Eigenwert zum Eigenelement } g_3, \|g_3\| = 1; \end{cases}$$

$$\varphi_0 = x_1 g_1 + x_2 g_2 + x_3 g_3, \quad x_1^2 + x_2^2 + x_3^2 = 1.$$

Die in Abb. 1 eingezeichneten Gebiete repräsentieren für die Startnäherung φ_0 zur Berechnung des einfachen Eigenwertes Λ die Konvergenzbedingungen (19)—(22). Dabei ist $\|P_\varphi \varphi_0\|^2 = x_2^2 = 1 - x_1^2 - x_3^2$.

Praktisch sind natürlich die Bedingungen (22) nicht überprüfbar. Sind jedoch Abschätzungen für ϱ (eine untere Schranke $\bar{\varrho}$) und Λ (eine Näherung $\tilde{\Lambda}$ mit $|\Lambda - \tilde{\Lambda}| \leqq \varepsilon$) bekannt, dann reichen diese Informationen aus, um damit insbesondere die zweite Bedingung von (22) durch eine überprüfbare Defektabschätzung zu ersetzen (s. Satz 1 und 2 in der Arbeit [11]).

6. Konvergenz und Konvergenzgeschwindigkeit der PSI und RQI

In diesem Abschnitt werden folgende Voraussetzungen getroffen:

- Der Eigenwert Λ ist einfacher Eigenwert und isolierter Spektrumspunkt des s. a. Operators A zum Eigenelement $\varphi \in D(A)$, $\|\varphi\| = 1$.
- Es sei stets $\lambda_n \neq \Lambda$ (s. Punkt 4).
- Die Konvergenzbedingungen (22) seien für die „Näherung“ $\varphi_0 \in D(A)$, $\|\varphi_0\| = 1$, erfüllt. Außerdem gelte o. B. d. A.

$$(\varphi_0, \varphi) > 0. \tag{23}$$

Weiterhin werden folgende Abkürzungen verwendet:

$$\|P_\varphi \varphi_n\|^2 = a_n,$$

$$\|Q_\varphi \varphi_n\|^2 = b_n = 1 - a_n,$$

$$m_n = \varrho - |\Lambda - \lambda_n|,$$

$\{E_t\}$ — linksstetige Zerlegung der Einheit des s. a. Operators A.

Bei der PSI muß im Gegensatz zur RQI die Frage der eindeutigen Lösbarkeit der Gleichung (5) — und damit die Realisierbarkeit — beantwortet werden. In der Arbeit [11] wurde gezeigt, daß bei Erfülltsein von (22) mit Λ auch λ_0 ein einfacher Eigenwert und isolierter Spektrumspunkt von $A - C_0$ ist. Damit existiert eine eindeutige Lösung $u_0 \in H(\varphi_0) \cap D(A)$ von (5). Im folgenden wird also auf die Frage der Lösbarkeit von (5) nicht wiederholt eingegangen werden müssen, wenn nur die Iterierten φ_n und λ_n die Ungleichungen (22) erfüllen.

Die Wahl des Parameters t_n nach (13) wird durch obige Überlegungen möglich, hat jedoch auf die Folge λ_n keinen Einfluß, lediglich auf sgn (φ_n, φ). Alle im folgenden aufgeführten Aussagen bleiben also auch für eine andere Wahl von t_n als nach (13) — und damit für die RQI mit einem beliebigen Parameter t_n — erhalten mit Ausnahme für sgn (φ_n, φ).

Hilfssatz 1. *Es ist* $\operatorname{sgn}(\Lambda - \lambda_0) = \operatorname{sgn}\big((A - \lambda_0 I)^{-1}\varphi_0, \varphi_0\big)$.

Beweis. Es sei z. B. $0 < \Lambda - \lambda_0 < \varrho L$, $0 < L \leqq 1/2$. Dann folgt aus

$$\big((A - \lambda_0 I)^{-1}\varphi_0, \varphi_0\big) = \frac{a_0}{\Lambda - \lambda_0} + \int\limits_{\substack{t \in \zeta(A) \\ t \neq \Lambda}} \frac{1}{t - \lambda_0}\, d(E_t Q_\varphi \varphi_0, \varphi_0)$$

$$\geqq \frac{a_0}{\Lambda - \lambda_0} - \frac{b_0}{\min\limits_{\substack{t \neq \Lambda \\ t \in \zeta(A)}} |t - \lambda_0|}$$

und wegen (22)

$$\min_{t \neq \Lambda} |t - \lambda_0| \geqq \varrho - |\Lambda - \lambda_0| = m_0 > \varrho - \varrho L > 0$$

die Behauptung

$$\big((A - \lambda_0 I)^{-1}\varphi_0, \varphi_0\big) > \frac{L}{\varrho L} - \frac{1 - L}{\varrho - \varrho L} > 0 .$$

Analog wird der Fall $\Lambda - \lambda_0 < 0$ gezeigt.

Folgerung 1. *Auf Grund von* (13) *und* (14) *gilt dann auch*

$$\operatorname{sgn}(t_0) = -\operatorname{sgn}(u_0, \sigma_0) = \operatorname{sgn}(\Lambda - \lambda_0).$$

Hilfssatz 2. *Es gelten die Ungleichungen*

$$\|\varphi_1 - \varphi\|^2 \leqq 2\big(1 - p_0(\varphi_0, \varphi)\big) < \|\varphi_0 - \varphi\|^2 \quad \textit{und} \quad p_0 > 1 .$$

Dabei wurde für p_0 *die Abkürzung* $(n = 0)$

$$p_n^2 = \frac{m_n^2}{(\Lambda - \lambda_n)^2\, b_n + m_n^2 a_n} \tag{24}$$

verwendet.

Beweis.

(i) Es wird zunächst $\|\tilde{\varphi}_1\|^2$ nach oben abgeschätzt:

$$\|\tilde{\varphi}_1\|^2 = |t_0|^2\, \|(A - \lambda_0 I)^{-1}\varphi_0\|^2$$

$$= |t_0|^2 \left[\frac{a_0}{(\Lambda - \lambda_0)^2} + \int\limits_{t \neq \Lambda} \frac{1}{(t - \lambda_0)^2}\, d(E_t Q_\varphi \varphi_0, \varphi_0)\right]$$

$$\leqq |t_0|^2 \left[\frac{a_0}{(\Lambda - \lambda_0)^2} + \frac{b_0}{\min\limits_{\substack{t \neq \Lambda \\ t \in \zeta(A)}} (t - \lambda_0)^2} \right]$$

$$\leqq |t_0|^2 \left[\frac{a_0}{(\Lambda - \lambda_0)^2} + \frac{b_0}{m_0^2} \right] = \frac{|t_0|^2}{(\Lambda - \lambda_0)^2} p_0^{-2}.$$

(ii) Die Ungleichung (24) resultiert unmittelbar aus den Voraussetzungen, denn es ist

$$p_0^{-2} = \frac{(\Lambda - \lambda_0)^2}{m_0^2} b_0 + a_0 < \frac{\varrho^2 L^2}{\varrho^2 (1 - L)^2} b_0 + a_0 \leqq b_0 + a_0 = 1$$

oder $p_0 > 1$.

(iii) Daraus und aus obiger Folgerung ergibt sich die Behauptung des Satzes:

$$\|\varphi_1 - \varphi\|^2 = 2\big(1 - \operatorname{Re}(\varphi_1, \varphi)\big) = 2\left(1 - \operatorname{Re} \frac{t_0}{\|\tilde{\varphi}_1\|} \big((A - \lambda_0 I)^{-1} \varphi_0, \varphi\big)\right)$$

$$= 2\left(1 - \operatorname{Re} \frac{t_0}{\Lambda - \lambda_0} \cdot \frac{1}{\|\tilde{\varphi}_1\|} (\varphi_0, \varphi)\right)$$

$$\leqq 2\left(1 - \frac{t_0}{|t_0|} \cdot \frac{|\Lambda - \lambda_0|}{\Lambda - \lambda_0} p_0 (\varphi_0, \varphi)\right)$$

$$< 2\big(1 - (\varphi_0, \varphi)\big) = \|\varphi_0 - \varphi\|^2.$$

Folgerung 2. *Es gilt* $(\varphi_1, \varphi) > 0$.

Auf Grund der Annahme (23) und Folgerung 1 ergibt sich nämlich

$$(\varphi_1, \varphi) = \frac{t_0}{\|\tilde{\varphi}_1\|} \big((A - \lambda_0 I)^{-1} \varphi_0, \varphi\big) = \frac{t_0}{\|\tilde{\varphi}_1\|} \cdot \frac{1}{\Lambda - \lambda_0} (\varphi_0, \varphi) > 0.$$

Im Unterschied zur RQI nach den Formeln (10)—(12) mit beliebiger Parameterwahl t_n bleibt bei der PSI (Wahl von t_n nach (13)) mit $(\varphi_0, \varphi) > 0$ auch $(\varphi_1, \varphi) > 0$ reell und positiv.

Hilfssatz 3. *Es gelten die Ungleichungen*

$$-\varrho L \left(\frac{\Lambda - \lambda_0}{\varrho L}\right)^{2+\xi_0} < \Lambda - \lambda_1 \leqq \varrho L \left(\frac{\Lambda - \lambda_0}{\varrho L}\right)^{2+\eta_0}$$

für $\Lambda - \lambda_0 > 0$ *und*

$$-\varrho L \left(\frac{\lambda_0 - \Lambda}{\varrho L}\right)^{2+\eta_0} \leqq \Lambda - \lambda_1 < \varrho L \left(\frac{\lambda_0 - \Lambda}{\varrho L}\right)^{2+\xi_0}$$

für $\Lambda - \lambda_0 < 0$, *wobei* ξ_0 *und* η_0 *positiv sind.*

Beweis.

(i) Aus der Beziehung (17) sowie (14) und (16) folgt

$$\lambda_1 = \lambda_0 - \frac{(u_0, \sigma_0)}{1 + \|u_0\|^2} = \lambda_0 + \frac{\big((A - \lambda_0 I)^{-1} \varphi_0, \varphi_0\big)}{\|(A - \lambda_0 I)^{-1} \varphi_0\|^2}$$

$$= \lambda_0 + \frac{|t_0|^2}{\|\tilde{\varphi}_1\|^2} \big((A - \lambda_0 I)^{-1} \varphi_0, \varphi_0\big),$$

und Hilfssatz 1 zeigt, daß $\lambda_1 - \lambda_0 > 0$, wenn $\Lambda - \lambda_0 > 0$, bzw. $\lambda_1 - \lambda_0 < 0$, wenn $\Lambda - \lambda_0 < 0$ ist.

(ii) Es sei $\Lambda - \lambda_0 > 0$. Dann ergibt sich bei Betrachtung der Abschätzungen in den Beweisen der Hilfssätze 1 und 2 für

$$\lambda_1 - \lambda_0 = \frac{|t_0|^2}{\|\tilde{\varphi}_1\|^2} \big((A - \lambda_0 I)^{-1} \varphi_0, \varphi_0\big)$$

$$\geqq |t_0|^2 \cdot \frac{(\Lambda - \lambda_0)^2}{|t_0|^2} p_0^2 \left(\frac{a_0}{\Lambda - \lambda_0} - \frac{b_0}{m_0}\right)$$

$$= \frac{(\Lambda - \lambda_0)\, m_0\big(m_0 \cdot a_0 - (\Lambda - \lambda_0)\, b_0\big)}{m_0^2 a_0 + (\Lambda - \lambda_0)^2 b_0}$$

und damit

$$\Lambda - \lambda_1 = \Lambda - \lambda_0 - (\lambda_1 - \lambda_0)$$

$$\leqq (\Lambda - \lambda_0)^2 \frac{\varrho b_0}{m_0^2 a_0 + (\Lambda - \lambda_0)^2 b_0}.$$

Mit der Definition von η_0 aus $(n = 0)$

$$\left(\frac{|\Lambda - \lambda_n|}{\varrho L}\right)^{\eta_n} = \frac{L \varrho^2 b_n}{(\Lambda - \lambda_n)^2 b_n + m_n^2 a_n} \tag{25}$$

ist dann $\Lambda - \lambda_1 \leqq \varrho L \left(\frac{\Lambda - \lambda_0}{\varrho L}\right)^{2+\eta_0}$.

Um die Ungleichung $\eta_0 > 0$ zu zeigen, wird die Funktion

$$f(t) = t^2 - 2\varrho a_0 t + \varrho^2(a_0 - L b_0)$$

betrachtet. Für $t \leqq \varrho a_0$ hat $f(t)$ die negative Ableitung $f'(t) = 2(t - \varrho a_0)$ und im Punkt $t = \varrho a_0$ den Scheitelpunkt mit $f(\varrho a_0) = \varrho^2 b_0 (a_0 - L) > 0$. Wird $t = \Lambda - \lambda_0$ gesetzt, dann folgt daraus und aus $\Lambda - \lambda_0 < \varrho L < \varrho a_0$ die Ungleichung

$$(\Lambda - \lambda_0)^2 - 2\varrho(\Lambda - \lambda_0)\, a_0 + \varrho^2(a_0 - L b_0) > 0$$

oder

$$\big(\varrho - (\Lambda - \lambda_0)\big)^2 a_0 + (\Lambda - \lambda_0)^2 b_0 > L \varrho^2 b_0.$$

Zusammen mit (25) bedeutet das, daß

$$\left(\frac{\Lambda - \lambda_0}{\varrho L}\right)^{\eta_0} < 1$$

ist, womit wegen $\Lambda - \lambda_0 < \varrho L$ die Aussage $\eta_0 > 0$ bestätigt ist.

(iii) Um den zweiten Teil der ersten Ungleichung zu beweisen, betrachten wir

$$\begin{aligned}\Lambda - \lambda_1 &= \big((\Lambda I - A)\,\varphi_1, \varphi_1\big) = \big((\Lambda I - A)\,Q_\varphi\varphi_1, Q_\varphi\varphi_1\big) \\ &= \frac{|t_0|^2}{\|\tilde{\varphi}_1\|^2}\cdot \int\limits_{\substack{t\in\zeta(\Lambda)\\ t\neq\Lambda}} \frac{\Lambda - t}{(t-\lambda_0)^2}\, d(E_t Q_\varphi \varphi_0, \varphi_0) \\ &\geqq \frac{|t_0|^2}{\|\tilde{\varphi}_1\|^2} \int\limits_{t\geqq\Lambda+\varrho} \frac{\Lambda - t}{(t-\lambda_0)^2}\, d(E_t Q_\varphi \varphi_0, \varphi_0).\end{aligned}$$

Das Integral ist negativ, so daß sich bei Verwendung der Abschätzung

$$\|\tilde{\varphi}_1\|^2 = |t_0|^2\left[\frac{a_0}{(\Lambda-\lambda_0)^2} + \|(A - \lambda_0 I)^{-1}\,Q_\varphi\varphi_0\|^2\right] \geqq \frac{|t_0|^2\,a_0}{(\Lambda-\lambda_0)^2}$$

die Ungleichung

$$\Lambda - \lambda_1 > -\frac{(\Lambda-\lambda_0)^2}{a_0}\int\limits_{t\geqq\Lambda+\varrho} \frac{t-\Lambda}{(t-\lambda_0)^2}\, d(E_t Q_\varphi\varphi_0, \varphi_0)$$

und wegen $t - \Lambda = t - \lambda_0 + (\lambda_0 - \Lambda) < t - \lambda_0$ schließlich

$$\begin{aligned}\Lambda - \lambda_1 &> -\frac{(\Lambda-\lambda_0)^2}{a_0}\int\limits_{t\geqq\Lambda+\varrho} \frac{1}{t-\lambda_0}\, d(E_t Q_\varphi\varphi_0, \varphi_0) \\ &\geqq -\frac{(\Lambda-\lambda_0)^2}{a_0}\cdot\frac{1}{\varrho + (\Lambda-\lambda_0)}\int\limits_{t\geqq\Lambda+\varrho} d(E_t Q_\varphi\varphi_0, \varphi_0) \\ &\geqq -\varrho L\left(\frac{\Lambda-\lambda_0}{\varrho L}\right)^2 \frac{b_0\varrho L}{\big(\varrho + (\Lambda-\lambda_0)\big)\,a_0}\end{aligned}$$

ergibt. Wird ξ_0 durch die Gleichung ($n = 0$)

$$\frac{\varrho L b_n}{(\varrho + |\Lambda - \lambda_n|)\,a_n} = \left(\frac{|\Lambda-\lambda_n|}{\varrho L}\right)^{\xi_n} \tag{26}$$

definiert, dann gilt wegen $a_0 > L$, $\varrho b_0 < \varrho < \varrho + (\Lambda - \lambda_0)$ und $\Lambda - \lambda_0 < \varrho L$ auch

$$\left(\frac{|\Lambda-\lambda_0|}{\varrho L}\right)^{\xi_0} < 1 \quad \text{und} \quad \xi_0 > 0.$$

Dann ist mit

$$\Lambda - \lambda_1 > -\varrho L \left(\frac{\Lambda - \lambda_0}{\varrho L}\right)^{2+\varepsilon_0}$$

die erste Ungleichung vollständig bewiesen. Der Beweis der zweiten Ungleichung verläuft ganz analog.

Aus den vorangegangenen Hilfssätzen resultiert der folgende Konvergenzsatz.

Satz 4. *Sind die Voraussetzungen von Abschnitt* 6 *erfüllt, dann ist die* PSI *nach den Formeln* (2)—(6) *bzw.* (10)—(13) *uneingeschränkt durchführbar, und es gelten die Beziehungen*

1. $\operatorname{sgn}(\varphi_n, \varphi) = \operatorname{sgn}(\varphi_0, \varphi), \quad n = 1, 2, \ldots;$
2. $\lim_{n\to\infty} \varphi_n = \varphi \in D(A);$
3. $\lim_{n\to\infty} \lambda_n = \Lambda.$

Bemerkung. Bis auf die Aussage 1 dieses Satzes treffen für $\lambda_n \neq \Lambda$ auch die Konvergenzaussagen für die RQI nach den Formeln (10)—(12) zu.

Beweis.

(i) Ist $\lambda_0 \neq \Lambda$, dann gilt unter Berücksichtigung der Hilfssätze 2 und 3

$$\|P_\varphi\varphi_1\|^2 = a_1 = \frac{|t_0|^2}{\|\tilde{\varphi}_1\|^2}\,\frac{1}{(\Lambda - \lambda_0)^2}\,\|P_\varphi\varphi_0\|^2 \geqq p_0^2\|P_\varphi\varphi_0\|^2 > \|P_\varphi\varphi_0\|^2 > L$$

und

$$|\Lambda - \lambda_1| < |\Lambda - \lambda_0| < \varrho L,$$

d. h., $\varphi_1 \in D(A)$ und λ_1 erfüllen ebenfalls die Konvergenzbedingungen (22). Mithin ist λ_1 ein einfacher Eigenwert und isolierter Spektrumspunkt von $A - C_1$, und die Gleichung (5) ist eindeutig lösbar (s. die Arbeit [11]).

Werden diese Überlegungen wiederholt, so ist damit die uneingeschränkte Durchführbarkeit der PSI (RQI) gezeigt, und es gelten die Ungleichungsketten

$$\left.\begin{aligned} &a_n = \|P_\varphi\varphi_n\|^2 \geqq p_{n-1}a_{n-1} > a_{n-1} > \cdots > a_0 > L \\ \text{und}\quad & \\ &|\Lambda - \lambda_n| < \cdots < |\Lambda - \lambda_0| < \varrho L. \end{aligned}\right\} \qquad (27)$$

(ii) Infolge der Voraussetzung (23) und Folgerung 1 ist

$$\operatorname{sgn}(\varphi_{n+1}, \varphi) = \operatorname{sgn}(\tilde{\varphi}_{n+1}, \varphi) = \operatorname{sgn}\left(\frac{t_n}{\Lambda - \lambda_n}(\varphi_n, \varphi)\right) = \cdots$$

$$= \operatorname{sgn}(\varphi_0, \varphi) > 0, \qquad n = 0, 1, \ldots$$

(iii) Unter Beachtung von Formel (24), der Ungleichung $|\Lambda - \lambda_i| \leqq |\Lambda - \lambda_0|$ und $m_i \geqq m_0$ für $0 \leqq i \leqq n$ folgt

$$p_i^2 = \frac{m_i^2}{(\Lambda - \lambda_i)^2 b_i + m_i^2 a_i} \geqq \frac{m_0^2}{(\Lambda - \lambda_0)^2 b_i + m_0^2 a_i}.$$

Die Funktion

$$f(t) = \frac{a}{b(1 - t^2) + at^2}$$

ist für $a > b > 0$ und $t > 0$ monoton fallend, d. h., setzt man $a = m_0^2$, $b = (\Lambda - \lambda_0)^2$ und $t = a_i$, dann ergibt sich mit (27) die Ungleichung

$$p_i^2 \geqq \frac{m_0^2}{(\Lambda - \lambda_0)^2 b_n + m_0^2 a_n}, \qquad 0 \leqq i \leqq n.$$

Schließlich ist dann

$$\begin{aligned} a_{n+1} = \|P_\varphi \varphi_{n+1}\|^2 &\geqq \left[\prod_{i=0}^{n} (p_i)^2\right] \|P_\varphi \varphi_0\|^2 \\ &\geqq \left[\frac{m_0^2}{(\Lambda - \lambda_0)^2 b_n + m_0^2 a_n}\right]^{n+1} \cdot a_0 . \end{aligned} \tag{28}$$

Der in Klammern stehende Ausdruck ist für $b_n \neq 0$ stets größer als Eins, so daß wegen $a_n \leqq 1$ notwendigerweise $\lim_{n\to\infty} a_n = 1$ oder $\lim_{n\to\infty} \|\varphi_n - \varphi\| = 0$ gelten muß. Im entgegengesetzten Fall würde nämlich für ein $n = n_0$ die untere Schranke von a_{n+1} in Formel (28) den Wert Eins übersteigen.

Um die dritte Behauptung zu zeigen, wird zunächst festgestellt, daß für hinreichend großes n

$$\begin{aligned} \|(\Lambda I - A)\, Q_\varphi \varphi_n\|^2 &= \int_{t \neq \Lambda} (t - \Lambda)^2 \, d(E_t Q_\varphi \varphi_n, \varphi_n) \\ &\leqq \int_{t \neq \Lambda} (t - \Lambda)^2 \, d(E_t Q_\varphi \varphi_0, \varphi_0) = \|(\Lambda I - A)\, Q_\varphi \varphi_0\|^2 \end{aligned}$$

und damit

$$\begin{aligned} |\Lambda - \lambda_n| &= |((\Lambda I - A)\, Q_\varphi \varphi_n, Q_\varphi \varphi_n)| \\ &\leqq \|(\Lambda I - A)\, Q_\varphi \varphi_n\| \cdot \|Q_\varphi \varphi_n\| \leqq \|(\Lambda I - A)\, Q_\varphi \varphi_0\| \cdot \|Q_\varphi \varphi_n\| \end{aligned}$$

gilt, d. h., es ist $\lim_{n\to\infty} \lambda_n = \Lambda$.

Für hermitesche Matrizen sind in den Arbeiten [3—5] Aussagen über die Konvergenzgeschwindigkeiten enthalten. Ostrowski [4, 5] zeigte die Beziehungen

$|\Lambda - \lambda_1| = O(|\Lambda - \lambda_0|^2)$ für hinreichend kleines $|\Lambda - \lambda_0|$.

$|\Lambda - \lambda_2| = O(|\Lambda - \lambda_1|^3)$ für $|\Lambda - \lambda_0|$ und $|\Lambda - \lambda_1|$ hinreichend klein und

$|\Lambda - \lambda_n| = O(|\Lambda - \lambda_{n-1}|^3)$ für $n \to \infty$.

Crandall [3] formulierte die Beziehung

$$\|\varphi_{n+1} - \varphi\| = O(\varepsilon_n^3),$$

wenn $\|\varphi_n - \varphi\| = O(\varepsilon_n)$, $\varepsilon_n \to 0$ und $n \to \infty$ erfüllt sind. Diese Aussagen bleiben im wesentlichen auch für den Fall s. a. (nicht notwendig beschränkter) Operatoren im Hilbertraum erhalten, wie der folgende Satz zeigt.

Satz 5. *Es gelten die Abschätzungen*

$$|\Lambda - \lambda_{n+1}| \leqq \varrho L \left(\frac{|\Lambda - \lambda_0|}{\varrho L}\right)^{\prod_{i=0}^{n}(2+\eta_i)}, \tag{29}$$

$$|\Lambda - \lambda_{n+1}| < \varrho L \left(\frac{|\Lambda - \lambda_0|}{\varrho L}\right)^{2^{n+1}+(2^{n+1}-1)\eta_0}, \tag{30}$$

$$\|Q_\varphi \varphi_{n+1}\|^2 < (1 - L) \left(\frac{\|Q_\varphi \varphi_0\|^2}{1 - L}\right)^{\prod_{i=0}^{n}(1+\varkappa_i)}, \tag{31}$$

$$\|Q_\varphi \varphi_{n+1}\|^2 < (1 - L) \left(\frac{\|Q_\varphi \varphi_0\|^2}{1 - L}\right)^{1+(n+1)\varkappa_0}. \tag{32}$$

Dabei ist η_n *durch die Gleichung* (25) *und* $\varkappa_n$ *durch*

$$\left[\frac{b_n}{1 - L}\right]^{\varkappa_n} = \left[\frac{\|Q_\varphi \varphi_n\|^2}{1 - L}\right]^{\varkappa_n} = \frac{(\Lambda - \lambda_n)^2}{b_n(\Lambda - \lambda_n)^2 + m_n{}^2 a_n} \tag{33}$$

definiert. Analog zu den obigen Argumentationen kann auch hier sofort gezeigt werden, daß $\varkappa_n > 0$ *gilt.*

Beweis.

(i) Ein Vergleich der Beziehungen (25) und (26) zeigt die Gültigkeit der Ungleichung

$$\xi_n > \eta_n > 0 \qquad \text{für} \qquad \lambda_n \neq \Lambda .$$

Damit resultiert aus der Abschätzung von Hilfssatz 3 zunächst

$$\begin{aligned} |\Lambda - \lambda_{n+1}| &\leqq \varrho L \max \left\{\left(\frac{|\Lambda - \lambda_n|}{\varrho L}\right)^{2+\eta_n}, \left(\frac{|\Lambda - \lambda_n|}{\varrho L}\right)^{2+\xi_n}\right\} \\ &= \varrho L \left(\frac{|\Lambda - \lambda_n|}{\varrho L}\right)^{2+\min(\eta_n,\xi_n)} \\ &\leqq \varrho L \left(\frac{|\Lambda - \lambda_n|}{\varrho L}\right)^{2+\eta_n} \end{aligned} \tag{34}$$

und durch wiederholte Anwendung die Ungleichung (29). Ferner kann aus der Definition von η_n nach (25) und unter Beachtung der Konvergenzaussagen die Ungleichungskette

$$\left(\frac{|\Lambda - \lambda_0|}{\varrho L}\right)^{\eta_0} > \left(\frac{|\Lambda - \lambda_1|}{\varrho L}\right)^{\eta_1} > \cdots > \left(\frac{|\Lambda - \lambda_n|}{\varrho L}\right)^{\eta_n}$$

gezeigt werden. Daraus und mit (34) ergibt sich die Ungleichung (30):

$$\begin{aligned} \frac{|\Lambda - \lambda_{n+1}|}{\varrho L} &\leqq \left(\frac{|\Lambda - \lambda_n|}{\varrho L}\right)^2 \cdot \left(\frac{|\Lambda - \lambda_n|}{\varrho L}\right)^{\eta_n} < \left(\frac{|\Lambda - \lambda_{n-1}|}{\varrho L}\right)^{2(2+\eta_{n-1})+\eta_{n-1}} \\ &< \cdots < \left(\frac{|\Lambda - \lambda_0|}{\varrho L}\right)^{2^{n+1}+(2^{n+1}-1)\eta_0} \end{aligned}$$

(ii) In Satz 4 (s. z. B. (27)) wurde die Ungleichung

$$a_{n+1} \geqq p_n^2 a_n$$

oder, was dasselbe ist,

$$b_{n+1} \leqq \frac{(\Lambda - \lambda_n)^2}{(\Lambda - \lambda_n)^2 b_n + m_n^2 a_n} b_n$$

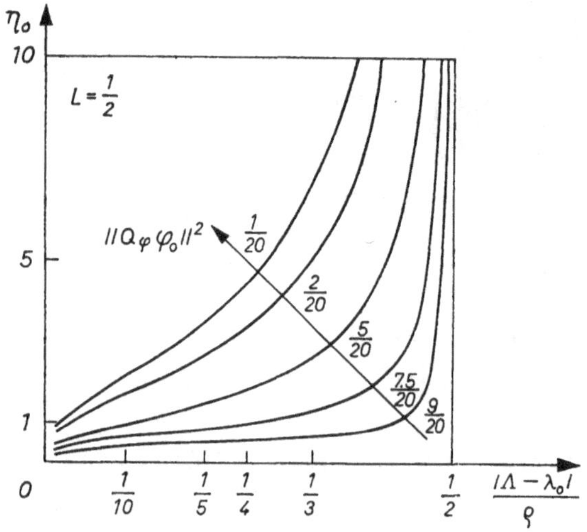

Abb. 2

bewiesen. Mit der Beziehung (33) ist dann

$$\frac{b_{n+1}}{1-L} = \frac{\|Q_\varphi \varphi_{n+1}\|^2}{1-L} \leqq \left[\frac{\|Q_\varphi \varphi_n\|^2}{1-L}\right]^{1+\varkappa_n},$$

und eine wiederholte Anwendung dieser Ungleichung liefert (31).

Analog zu Punkt (i) kann nun aus der Definition von $\varkappa_n$ nach (33) und unter Berücksichtigung der Konvergenzaussagen die Ungleichungskette

$$\left(\frac{b_0}{1-L}\right)^{\varkappa_0} > \left(\frac{b_1}{1-L}\right)^{\varkappa_1} > \cdots > \left(\frac{b_n}{1-L}\right)^{\varkappa_n}$$

und damit die Abschätzung (32) gezeigt werden:

$$\frac{b_{n+1}}{1-L} \leqq \left(\frac{b_n}{1-L}\right)\left(\frac{b_n}{1-L}\right)^{\varkappa_n} < \left(\frac{b_{n-1}}{1-L}\right)^{1+2\varkappa_{n-1}} < \cdots < \left(\frac{b_0}{1-L}\right)^{1+(n+1)\varkappa_0}.$$

Die Abschätzungen (30) und (32) sind insofern von praktischem Interesse, da die Exponenten η_0 und $\varkappa_0$ (bzw. η_n und $\varkappa_n$) „große Werte" annehmen können, wie in Abb. 2 und 3 für $L = 1/2$ gezeigt ist.[1]) Beachtenswert ist dabei, daß für

$$|\Lambda - \lambda_0| \to \varrho/2$$

[1]) Für $L < 1/2$ ergeben sich analoge Graphen.

der Exponent η_0 wachsend und $\varkappa_0$ fallend ist und für

$$|\Lambda - \lambda_0| \to 0$$

die umgekehrte Situation eintritt. Das kann als ein Grund für die guten numerischen Eigenschaften der PSI bzw. RQI angesehen werden. Zu Fragen der Realisierung der PSI für Matrizen wurde dazu u. a. in den Arbeiten [12] und [13] Stellung genommen.

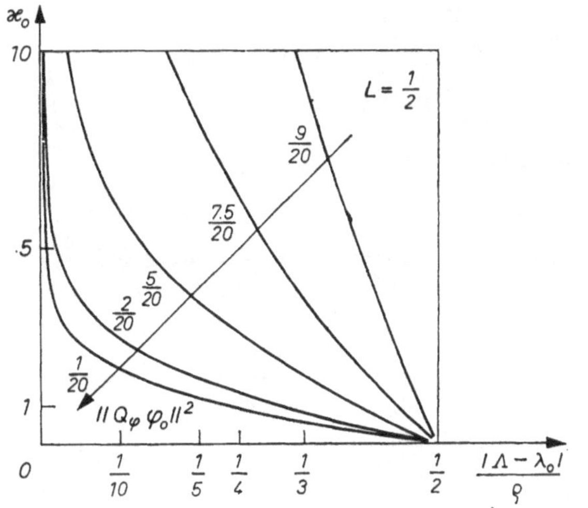

Abb. 3

Literatur

[1] Kuhnert, F., Die Pseudostöriteration zur Bestimmung von Eigenwerten und Eigenvektoren, VEB Deutscher Verlag der Wissenschaften, Berlin 1971.

[2] Gavurin, M. K., Über die Methode der Pseudostörung zur Eigenwertbestimmung (russ.), Ž. vyčisl. mat. i mat. fiz. **1** (1961), 757–770.

[3] Crandall, S. H., Iterative procedures related to relaxation methods for eigenvalues problems. Proc. Roy. Soc. London, Ser. A, **207** (1951), 416–424.

[4] Ostrowski, A. M., On the convergence of the Rayleigh quotient iteration for the computation of the characteristic roots and vectors I, Arch. Rat. Mech. and Analysis **1** (1958), 233–241.

[5] Ostrowski, A. M., On the convergence of the Rayleigh quotient iteration for the computation of the characteristic roots and vectors II, Arch. Rat. Mech. and Analysis **2** (1959), 423–428.

[6] Kahan, W., Inclusion theorems for clusters of eigenvalues of hermitian matrices, Techn. Report, Dept. of Computer Sci., Univ. of Toronto 1967.

[7] Kikuta, T., Convergence of iterative methods, Progr. Theoret. Phys. **10** (1953), 653–672.

[8] Lang, W., Numerische Aspekte der Pseudostöriteration, Dissertation, TH Karl-Marx-Stadt 1972.

[9] Parlett, B. N., The Rayleigh quotient iteration and some generalizations for nonnormal matrices, Math. of Computation **28** (1974), 127, 679–693.

[10] Flemming, U., Die Konvergenz der Pseudostöriteration für selbstadjungierte Operatoren im Hilbertraum und die Realisierung für hermitesche Matrizen, Dissertation, TH Karl-Marx-Stadt 1976.

[11] FLEMMING, U., Fehlerabschätzungen für Näherungseigenwerte und -eigenvektoren bei der Pseudostöriteration, Beiträge Numer. Math. **6** (1977), 61—68.
[12] FLEMMING, U., Numerische Aspekte der Realisierung der Pseudostöriteration für symmetrische Matrizen, Beiträge Numer. Math. **5** (1976), 27—36.
[13] MEYER, A., und U. FLEMMING, Die Berechnung einfacher Eigenwerte und Eigenvektoren symmetrischer Matrizen mittels Pseudostöriteration, Beiträge Numer. Math. **6** (1977), 111—119.
[14] LANG, W., Anwendung der Pseudostöriteration auf Differentialgleichungen, Beiträge Numer. Math. **2** (1974), 89—101.
[15] DITKIN, V. V., Eine modifizierte Methode von Crandall-Kikuta (russ.), Ž. vyčisl. mat. i mat. fiz. **16** (1976), 838—846.

Manuskripteingang: 26. 1. 1979

VERFASSER:

Dr. UWE FLEMMING, Sektion Mathematik der Technischen Hochschule Karl-Marx-Stadt

Beiträge zur Numerischen Mathematik
9 (1981), 47–62

Die schnelle Auflösung der Fredholmschen Integralgleichung zweiter Art

Wolfgang Hackbusch

Zusammenfassung. Das hier vorgestellte iterative Verfahren zur Lösung der Fredholmschen Integralgleichung zweiter Art ist ein sogenanntes Mehrgitterverfahren. Es benötigt nur einen Aufwand von $O(n^2)$ Rechenoperationen, wenn n die Anzahl der Gleichungen der Diskretisierung bezeichnet. Der Aufwand herkömmlicher Verfahren beträgt $O(n^3)$. Der Artikel enthält außer dem Konvergenzbeweis auch Hinweise für die praktische Durchführung und numerische Beispiele.

On the Fast Solving of Fredholm's Integral Equation of the Second Kind

Summary. The presented iterative method for solving Fredholm's integral equation of the second kind is a so-called multi-grid method. The computational work amounts to only $O(n^2)$ operations, where n denotes the number of equations of the discretization. Usual methods take $O(n^3)$ operations. The paper contains the proof of convergence, hints of the practical performance and numerical examples.

Subject Classification. AMS(MOS): 65R05, 45L10; CR: 5.18

§ 1. Einleitung

Das im folgenden erläuterte Verfahren ist eine Übertragung der Mehrgittermethode auf Integralgleichungen. In [5, 6] werden Mehrgitterverfahren zur Lösung elliptischer Randwertprobleme beschrieben. Sie sind charakterisiert durch eine Kombination eines Glättungsschrittes und eines Korrekturschrittes. Als Glättung wird bei Integralgleichungen die Integration verwendet. Die Korrektur wird mit Hilfe gröberer Gitter, d. h. durch Diskretisierungen mit kleineren Gleichungssystemen erreicht.

In der Form der einstufigen Iteration (Zweigitterverfahren) ist das Verfahren wohlbekannt (Brakhage [4], Atkinson [2, 3]). Zwar reduziert sich der Rechenaufwand erheblich beim Übergang von der direkten Gleichungsauflösung zum Zweigitterverfahren, aber der Aufwand ist in beiden Fällen proportional zu n^3 (n: Anzahl der Gleichungen). Erst das hier vorgeschlagene rekursive Verfahren vermindert den Aufwand auf $O(n^2)$.

Die Präsentation der Zweigittermethode bei Brakhage [4], Atkinson [2] und Anselone [1] hält an der Interpolation nach Nyström [7] fest (allerdings findet sich in [4] schon der Hinweis auf andere Interpolationsformeln). Hier wird diese Beschränkung fallen gelassen. Es zeigt sich, daß die Mehrgittermethode für eine sehr allgemeine Wahl der Interpolation konvergiert. Die Formulierung der Methode ist so getroffen, daß auch von der Quadraturmethode verschiedene Verfahren wie z. B. die Entwicklung der Lösung nach Čebyšev-Polynomen (vgl. [8]) zugrundegelegt werden kann.

In § 2 wird die Integralgleichung und ihre Diskretisierung formuliert. Ferner werden die benötigten Voraussetzungen diskutiert. Das iterative Verfahren wird in § 3 vorgestellt. Zunächst wird das einstufige Verfahren entwickelt und dessen Konvergenzeigenschaften untersucht. Das Mehrgitterverfahren wird danach durch rekursive Verwendung des einstufigen Verfahrens abgeleitet. Der an praktischer Anwendung interessierte Leser findet in § 4 Hinweise und Beispiele zur Konstruktion konkreter Verfahren. Ein numerisches Beispiel findet sich im gleichen Paragraphen. Abschließend wird in § 5 die nichtlineare Integralgleichung diskutiert.

§ 2. Die Fredholmsche Integralgleichung zweiter Art und ihre Diskretisierung

§ 2.1. Integralgleichung

Als lineare Fredholmsche Integralgleichung zweiter Art wird

$$u(x) = \int_{\Omega} k(x, s)\, u(s)\, ds + f(x) \qquad (x \in \Omega) \tag{2.1}$$

bezeichnet, wobei u und f auf Ω definierte Funktionen sind. Im folgenden wird (2.1) als

$$u = Ku + f \tag{2.2}$$

geschrieben. Dabei sind u und f Elemente eines geeigneten Banach-Raumes B_0, für den $K\colon B_0 \to B_0$ gilt. Die zugehörige Norm sei $\|\cdot\|_0$. Die übliche Wahl ist

$$B_0 = C(\Omega) \qquad \text{(stetige Funktionen auf } \Omega\text{; } \|\cdot\|_0\text{: Maximumnorm).} \tag{2.3}$$

Wir setzen voraus, daß ein Unter-Banach-Raum $B_1 \subset B_0$ mit der Norm $\|\cdot\|_1$ existiert, so daß für eine natürliche Zahl m (2.4) gilt:

$$K^m\colon B_0 \to B_1, \qquad \|K^m\|_{B_0 \to B_1} \leqq C_1, \qquad \|\cdot\|_0 \leqq \|\cdot\|_1. \tag{2.4}$$

Bemerkung 2.1. Falls der Operator K kompakt (vgl. [1]) ist, existiert B_1 so, daß die Inklusion $B_1 \hookrightarrow B_0$ kompakt ist. Man setze z. B. $B_1 = KB_0$ mit

$$\|v\|_1 := \inf \{\|u\|_0\colon Ku = v\}.$$

Die noch folgenden Forderungen werden zeigen, daß die Elemente aus B_1 „glatter" als jene aus B_0 sein sollen.

Beispiel 2.2. Sei $(\partial/\partial x)^\nu k \in C(\Omega \times \Omega)$ für $0 \leqq |\nu| \leqq l$, Ω kompakt. Dann kann B_0 wie in (2.3) und B_1 als $C^l(\Omega)$ mit $\|v\|_1 = \max_{1 \leqq |\nu| \leqq l} \|\partial^\nu v/\partial x^\nu\|_0$ gewählt werden. (2.4) ist für $m = 1$ erfüllt.

Daß der Kern $k(x, s)$ unstetig sein darf, zeigt das

Beispiel 2.3. Sei $\Omega = [a, \infty)$. Die Volterrasche Integralgleichung kann durch die Fortsetzung „$k(x, y) = 0$ für $y > x$“ in der Form (2.1) dargestellt werden. Falls $(\partial/\partial x)^\nu\, k(x, y)$ für $0 \leqq \nu \leqq l$ in $a \leqq y \leqq x < \infty$ stetig ist, kann $B_0 = C([a, \infty))$ wie in (2.3) und $B_1 = C^m([a, \infty))$ gewählt werden, wenn $1 \leqq m \leqq l$.

Ein schwachsingulärer Kern liegt dem folgenden Beispiel zugrunde:

Beispiel 2.4. Seien $\Omega = [a, b]$, $k(x, y) = |x - y|^{-1/2}$, $B_0 = C([a, b])$. (2.4) ist für $m = 1$ und $B_1 = C^{1/2}([a, b])$ (Hölder-stetige Funktionen) erfüllt.

§ 2.2. *Diskretisierung*

Es sei $\mathcal{N}$ eine Teilmenge der natürlichen Zahlen. Jedem $n \in \mathcal{N}$ werden endlich-dimensionale Räume $B_0^n \supset B_1^n$ mit den Normen $|\cdot|_{0,n}$ und $|\cdot|_{1,n}$ zugeordnet. Wir benötigen ferner Restriktionen

$$R_n: B_i \to B_i^n, \qquad r_{n'n}: B_i^n \to B_i^{n'} \qquad (n, n' \in \mathcal{N};\, n' < n;\, i = 0, 1)$$

und Prolongationen

$$P_n: B_0^n \to B_0, \qquad p_{nn'}: B_i^{n'} \to B_i^n \qquad (n, n' \in \mathcal{N};\, n' < n;\ i = 0, 1).$$

Für alle $n, n', n'' \in \mathcal{N}$ mit $n'' < n' < n$ gelte

$$B_i^{n'} \subset B_i^n, \qquad r_{n'n} R_n = R_{n'}, \qquad r_{n''n'} r_{n'n} = r_{n''n},$$

$$P_n p_{nn'} = P_{n'}, \qquad p_{nn'} p_{n'n''} = p_{nn''}.$$

Die zu (2.2) gehörende Diskretisierung laute nun

$$u_n = K_n u_n + f_n, \qquad f_n = R_n f \quad (n \in \mathcal{N}). \tag{2.5}$$

Die Auflösbarkeit von (2.2) und (2.5) ist gesichert, wenn

$$\|(I - K)^{-1}\|_{B_0 \to B_0} \leqq C_2, \qquad \|(I_n - K_n)^{-1}\|_{B_0^n \to B_0^n} \leqq C_2 \quad (n \in \mathcal{N}) \tag{2.6}$$

vorausgesetzt wird (I_n: Identität in B_0^n). Im allgemeinen gilt die zweite Ungleichung (2.6) für genügend großes n, wenn die erste zutrifft. Wählt man $\mathcal{N}$ dementsprechend aus, trifft (2.6) stets zu. Weiterhin seien K und K_n gleichmäßig beschränkt:

$$\|K\|_{B_0 \to B_0} \leqq C_3, \qquad \|K_n\|_{B_0^n \to B_0^n} \leqq C_3 \quad (n \in \mathcal{N}), \tag{2.7a}$$

$$\|K\|_{B_1 \to B_1} \leqq C_3, \qquad \|K_n\|_{B_1^n \to B_1^n} \leqq C_3 \quad (n \in \mathcal{N}). \tag{2.7b}$$

Analog zu (2.4) soll

$$\|K_n^m\|_{B_0^n \to B_1^n} \leqq C_1', \qquad |\cdot|_{0,n} \leqq |\cdot|_{1,n} \quad (n \in \mathcal{N}) \tag{2.8}$$

gelten. Die Restriktionen und Prolongationen mögen

$$\|p_{nn'}\|_{B_0^{n'} \to B_0^n} \leqq C_4, \qquad \|r_{n'n}\|_{B_0^n \to B_0^{n'}} \leqq C_4 \quad (n, n' \in \mathcal{N};\, n > n') \tag{2.9a}$$

und eventuell

$$\|r_{n'n}\|_{B_1^n \to B_1^{n'}} \leqq C_4, \qquad \|R_n\|_{B_1 \to B_1^n} \leqq C_4 \quad (n, n' \in \mathcal{N}; n > n'), \tag{2.9b}$$

$$\textit{es existiert} \quad \hat{P}_n : B_1^n \to B_1 \quad \textit{mit} \quad R_n \hat{P}_n = I_n, \quad \|\hat{P}_n\|_{B_1^n \to B_1} \leqq C_4 \quad (n \in \mathcal{N}) \tag{2.9c}$$

erfüllen. Die Voraussetzung

$$\|(I_n - p_{nn'} r_{n'n})\|_{B_1^n \to B_0^n} \leqq C_5 (n')^{-\alpha} \quad (\alpha > 0; n, n' \in \mathcal{N}; n > n') \tag{2.10}$$

besagt, daß „glatte" Gitterfunktionen aus B_1^n in $B_0^{n'}$ gut approximiert werden können.

Bemerkung 2.5. Aus (2.4), (2.6) und (2.7b) folgert man leicht, daß

$$\|(I - K)^{-1}\|_{B_1 \to B_1} \leqq C_2' := C_1 C_2 + 1 + C_3 + \cdots + C_3^{m-1}$$

gilt.

Falls P_n gleichmäßig beschränkt, $m = 1$ und $K_n = R_n K P_n$, folgt (2.8) aus (2.4) und (2.9b). Die Definition $K_n := R_n K P_n$ wird im Zusammenhang mit der Methode der finiten Elemente benutzt. Klassisch werden Quadraturformeln verwendet. Dazu bezeichne Ω_n das Gitter der Knotenpunkte. $B_0^n = B_1^n$ enthalte alle Gitterfunktionen auf Ω_n. $v_n = R_n v$ wird durch die Beschränkung von v auf Ω_n definiert. Für $P_n v_n$ wird eine geeignete Interpolationsformel verwendet. K_n hat die Gestalt

$$(K_n u_n)(x) = \sum_{t_i \in \Omega_n} k(x, t_i)\, w_i u_n(t_i) \quad (x \in \Omega_n); \tag{2.11}$$

w_i sind die Gewichte, n kann die Anzahl der Knotenpunkte oder der Teilintervalle bezeichnen.

Beispiel 2.6. Seien $\Omega \subset \mathbb{R}$, $B_0 = C(\Omega)$, $B_1 = C^1(\Omega)$ mit $\|v\|_0$ wie in (2.3) und $\|v\|_1 := \max(\|v\|_0, \|v'\|_0)$. $R_n v$ sei die Beschränkung von $v \in B_0$ auf Ω_n. $P_n v_n$ entstehe durch stückweise lineare Interpolation. Ferner setze man $r_{n'n} = R_{n'} P_n$ und $p_{nn'} = R_n P_{n'}$ $(n > n')$. Die Normen von $B_0^n = B_1^n$ seien

$$|v_n|_{0,n} = \max\{|v_n(x)| : x \in \Omega_n\},$$

$$|v_n|_{1,n} = \max\left(|v_n|_{0,n}, \max\left\{\left|\frac{v_n(x) - v_n(y)}{x - y}\right| : x, y \in \Omega_n,\ x \neq y\right\}\right).$$

Offenbar sind die Ungleichungen (2.9a, b) mit $C_4 = 1$ erfüllt. Ebenso ist $\hat{P}_n$ konstruierbar, das die Bedingung (2.9c) mit $C_4 = 2$ befriedigt. In (2.10) gilt $\alpha = 1$ und $C_5 = \sup_{\mathcal{N}} \{n \cdot |\Omega_n|\}$, wobei $|\Omega_n|$ die maximale Schrittweite in Ω_n ist. Falls Ω_n das äquidistante Gitter auf $\Omega = [a, b]$ darstellt, ist $C_5 = (b - a)/2$.

Beispiel 2.7. Die Restriktionen und Prolongationen seien wie in Beispiel 2.6 gewählt. Jedoch sei $B_1 = C^2(\Omega)$. Dementsprechend berücksichtige die Norm $|\cdot|_{1,n}$ die zweiten Differenzenquotienten. Dann gilt weiterhin (2.9a) mit $C_4 = 1$. In (2.10) kann sogar $\alpha = 2$ gewählt werden.

Die Darstellung von Brakhage [4] und Atkinson [2] basiert auf der Interpolation von u_n mittels $u(x) = \sum k(x, t_i)\, w_i u_n(t_i) + f(x)$ für alle $x \in \Omega$. Diese Methode von Nyström [7, p. 11] ist in unserer Darstellung nicht enthalten, da u nicht als $P_n u_n$ definiert werden kann.

Abschließend wird die Konsistenzbedingung formuliert:

$$\begin{aligned} |[(I_n - K_n)\, R_n - R_n(I - K)]\, u|_{0,n} &= |(K_n R_n - R_n K)\, u|_{0,n} \\ &= |(I_n - K_n)\, R_n u - R_n f|_{0,n} \\ &\leqq C_6 n^{-\beta} \|f\|_1 \quad (n \in \mathcal{N};\, \beta > 0), \qquad (2.12) \end{aligned}$$

wobei $f \in B_1$ beliebig und u Lösung von (2.2) ist. Aus der Stabilität (2.6) und der Konsistenz (2.12) folgt die Konvergenz

$$|u_n - R_n u|_{0,n} \leqq C_7 n^{-\beta} \|f\|_1 \quad (u, u_n \text{ genügen } (2.2), (2.5)) \qquad (2.13)$$

mit $C_7 = C_2 C_6$ (vgl. Stetter [10]).

§ 3. Das iterative Verfahren

§ 3.1. *Einstufiges Verfahren*

Seien $n, n' \in \mathcal{N}$ mit $n > n'$ im folgenden fest. Ein Iterationsschritt des einstufigen Verfahrens besteht aus der Kombination eines Glättungsschrittes und eines Korrekturschrittes. Wegen (2.8) wird

$$u_n^{(\nu)} \mapsto \tilde{u}_n = K_n u_n^{(\nu)} + f_n \qquad (3.1)$$

als Glättung bezeichnet. Falls $m > 1$, ist die Abbildung (3.1) m-fach anzuwenden. Als Defekt von $\tilde{u}_n$ definiert man $d_n = (I_n - K_n)\, \tilde{u}_n - f_n$. Da $\tilde{u}_n - (I_n - K_n)^{-1} d_n$ die exakte Lösung u_n von (2.5) darstellt, betrachtet man deren Approximation durch

$$u_n^{(\nu+1)} = \tilde{u}_n - p_{nn'}(I_{n'} - K_{n'})^{-1}\, r_{n'n} d_n. \qquad (3.2)$$

Für die Differenzen $\Delta u_n^{(\nu)} = u_n^{(\nu)} - u_n$ gilt die Darstellung

$$\Delta u_n^{(\nu+1)} = M_n \Delta u_n^{(\nu)}, \qquad M_n = [I_n - p_{nn'}(I_{n'} - K_{n'})^{-1}\, r_{n'n}(I_n - K_n)]\, K_n^m. \qquad (3.3)$$

Die Konvergenzeigenschaft dieses iterativen Verfahrens hängt von der Zahl $\varkappa_n$ ab:

$$\varkappa_n = \|M_n\|_{B_0^n \to B_0^n}. \qquad (3.4)$$

Satz 3.1. *Es gelte* $n, n' \in \mathcal{N}$, $1 > n'/n \geqq \sigma > 0$. *Aus den Voraussetzungen* (2.6), (2.7a, b), (2.8), (2.9a, b, c), (2.10), (2.13) *folgt*

$$\varkappa_n \leqq C_{81} n^{-\alpha} + C_{82} n^{-\beta}. \qquad (3.5)$$

Damit ist das Verfahren für hinreichend große n konvergent.

Beweis. Sei $w_n \in B_0^n$ mit $|w_n|_{0,n} = 1$ beliebig. Für $v_n := K_n^m w_n$ gilt nach (2.8) $|v_n|_{1,n} \leqq C_1'$. Setze $g_n := v_n - K_n v_n$, $g_{n'} := r_{n'n} g_n$, $v_{n'} := (I_{n'} - K_{n'})^{-1} g_{n'}$. $v \in B_1$ wird mittels $v - Kv = g := \hat{P}_n g_n$ eingeführt. Wir spalten $M_n w_n = v_n - p_{nn'} v_{n'}$ auf in

$$v_n - R_n v, \qquad p_{nn'}(R_{n'} v - v_{n'}), \qquad R_n v - p_{nn'} R_{n'} v.$$

Der erste Term ist gemäß (2.13), (2.9), (2.7) durch

$$\begin{aligned} |v_n - R_n v|_{0,n} &\leqq C_7 n^{-\beta} \|g\|_1 \leqq C_4 C_7 n^{-\beta} |g_n|_{1,n} \\ &\leqq (1 + C_3) C_4 C_7 n^{-\beta} |v_n|_{1,n} \leqq C_1'(1 + C_3) C_4 C_7 n^{-\beta} \end{aligned}$$

beschränkt. Der zweite Term läßt sich analog durch

$$\begin{aligned} |p_{nn'}(R_{n'} v - v_{n'})|_{0,n} &\leqq C_4 |R_{n'} v - v_{n'}|_{0,n'} \leqq C_4^2 C_7 n'^{-\beta} |g_{n'}|_{1,n'} \\ &\leqq C_4^3 C_7 n'^{-\beta} |g_n|_{1,n} \leqq C_1'(1 + C_3) C_4^3 C_7 \sigma^{-\beta} n^{-\beta} \end{aligned}$$

abschätzen. Die Behandlung des dritten Ausdruckes verwendet (2.10) und die Bemerkung 2.5:

$$\begin{aligned} |(R_n - p_{nn'} R_{n'}) v|_{0,n} &= |(I_n - p_{nn'} r_{n'n}) R_n v|_{0,n} \leqq C_5 n'^{-\alpha} |R_n v|_{1,n} \\ &\leqq C_4 C_5 n'^{-\alpha} \|v\|_1 \leqq C_2' C_4 C_5 n'^{-\alpha} \|g\|_1 \\ &\leqq C_1' C_2' (1 + C_3) C_4^2 C_5 \sigma^{-\alpha} n^{-\alpha}. \end{aligned}$$

Damit folgt (3.5) mit

$$C_{81} = C_1' C_2' (1 + C_3) C_4^2 C_5 \sigma^{-\alpha} \quad \text{und} \quad C_{82} = C_1' C_4 (1 + C_3) C_7 (1 + C_4^2 \sigma^{-\beta}).$$

Bemerkung 3.2. Falls

$$K_{n'} = r_{n'n}(K_n - I_n) p_{nn'} + I_{n'} \quad (n, n' \in \mathcal{N}; n' < n), \tag{3.6}$$

ist der Korrekturschritt (3.2) eine Projektion, und der Defekt von $u_n^{(\nu+1)}$ aus (3.2) verschwindet: $r_{n'n}[(I_n - K_n) u_n^{(\nu+1)} - f_n] = 0$. Unter der zusätzlichen Voraussetzung

$$|p_{nn'} v_{n'}|_{0,n} \geqq \text{const} \cdot |v_{n'}|_{0,n'} \quad (\text{const} > 0; n, n' \in \mathcal{N}; n > n')$$

folgt aus (3.6) die Darstellung (3.7):

$$K_{n'} = r_{n'n} K_n p_{nn'} + D_{n'}, \qquad \|D_{n'}\|_{B_0^{n'} \to B_0^{n'}} \leqq \text{const} \cdot (n')^{-\alpha}. \tag{3.7}$$

Die Gleichungen (3.6) oder (3.7) gestatten einen zweiten, von der Konsistenzordnung unabhängigen Konvergenzbeweis.

Satz 3.3. *Es gelte $n, n' \in \mathcal{N}$, $1 > n'/n \geqq \sigma > 0$, und eine der Darstellungen* (3.6) *oder* (3.7) *sei zutreffend. Aus den Voraussetzungen* (2.6), (2.7a), (2.8), (2.9a) *und* (2.10) *folgt*

$$\varkappa_n \leqq C_9 n^{-\alpha}. \tag{3.8}$$

Beweis. Im Falle von (3.6) gilt

$$M_n = [I_n - p_{nn'}(I_{n'} - K_{n'})^{-1} r_{n'n}(I_n - K_n)] [I - p_{nn'} r_{n'n}] K_n^m.$$

Der erste Faktor läßt sich in der Norm $\|\cdot\|_{B_0^n \to B_0^n}$ abschätzen. Für die weiteren Faktoren verwende man (2.10) und (2.8). Ebenso beweist man (3.8) für den Fall (3.7), da sich dann

$$M_n = [I_n + p_{nn'}(I_{n'} - K_{n'})^{-1} r_{n'n} K_n] [I_n - p_{nn'} r_{n'n}] K_n^m$$

für $D_{n'} = 0$ zeigen läßt. Die „Störung" $D_{n'}$ überträgt sich in der gleichen Ordnung auf M_n.

Bemerkung 3.4. Um sich der Notation von [1, 4] anzuschließen, definiere man $\hat{K}_n := \hat{P}_n K_n R_n$ und $\hat{M}_n := \hat{P}_n M_n R_n$. Dann läßt sich

$$\hat{M}_n = (I - \hat{K}_{n'})^{-1} (\hat{K}_n - \hat{K}_{n'}) \hat{K}_n^m + (I - \hat{P}_{n'} R_{n'}) (I - \hat{K}_n) \hat{K}_n^m$$

zeigen. Falls (2.8) für $m = 1$ gilt, folgt aus (2.9): Wenn die Inklusion $B_1 \hookrightarrow B_0$ kompakt ist, sind die Operatoren $\{\hat{K}_n : n \in \mathcal{N}\}$ kollektiv kompakt (vgl. [1] und Bemerkung 2.1).

§ 3.2. *Rekursives Verfahren*

In [4] wird das einstufige Verfahren mit $\sigma = 1/2$ zur Lösung von (2.5) vorgeschlagen. Ist etwa n die Anzahl der Gitterpunkte von Ω_n, so benötigt die direkte Auflösung von (2.5) $2n^3/3$ Operationen (Additionen und Multiplikationen), während der Aufwand des einstufigen Verfahrens pro Schritt nur

$$2(n/2)^3/3 + O(n^2) = n^3/12 + O(n^2)$$

beträgt. Obwohl dies eine erhebliche Reduktion des Rechenaufwandes darstellt, bleibt die Ordnung in beiden Fällen $O(n^3)$. Durch den Übergang zum rekursiven Verfahren läßt sich $O(n^2)$ erreichen.

Ausgehend von $n_0 \in \mathcal{N}$ bilde man die Folge $n_\mu \in \mathcal{N}$ $(\mu = 0, 1, 2, \ldots)$, $1 > \sigma' \geqq n_\mu/n_{\mu+1} \geqq \sigma > 0$. μ wird auch „Stufenzahl" genannt. Die Iteration wird rekursiv definiert:

$$\begin{pmatrix} u_{n_\mu}^{(\nu+1)} \\ f_{n_\mu} \end{pmatrix} = \tilde{\mathcal{M}}_\mu \begin{pmatrix} u_{n_\mu}^{(\nu)} \\ f_{n_\mu} \end{pmatrix}, \qquad \tilde{\mathcal{M}}_\mu = \begin{bmatrix} \tilde{M}_\mu & \tilde{L}_\mu \\ 0 & I_{n_\mu} \end{bmatrix} \quad (\mu \geqq 1). \tag{3.9}$$

Für $\mu = 1$ stimme $\tilde{\mathcal{M}}_1$ mit der einstufigen Iteration aus § 3.1 überein:

$$\tilde{M}_1 = M_{n_1}. \tag{3.10}$$

Sei nun $\tilde{\mathcal{M}}_{\mu-1}$ definiert. Die Iteration auf der Stufe μ besteht aus der m-fachen Glättung (3.1) und einem Korrekturschritt

$$u_n^{(\nu+1)} = \tilde{u}_n - p_{nn'}(I_{n'}, 0)\, \tilde{\mathcal{M}}_{\mu-1}^{\nu_{\mu-1}} \begin{pmatrix} 0 \\ I_{n'} \end{pmatrix} r_{n'n}\, d_n, \tag{3.11}$$

wobei $n = n_\mu$, $n' = n_{\mu-1}$, $\nu_{\mu-1} \geqq 1$ (vgl. (3.2)). Die exakte Auflösung von (2.5) für $n' = n_{\mu-1}$ wird hier durch $\nu_{\mu-1}$-fache Anwendung der Iteration mit $\tilde{\mathcal{M}}_{\mu-1}$ ersetzt. Als Startwert dient $u_{n_{\mu-1}}^{(0)} = 0$.

Satz 3.5. *Die Voraussetzungen des Satzes* 3.1 *oder des Satzes* 3.3 *seien erfüllt. Außerdem seien* n_0 *hinreichend groß und* $\nu_\mu \geqq 2$. *Dann konvergiert das rekursive Verfahren. Für*

$$\tilde{\varkappa}_\mu = \|\tilde{M}_\mu\|_{B_0^{n_\mu} \to B_0^{n_\mu}}$$

gilt die Abschätzung (3.5) *bzw.* (3.8) *asymptotisch:*

$$\tilde{\varkappa}_\mu \leqq (C_{81} n_\mu^{-\alpha} + C_{82} n_\mu^{-\beta}) \left(1 + O(n_\mu^{-\min(\alpha,\beta)})\right)$$

bzw.

$$\tilde{\varkappa}_\mu \leqq C_9 n_\mu^{-\alpha} \left(1 + O(n_\mu^{-\alpha})\right).$$

Beweis. Zunächst wird o. B. d. A. $\nu_\mu = 2$ angenommen und

$$\tilde{\varkappa}_\mu \leqq \varkappa_{n_\mu} + C_{10} \tilde{\varkappa}_{\mu-1}^2 < 1 \quad (\mu \geqq 1, \tilde{\varkappa}_0 := 0) \tag{3.12}$$

gezeigt. (3.12) ist für $\mu = 1$ richtig, wenn n_0 hinreichend groß ist ($\tilde{\varkappa}_1 = \varkappa_{n_1}$ wegen (3.10)). Sei nun (3.12) für $\mu < \mu_0$ erfüllt. Wegen $\varkappa_{\mu_0 - 1} < 1$ gilt

$$(I, 0)\, \mathscr{M}_{\mu_0-1}^2 \begin{pmatrix} 0 \\ I \end{pmatrix} = (I + \tilde{M}_{\mu_0-1})\, \tilde{L}_{\mu_0-1} = (I - \tilde{M}_{\mu_0-1}^2) \sum_{\nu=0}^{\infty} \tilde{M}_{\mu_0-1} \tilde{L}_{\mu_0-1}$$
$$= (I - \tilde{M}_{\mu_0-1}^2) \left(I - K_{n_{\mu_0-1}}\right)^{-1},$$

also

$$\tilde{\varkappa}_{\mu_0} = \|\tilde{M}_{\mu_0}\| = \|M_n + p_{nn'} \tilde{M}_{\mu_0-1}^2 (I_{n'} - K_{n'})^{-1} r_{n'n} (I_n - K_n)\, K_n^m\|$$
$$\leqq \varkappa_n + C_{10} \|\tilde{M}_{\mu_0-1}^2\| \leqq \varkappa_n + C_{10} \tilde{\varkappa}_{\mu_0-1}^2 \quad (n := n_{\mu_0}, n' := n_{\mu_0-1}).$$

Damit ist die erste Ungleichung in (3.12) gezeigt. Die zweite folgt, falls $\tilde{\varkappa}_1$ hinreichend klein, also n_0 hinreichend groß ist.

Bemerkung 3.6. Die Anzahl der inneren Iterationen ν_μ muß nicht notwendig größer als 1 sein. Beispielsweise ist $\nu_\mu = 1$ (μ ungerade), $\nu_\mu = 2$ (μ gerade) möglich. Anstelle von (3.12) ergibt sich

$$\tilde{\varkappa}_\mu \leqq \varkappa_{n_\mu} + C_{10} \tilde{\varkappa}_{\mu-1} \leqq \varkappa_{n_\mu} + C_{10} \varkappa_{n_{\mu-1}} + C_{10}^2 \tilde{\varkappa}_{\mu-2}^2$$

für gerades μ. Für hinreichend großes n_0 gilt wieder $\tilde{\varkappa}_\mu < 1$, $\tilde{\varkappa}_\mu \to 0$.

Entscheidend für die praktische Brauchbarkeit ist der Aufwand an Rechenarbeit. Der folgende Satz zeigt, daß der Aufwand pro Iteration i. a. proportional zum Quadrat der Anzahl der Gleichungen in (2.5) ist.

Satz 3.7. *Der Index* $n \in \mathscr{N}$ *bezeichne die Anzahl der Gleichungen in* (2.5). *Für die Folge* n_μ $(\mu = 0, 1, \ldots)$ *des rekursiven Verfahrens gelte* $0 < \sigma \leqq n_{\mu-1}/n_\mu \leqq \sigma' < 1$. *Ferner sei* $1 \leqq \nu_\mu \leqq \nu_{\max} < (\sigma')^{-2}$ *erfüllt. Der Aufwand für* $p_{nn'}$ *und* $r_{n'n}$ *sei höchstens* $O(n^2)$ (*üblich:* $O(n)$). *Dann ist der Aufwand eines rekursiven Iterationsschrittes auf der Stufe* μ *durch* $C_{11} n_\mu^2$ *beschränkt.* C_{11} *ist dabei unabhängig von* μ, *aber abhängig von* n_0.

Beweis. C_{11} sei so gewählt, daß die Behauptung für $\mu = 1$ zutrifft. Sei nun die Behauptung für $\mu - 1$ als richtig angenommen. Der Glättungsschritt (3.1) benötigt $O(n_\mu^2)$ Operationen. Von der gleichen Ordnung ist der Aufwand für die Defektbildung, so daß der Gesamtaufwand für (3.11) durch $Cn_\mu^2 + \nu_{\mu-1}C_{11}n_{\mu-1}^2$ beschränkt ist. Wegen

$$Cn_\mu^2 + \nu_{\mu-1}C_{11}n_{\mu-1}^2 \leqq (C + \nu_{\mu-1}C_{11}\sigma'^2)\, n_\mu^2$$

folgt die Behauptung, falls $C_{11} \geqq C/(1 - \nu_{\max} \cdot \sigma'^2)$ gewählt wird.

Bemerkung 3.8. Falls $\nu_\mu = \nu$ konstant, $\nu\sigma' \leqq 1$ und der Aufwand für $p_{nn'}$ und $r_{n'n}$ nur $O(n)$ beträgt, erfordert ein rekursiver Iterationsschritt auf der Stufe μ höchstens

$$\frac{2 - \sigma'^2 + 2m}{1 - \nu\sigma'^2}\, n_\mu^2 + \frac{2}{3}\, n_0^3 + O(\mu n_\mu)$$

Operationen. Das Minimum wird im allgemeinen nicht für das kleinstmögliche n_0 angenommen.
Beim Beweis berücksichtige man, daß der erste Glättungsschritt auf den gröberen Gittern kostenlos ist, da mit Null gestartet wird.

Bemerkung 3.9. Das rekursive Verfahren mit $n_3 = n$ (Dreigitterverfahren) ist sparsamer als das einstufige Verfahren (Zweigitterverfahren) für n, falls

$$n \gtrsim 3 \cdot i[\nu(1 + m + \sigma'^2) - 2]/[\sigma'(1 - \sigma'^3)].$$

Dabei ist i die Anzahl der benötigten Iterationen.

Man beachte in diesem Zusammenhang, daß die LU-Zerlegung von $I_{n'} - K_{n'}$ nur im ersten Schritt des einstufigen Verfahrens ausgeführt zu werden braucht. Aus diesem Grunde benötigt das einstufige Verfahren jedoch mehr Speicherplatz als das rekursive.

Wie in § 4.4 belegt wird, ist $i = 1$ realistisch. Mit den weiteren Standardwerten $m = 1$, $\nu = 2$, $\sigma' = 1/2$ liefert die letzte Bemerkung die Ungleichung $n \gtrsim 17$. Damit ist gezeigt, daß sich die kleinere Ordnung $O(n^2)$ für den Aufwand des rekursiven Verfahrens schon früh bemerkbar machen kann.

§ 4. Praktische Durchführung

§ 4.1. Ablauf

Das beschriebene Iterationsverfahren kann in folgender Weise realisiert werden:

1) Wähle $n_0 \in \mathcal{N}$.
2) Setze $\mu = 1$ und wende das einstufige Verfahren mit n_0 und $n_1 = 2n_0$ an. Falls die Konvergenz befriedigend schnell ist, gehe zu 4).
3) Ersetze n_0 durch $2n_0$ und gehe zu 2) zurück.
4) Setze $\mu := \mu + 1$, $n_\mu := 2n_{\mu-1}$, $\nu_{\mu-1} = 2$. Wende das rekursive Verfahren auf der Stufe μ an, wobei als Startwert $u_{n_\mu}^{(0)} = p_{n_\mu n_{\mu-1}} u_{n_{\mu-1}}$ verwendet wird. Das Resultat sei u_{n_μ}. Falls $|u_{n_\mu} - u_{n_\mu}^{(0)}|_{0,n_\mu}$ hinreichend klein ist, kann die Rechnung beendet werden. Andernfalls gehe zu 4). Falls Divergenz auftritt, gehe zu 3).

Wem die Schätzung des Fehlers $\|u - P_{n_\mu} u_{n_\mu}\|_0$ durch $|u_{n_\mu} - p_{n_\mu n_{\mu-1}} u_{n_{\mu-1}}|_{0,n_\mu}$ zu grob erscheint, kann auf die Fehlerabschätzung von BRAKHAGE [4] zurückgreifen.

In dem obenstehenden Schema wird durchgehend $\nu_\mu = 2$ benutzt. Es kann empfehlenswert sein, für die niedrigen Stufen ν_μ größer (aber $\leqq \nu_{\max}$) zu wählen, während man für große μ von Bemerkung 3.6 Gebrauch machen kann.

Im folgenden ALGOL-ähnlichen Programm wird die rekursive Iteration auf der Stufe l skizziert:

```
procedure rekursiv (i, l, m, k, u, f); value i, l;
comment i: Anzahl der Iterationsschritte.
        l: Stufenzahl.
        m: Anzahl der Glättungsschritte.
        k: k[μ] entspricht K_{n_μ} für 0 ≦ μ ≦ l.
        u: Startwert u_{n_l}^{(0)} als Eingabe, Ausgabe: u_{n_l}^{(i)}.
        f: f_{n_l} aus (2.5);
if l = 0 then begin u := (I − k[0])^{-1} f end direkte Auflösung else
for i := i step −1 until 1 do
begin array d, v; integer j;
    for j := 1 step 1 until m do u := k[l] * u + f;
    v := 0; d := u − k[l] * u − f; d := r(l, d); comment r: Restriktion;
    rekursiv (2, l − 1, m, k, v, d); u := u − p(l, v); comment p: Prolongation;
end Prozedur rekursiv;
```

§ 4.2. *Wahl von K_n: erste Variante*

Als Prototyp der ersten Variante wird die Quadratur durch die summierte Trapezformel vorgeführt. Sei $\Omega = [0, 1]$. Die Knotenpunkte sind $x_i = i/n$ $(0 \leqq i \leqq n)$. Das System (2.5) lautet

$$u_{ni} = f_{ni} + \frac{1}{n} \sum_{l=0}^{n} k_{il} u_{nl} \quad (0 \leqq i \leqq n), \tag{4.1}$$

wobei $f_{ni} = f(x_i)$, $k_{il} = w_l k(x_i, x_l)$, $w_0 = w_n = \frac{1}{2}$, $w_l = 1$ sonst (vgl. (2.11)). Ein besonderer Vorteil der Diskretisierung (4.1) besteht darin, daß für $n' = \sigma n$ (z. B. $\sigma = 1/2$) keine weiteren Matrixelemente zu berechnen sind. Die n' entsprechende Summe lautet $1/n' \sum_{l=0}^{n'} k_{i/\sigma, l/\sigma} u_{n'l}$.

Wählt man die Räume $B_0{}^n$, $B_1{}^n$ und die Abbildungen $p_{nn'}$, $r_{n'n}$ wie in Beispiel 2.6, so sind die Exponenten aus (2.10) und (2.13) $\alpha = \beta = 1$.

Üblicherweise wird in (4.1) anstelle der Trapezformel die Simpson-Quadratur verwendet, da deren Konsistenzordnung höher ist. Dies ist jedoch kein Argument gegen die Verwendung von (4.1). Das in § 4.1 skizzierte Schema liefert nicht nur u_n, sondern auch $u_{n'}$ für die gröberen Schrittweiten $1/n'$. Daher kann Extrapolation nach $1/n \to 0$ (Richardson-Extrapolation, vgl. STETTER [10]) angewandt werden. Bei l verschiedenen Schrittweiten liefert die Extrapolation ein Resultat von der Konvergenzordnung $O(n^{-2l})$, da die Lösung u_n von (4.1) die asymptotische Entwicklung

$$u_{ni} = u(x_i) + \sum_{\mu=1}^{l-1} n^{-2\mu} e_\mu(x_i) + O(n^{-2l}) \tag{4.2}$$

besitzt, wenn f und k hinreichend glatt sind. Falls in (4.1)

$$k_{ii} := \big(k(x_i + 0, x_i) + k(x_i - 0, x_i)\big)/2$$

gesetzt wird, genügt es sogar, wenn $k(x, y)$ in $0 \leqq x < y \leqq 1$ und $0 \leqq y < x \leqq 1$ glatt ist. Für $x = y$ darf k unstetig sein (z. B. k = Fredholm-Kern + Volterra-Kern; für diesen Fall ist die Simpson-Formel ungeeignet!). Die Anwendung von Extrapolationsverfahren bei schwachsingulären Integralgleichungen ist bei SCHNEIDER [9] beschrieben.

Bemerkung 4.1. Falls $k(x, y) \in C^2(\Omega \times \Omega)$, kann $B_1 = C^2(\Omega)$ gewählt werden. Dann sind (2.10) und (3.7) mit $\alpha = 2$ erfüllt (vgl. Beispiel 2.7). C^2 kann sogar durch C_L^1 (Lipschitz-stetig differenzierbare Funktionen) ersetzt werden. Die Konvergenz wird durch (3.8) beschrieben.

§ 4.3. Wahl von K_n: zweite Variante

In der Darstellung der rekursiven Iteration ist die Folge $n_0, n_1, \ldots$ unendlich. Die Wahl eines maximalen Index n_μ wird im Ablaufschema von § 4.1 erst a posteriori getroffen. Die Blickrichtung kann aber auch umgekehrt werden: Zu festem $n \in \mathcal{N}$ wird eine Folge $n_0 < n_1 < \cdots < n_l = n$ bestimmt.

Als Beispiel wird die Quadratur nach GAUSS betrachtet. K_n sei durch (2.11) definiert, wobei $x_i \in \Omega = [0, 1]$ $(1 \leqq i \leqq n)$ die Knotenpunkte und w_i die Gewichte der Gauß-Formel sind. Da es wegen der verschiedenen Knotenpunkte schwierig ist, für $n' < n$ Restriktionen und Prolongationen geeignet zu definieren, konstruiert man $K_{n'}$ in anderer Weise aus K_n. Sei z. B. n so, daß eine Folge n_μ $(\mu = 0, \ldots, l)$ mit $n_{\mu+1} = 2n_\mu - 1$ und $n_l = n$ existiert. Während $B_0^n = B_1^n = B_0^{n_l}$ alle Gitterfunktionen zu den Gauß-Knotenpunkten x_i $(1 \leqq i \leqq n)$ enthält, wird $B_0^{n_{l-1}}$ als Raum der Gitterfunktionen zu x_i (i ungerade, $1 \leqq i \leqq n$) definiert. Allgemein gehören zu $B_0^{n_\mu}$ die Knotenpunkte x_i $(i \equiv 1 \text{ modulo } 2^{l-\mu})$. In dieser Situation ist es einfach, Restriktionen und Prolongationen zu definieren. Zum Beispiel kann $r_{n_\mu n_{\mu+1}}$ als Beschränkung auf das gröbere Gitter gewählt werden, während $p_{n_{\mu+1} n_\mu}$ durch stückweise lineare Interpolation konstruiert werden kann (vgl. Beispiel 2.5). Will man den Exponenten α in (2.10) erhöhen, kann man Interpolationsformeln höherer Ordnung als Prolongation verwenden. Dafür muß allerdings vorausgesetzt werden, daß B_1 entsprechend gewählt werden kann.

Da den gröberen Gittern keine klassischen Quadraturformeln entsprechen, konstruiere man K_{n_μ} $(\mu < l)$ durch (3.6) oder (3.7) aus $K_n = K_{n_l}$. In diesem Fall ist Satz 3.3 anwendbar. Die Abschätzung (3.8) zeigt, daß die Konvergenz um so besser, je höher die Ordnung der Interpolationsformel ist.

§ 4.4. *Numerische Beispiele*

Wie in [3] wird das Beispiel

$$u(x) = \lambda \int_0^1 \cos(\pi x s)\, u(s)\, ds + f(x) \quad (0 \leqq x \leqq 1)$$

gewählt, wobei f so bestimmt ist, daß $u(x) = e^x \cos(7x)$ die Lösung darstellt. Wir wenden die Quadraturformel und Interpolation aus § 4.2 an. Die Parameter des Mehrgitterverfahrens sind $m = 1$, $\nu_\mu = 2$, $\sigma = \sigma' = 1/2$. Tabelle 1 zeigt die Konvergenzfaktoren

$$\varrho_{n,n_0} = [|u_n^{(i)} - u_n^{(i+1)}|_{0,n} / |u_n^{(0)} - u_n^{(1)}|_{0,n}]^{1/i} \quad (n = n_l)$$

für $\lambda = 1, 10, 100$, wobei i geeignet gewählt ist. Startwerte sind

$$u^{(0)}_{n_{\mu+1}} = p_{n_{\mu+1} n_\mu} u^{(1)}_{n_\mu} \quad (0 \leqq \mu < l).$$

Wie aus Tabelle 1 hervorgeht, sind die Werte $n_0 = 1, 4, 32$ für $\lambda = 1, 10, 100$ geeignet. Insbesondere für $\lambda = 1$ hängt ϱ_{n,n_0} kaum von n_0 ab. Für $n \gg n_0$ ist der Wechsel zwischen Konvergenz und Divergenz jedoch sehr plötzlich (vgl. $n = 256$, $\lambda = 10$).

Die Quotienten $\varrho_{n,n_0}/\varrho_{2n,n_0}$ approximieren 4, wie es auch theoretisch aus (3.7) folgt (vgl. Bemerkung 4.1). Ersetzt man dagegen die Prolongation aus Beispiel 2.6 durch

$$(p_{n,n/2} u_{n/2})(x) = \begin{cases} u_n(x) & \text{für} \quad x = 2\nu/n, \\ u_n(x - 1/n) & \text{für} \quad x = (2\nu + 1)/n, \end{cases}$$

so ergibt die Rechnung für $\lambda = 1$

$$\varrho_{64,32}/\varrho_{128,32} = 9.58_{10^{-3}}/4.79_{10^{-3}} = 2.00,$$

was wegen $\alpha = \beta = 1$ mit (3.5) und (3.8) übereinstimmt.

Tabelle 1. Konvergenz- bzw. Divergenzfaktoren für $\lambda = 1, 10, 100$

λ	n	$n_0 = 1$	$n_0 = 2$	$n_0 = 4$	$n_0 = 8$	$n_0 = 16$	$n_0 = 32$	$n_0 = 64$
1	16	$2.6_{10^{-3}}$	$2.7_{10^{-3}}$	$2.6_{10^{-3}}$	$2.4_{10^{-3}}$	—	—	—
1	32	$6.2_{10^{-4}}$	$6.2_{10^{-4}}$	$6.2_{10^{-4}}$	$6.2_{10^{-4}}$	$6.2_{10^{-4}}$	—	—
1	64	$1.7_{10^{-4}}$	$1.6_{10^{-4}}$	$1.6_{10^{-4}}$	$1.6_{10^{-4}}$	$1.6_{10^{-4}}$	$1.6_{10^{-4}}$	—
1	128	$3.6_{10^{-5}}$	$3.6_{10^{-5}}$	$3.6_{10^{-5}}$	$3.6_{10^{-5}}$	$3.6_{10^{-5}}$	$3.6_{10^{-5}}$	$3.6_{10^{-5}}$
1	256	$9.3_{10^{-6}}$	$9.3_{10^{-6}}$	$9.3_{10^{-6}}$	$9.4_{10^{-6}}$	$9.4_{10^{-6}}$	$9.2_{10^{-6}}$	$9.1_{10^{-6}}$
10	16	$1.0_{10^{+5}}$	$4.2_{10^{+0}}$	$1.3_{10^{-1}}$	$3.1_{10^{-2}}$	—	—	—
10	32	$4.7_{10^{+10}}$	$2.0_{10^{+2}}$	$2.1_{10^{-2}}$	$1.4_{10^{-2}}$	$7.9_{10^{-3}}$	—	—
10	64	$2.0_{10^{+22}}$	$2.3_{10^{+5}}$	$9.6_{10^{-3}}$	$2.9_{10^{-3}}$	$2.6_{10^{-3}}$	$2.2_{10^{-3}}$	—
10	128	$2.5_{10^{+45}}$	$4.0_{10^{+11}}$	$5.7_{10^{-4}}$	$6.3_{10^{-4}}$	$6.2_{10^{-4}}$	$6.2_{10^{-4}}$	$5.5_{10^{-4}}$
10	256	—	$1.1_{10^{+26}}$	$1.4_{10^{-4}}$	$1.4_{10^{-4}}$	$1.4_{10^{-4}}$	$1.4_{10^{-4}}$	$1.4_{10^{-4}}$
100	16	$1.7_{10^{+17}}$	$6.7_{10^{+6}}$	$7.8_{10^{+1}}$	$3.2_{10^{-1}}$	—	—	—
100	32	$1.0_{10^{+36}}$	$1.7_{10^{+16}}$	$8.1_{10^{+3}}$	$9.0_{10^{+0}}$	$1.1_{10^{-1}}$	—	—
100	64	—	$8.2_{10^{+33}}$	$4.6_{10^{+10}}$	$1.5_{10^{+2}}$	$3.3_{10^{-1}}$	$3.1_{10^{-2}}$	—
100	128	—	—	$8.6_{10^{+22}}$	$9.6_{10^{+6}}$	$4.0_{10^{-1}}$	$2.6_{10^{-2}}$	$1.9_{10^{-2}}$
100	256	—	—	$7.2_{10^{+47}}$	$3.8_{10^{+15}}$	$1.4_{10^{+2}}$	$5.0_{10^{-3}}$	$2.7_{10^{-3}}$

Die Tabelle 2 zeigt die Resultate für $n = 256$, $n_0 = 4$, $\lambda = 10$. Dabei bezeichnet u die Lösung von (2.2) und u_n jene von (2.5). Wie aus dem Vergleich der beiden letzten Spalten hervorgeht, genügt auf jeder Stufe jeweils eine einzige Iteration, um den Iterationsfehler weit unter den Diskretisierungsfehler zu bringen.

Um $u_{256}^{(1)}$ aus $u_{256}^{(0)}$ mit dem Zweischrittverfahren ($n_0 = 128$) zu erhalten, werden etwa 1700000 Operationen benötigt. Beim Mehrgitterverfahren ($n_0 = 16$) lautet die entsprechende Zahl 320000.

Verwendet man die Simpson-Formel zur Quadratur und stückweise kubische Polynominterpolation als Prolongation, so gilt $\alpha = \beta = 3$ $\big(B_1 = C^3(\Omega)\big)$. Die verbesserten Konvergenzabschätzungen (3.5) und (3.8) erlauben, noch größere Parameter λ zuzulassen. Für $\lambda = -1000$ ergeben sich die Werte von Tabelle 3. An den mit „+" bezeichneten Stellen wird die Maschinengenauigkeit zu schnell erreicht, so daß kein Quotient berechnet werden kann.

Tabelle 2. Ergebnisse für $\lambda = 10$, $n_0 = 4$, $n = n_6 = 256$

n_μ	Zwischenwert $\tilde{u}$	$\lvert\tilde{u} - R_{n_\mu}u\rvert_{0,n_\mu}$	$\lvert u_{n_\mu} - R_{n_\mu}u\rvert_{0,n_\mu}$
8	$u_8^{(1)}$	$2.417_{10^{-2}}$	$2.323_{10^{-2}}$
16	$u_{16}^{(1)}$	$5.346_{10^{-3}}$	$5.323_{10^{-3}}$
32	$u_{32}^{(1)}$	$1.275_{10^{-3}}$	$1.286_{10^{-3}}$
64	$u_{64}^{(1)}$	$3.150_{10^{-4}}$	$3.164_{10^{-4}}$
128	$u_{128}^{(1)}$	$7.851_{10^{-5}}$	$7.848_{10^{-5}}$
256	$u_{256}^{(1)}$	$1.9547_{10^{-5}}$	$1.9545_{10^{-5}}$
256	$u_{256}^{(2)}$	$1.9545_{10^{-5}}$	$\vdots$

Tabelle 3. Simpson-Formel bei $\lambda = -1000$

n	$n_0 = 8$	$n_0 = 16$	$n_0 = 32$	$n_0 = 64$
64	$1.2_{10^{+4}}$	$2.4_{10^{-2}}$	$2.8_{10^{-3}}$	—
128	$3.5_{10^{+10}}$	$1.3_{10^{-1}}$	$1.1_{10^{-4}}$	$3.0_{10^{-4}}$
256	$1.8_{10^{+21}}$	$1.0_{10^{+1}}$	+	+

§ 5. Die nichtlineare Integralgleichung

§ 5.1. Lösung durch Linearisierung

Die nichtlineare Fredholmsche Integralgleichung

$$u(x) = \int_\Omega k\big(x, s, u(s)\big)\, ds \quad (x \in \Omega), \tag{5.1}$$

abgekürzt durch $u = \mathscr{K}(u)$, kann durch das Newtonsche Iterationsverfahren

$$u^{(\nu+1)} = u^{(\nu)} - \big(\mathscr{K}'(u^{(\nu)})\big)^{-1}\, \mathscr{K}(u^{(\nu)})$$

oder durch geeignete andere Iterationsmethoden auf eine Folge linearer Probleme zurückgeführt werden (vgl. [2]). Die Diskretisierungen

$$u_n = \mathscr{K}_n(u_n) \quad (n \in \mathscr{N}) \tag{5.2}$$

von (5.1) können ebenso behandelt werden, wie in § 4.1 skizziert. Anstelle des rekursiven Verfahrens wird die Newton-Iteration eingesetzt. Die entstehenden linearen Probleme sind von der Art (2.2). Im allgemeinen genügt eine Iteration des rekursiven Mehrgitterverfahrens pro Newton-Iteration zur Approximation der Lösung.

§ 5.2. Die nichtlineare Mehrgittermethode

Im vorangehenden Absatz wurde die Mehrgittermethode als sekundäre Iteration benutzt (wenn auch nur in Form eines einzigen Iterationsschrittes). Primäre Iteration war das Newton-Verfahren. Diese Rangordnungen können vertauscht werden. Es ergibt sich dann ein nichtlineares Mehrgitterverfahren, das BRANDT [5] FAS-Methode („full approximation storage method“) nennt.

Die Diskretisierungen von (5.1) seien (5.2). Sei U_n eine (genügend kleine) Umgebung von u_n in der Topologie von $B_0{}^n$. Es gelte $\mathscr{K}_n \in C_L{}^1(U_n)$, damit insbesondere

$$\mathscr{K}_n(v_n + w_n) = \mathscr{K}_n(v_n) + \mathscr{K}_n'(v_n)\, w_n + O(|w_n|_{0,n}^2) \quad (v_n, v_n + w_n \in U_n). \tag{5.3}$$

Wir setzen $K_n(v_n) := \mathscr{K}_n'(v_n)$ und $K_n := K_n(u_n)$ (u_n aus (5.2)). Unter der Voraussetzung (2.6) haben die gestörten Gleichungen

$$v_n = \mathscr{K}_n(v_n) + f_n \quad (|f_n|_{0,n} \text{ hinreichend klein}) \tag{5.4}$$

eine eindeutige Lösung in U_n, die als $v_n = \varphi_n(f_n)$ geschrieben werden soll. Dabei gilt $\varphi_n'(f_n) = [I_n - K_n(\varphi_n(f_n))]^{-1}$.

Wie bei der Herleitung der linearen Mehrgittermethode wird zunächst das Zweigitterverfahren zur Lösung von (5.4) beschrieben. Sei $u_n^{(\nu)}$ eine Näherung für $\varphi_n(f_n)$. Wende m-fach die Glättung $v_n \mapsto \mathscr{K}_n(v_n) + f_n$ an. Das Resultat sei $\tilde{u}_n$. Berechne den Defekt $d_n = \tilde{u}_n - \mathscr{K}_n(\tilde{u}_n) - f_n$. Der abschließende Korrekturschritt lautet

$$u_n^{(\nu+1)} = \tilde{u}_n - p_{nn'}[\varphi_{n'}(r_{n'n}d_n) - u_{n'}] \quad (n, n' \in \mathscr{N}, n' < n), \tag{5.5}$$

wobei $u_{n'} = \varphi_{n'}(0)$ Lösung von (5.2) ist. Bei Anwendung des einstufigen Verfahrens auf (5.2) wird $f_n = 0$ gewählt.

Satz 5.1. *Sei $\mathscr{K}_n \in C_L{}^1(U_n)$. Unter den gleichen Voraussetzungen an $K_n = \mathscr{K}_n'(u_n)$ wie in Satz 3.1 bzw. Satz 3.3 gelten für das einstufige Verfahren (5.5) zur Lösung von (5.4) lokal die Konvergenzeigenschaften aus Satz 3.1 bzw. 3.3. Genauer gilt: Sei U_n eine genügend kleine Umgebung von u_n, und bezeichne $\Delta u_n^{(\nu)}$ die Differenz $u_n^{(\nu)} - \varphi_n(f_n)$. Dann gilt*

$$\Delta u_n^{(\nu+1)} = M_n \Delta u_n^{(\nu)} + O(|\Delta u_n^{(\nu)}|_{0,n}^2) + O(|\Delta u_n^{(\nu)}|_{0,n}\, |f_n|_{0,n}), \tag{5.6}$$

wobei M_n in (3.3) definiert ist.

Beweis. Direkte Anwendung von (5.3) ergibt

$$\Delta u_n^{(\nu+1)} = \{I_n - p_{nn'}[I_{n'} - K_{n'}]^{-1} r_{n'n}[I_n - K_n(\varphi_n(f_n))]\} [K_n(\varphi_n(f_n))]^m \Delta u_n^{(\nu)} + O(|\Delta u_n^{(\nu)}|_{0,n}^2).$$

Der Rest folgt aus $K_n(v_n) - K_n = O(|v_n - u_n|_{0,n})$ und $u_n = \varphi_n(0)$.

Wie in § 3.2 erhält man aus der rekursiven Anwendung der Zweigittermethode (5.5) die Mehrgittermethode. Die Gleichung (5.5) zeigt, daß auf der Stufe n' zum ersten Mal ein gestörtes System (5.4) mit $f_{n'} = r_{n'n}d_n \neq 0$ auftritt. Auf der untersten Stufe n_0 sind die entsprechenden nichtlinearen Gleichungen $w_{n_0} = \mathcal{K}_{n_0}(w_{n_0}) + f_{n_0}$ durch ein geeignetes anderes sekundäres Iterationsverfahren (z. B. Newton-Iteration) zu lösen.

Man beachte, daß man die Lösung $u_{n'}$ von (5.2) zur Anwendung von (5.5) kennen muß. Das Ablaufschema sieht daher wieder wie in § 4.1 aus: Zunächst wird u_{n_0} bestimmt, daraus $u_{n_1}, u_{n_2}, \ldots, u_{n_l} = u_n$.

Satz 5.2. *Es gelte* $p_{n_{\mu+1}n_\mu}U_{n_\mu} \subset U_{n_{\mu+1}}$ $(0 \leqq \mu < l)$ *und sei* $U_n = U_{n_l}$ *klein genug. Die Folge* n_μ *erfülle die Voraussetzungen von Satz* 3.5, K_{n_μ} *erfülle jene aus Satz* 5.1. *Wenn* n_0 *hinreichend groß ist, konvergiert das nichtlineare rekursive Verfahren, und das Ablaufschema aus* § 4.1 *läßt sich übertragen. Die lokalen Konvergenzeigenschaften stimmen mit denen des in Satz* 3.5 *beschriebenen linearen Verfahrens überein.*

Beweis. Die lokale Übereinstimmung der Konvergenzeigenschaften wird wie in Satz 5.1 gezeigt. Wenn U_n hinreichend klein und n_0 hinreichend groß sind, sind die Startwerte $u_{n_\mu}^{(0)} = p_{n_\mu n_{\mu-1}} u_{n_{\mu-1}}$ genügend nah an u_{n_μ}, so daß die Konvergenz aus den lokalen Eigenschaften folgt.

Für ein in [11] behandeltes Problem ist die Bedingung $\mathcal{K}_n \in C_L^1(U_n)$ zu stark. Wir beweisen deshalb eine Abschwächung.

Zusatz 5.3. $\mathcal{K}_n$ *erfülle in* U_n *die Lipschitz-Bedingung*

$$\mathcal{K}_n(v_n) - \mathcal{K}_n(w_n) = K_n(v_n, w_n) \cdot (v_n - w_n) \quad (v_n, w_n \in U_n), \tag{5.7}$$

wobei die Matrix K_n *für alle Argumente* $(v_n, w_n) \in U_n \times U_n$ *gleichmäßig beschränkt und in* (u_n, u_n) *stetig ist.* $K_n := K_n(u_n, u_n)$ *erfülle die Voraussetzungen aus Satz* 3.1 *bzw. Satz* 3.3. *Dann gelten die Aussagen der Sätze* 5.1 *bzw.* 5.2, *wobei* (5.6) *durch*

$$\Delta u_n^{(\nu+1)} = M_n u_n^{(\nu)} + |\Delta u_n^{(\nu)}|_{0,n} \cdot \varepsilon(|\Delta u_n^{(\nu)}|_{0,n} + |f_n|_{0,n}), \qquad \lim_{x\to 0} \varepsilon(x) = 0,$$

zu ersetzen ist.

Beweis. Die Eigenschaft (5.7) überträgt sich auf hintereinander ausgeführte Abbildungen und auf die Inverse φ_n. Man erhält die gleiche Darstellung für $\Delta u_n^{(\nu+1)}$ wie im Beweis zu Satz 5.1, wobei man aber $K_n(\varphi_n(f_n))$ durch $K_n(v_n, w_n)$ mit $v_n, w_n = \varphi_n(f_n) + O(|\Delta u_n^{(\nu)}|_{0,n})$ und $O(|\Delta u_n^{(\nu)}|_{0,n}^2)$ durch $|\Delta u_n^{(\nu)}|_{0,n} \cdot \varepsilon(|\Delta u_n^{(\nu)}|_{0,n})$ zu ersetzen hat. Aus der Stetigkeit in (u_n, u_n) ergibt sich schließlich

$$K_n(v_n, w_n) = K_n + \varepsilon(|\Delta u_n^{(\nu)}|_{0,n} + |f_n|_{0,n}).$$

Literatur

[1] ANSELONE, PH. M., Collectively compact operator approximation theory and applications to integral equations, Prentice-Hall, Inc., Englewood Cliffs, N. J., 1971.

[2] ATKINSON, K., Iterative variants of the Nyström method for the numerical solution of integral equations, Numerische Mathematik **22** (1973), 17–31.

[3] ATKINSON, K., An automatic program for linear Fredholm integral equations of the second kind, ACM Transactions on Mathematical Software **2** (1976), 154–171.

[4] BRAKHAGE, H., Über die numerische Behandlung von Integralgleichungen nach der Quadraturformelmethode, Numerische Mathematik **2** (1960), 183–196.

[5] BRANDT, A., Multi-level adaptive solutions to boundary-value problems, Mathematics of Computation **31** (1977), 333–390.

[6] HACKBUSCH, W., On the convergence of a multi-grid iteration applied to finite element equations, Numerische Mathematik.

[7] NYSTRÖM, E. J., Über die praktische Auflösung von linearen Integralgleichungen mit Anwendungen auf Randwertaufgaben der Potentialtheorie, Commentationes Physico-Mathematicae, Societas Scientiarum Fennica **4** (1928), Nr. 15.

[8] SAG, T. W., Chebyshev iteration methods for integral equations of the second kind, Mathematics of Computation **24** (1970), 341–355.

[9] SCHNEIDER, C., Beiträge zur numerischen Behandlung schwachsingulärer Fredholmscher Integralgleichungen zweiter Art, Dissertation, Mainz 1977.

[10] STETTER, H.-J., Analysis of discretization methods for ordinary differential equations, Springer-Verlag, Berlin–Heidelberg–New York 1973.

[11] HACKBUSCH, W., On the fast solution of parabolic boundary control problems (in Vorbereitung).

Manuskripteingang: 23. 2. 1978

VERFASSER:

Dr. WOLFGANG HACKBUSCH, Mathematisches Institut der Universität Köln

Beiträge zur Numerischen Mathematik
9 (1981), 63–71

Quadraturformeln vom Gaußtyp für singuläre Integrale[1])

Rolf Haftmann

In der vorliegenden Arbeit werden Quadraturformeln für Cauchysche Hauptwertintegrale

$$S(g; x) = \int_a^b g(y) \frac{p(y)}{y - x} \, dy \tag{1}$$

über endlichem oder unendlichem Intervall (a, b) untersucht. Hierzu werden zwei Möglichkeiten der Verallgemeinerung von Quadraturformeln vom Gaußtyp auf solche Integrale, die in [10] bzw. [7, 1, 14] angegeben wurden, in Zusammenhang gebracht. Die beiden Formeln stimmen in den Nullstellen der im Abschnitt 1 eingeführten Funktionen zweiter Art $Q_N(x)$ überein, haben dort die Struktur der üblichen Gaußformel mit N Knoten und den algebraischen Genauigkeitsgrad $2N$.

1. Einige Bezeichnungen und Voraussetzungen

Wir wollen generell voraussetzen, daß $p(y)$ eine nichtnegative Gewichtsfunktion ist, für die es zu jedem endlichen Intervall $[c, d] \subset (a, b)$ eine Hölderbedingung gibt, der sie genügt, und für die sämtliche Momente

$$c_n = \int_a^b y^n p(y) \, dy \quad (n = 0, 1, 2, \ldots)$$

existieren. Dann gibt es eine Folge von Polynomen n-ten Grades $P_n(y)$ $(n = 0, 1, 2, \ldots)$, für die die Orthogonalitätsbedingungen

$$\int_a^b P_n(y) \, P_m(y) \, p(y) \, dy = \begin{cases} h_n, & n = m, \\ 0, & n \neq m, \end{cases}$$

[1]) Auszugsweise Wiedergabe des Kapitels 3 der an der Technischen Hochschule Karl-Marx-Stadt eingereichten Dissertation [5] des Verfassers. Gutachter: Prof. Dr. Kuhnert, Prof. Dr. Porath, Prof. Dr. Rumpel, Doz. Dr. Silbermann. Die Einzelheiten einiger hier nur angedeuteter Beweise finden sich in der Dissertationsschrift.

erfüllt sind (siehe z. B. [13]). Mit k_n soll der Koeffizient von y^n im Polynom $P_n(y)$ bezeichnet werden.

Wegen der Hölderstetigkeit des Gewichts $p(y)$ existieren über dem Intervall (a, b) auch die Cauchyschen Hauptwertintegrale

$$Q_n(x) = -S(P_n; x) \tag{2}$$

(siehe [12]). Die Funktionen $Q_n(x)$ sollen *Funktionen zweiter Art* genannt werden.

Die zu dem Gewicht $p(y)$ gehörende Gaußsche Quadraturformel laute

$$\int_a^b g(y)\, p(y)\, dy \approx \sum_{i=1}^{N} A_i^{(N)} g(y_i^{(N)}), \tag{3}$$

wobei die Numerierung so gewählt sei, daß $y_i^{(N)} < y_{i+1}^{(N)}$ gilt. Bekanntlich gilt

$$A_i^{(N)} > 0, \qquad P_N(y_i^{(N)}) = 0, \qquad a < y_i^{(N)} < b \quad \bigl(i = 1(1)N\bigr). \tag{4}$$

Die Formel (3) ist für Polynome $(2N - 1)$-ten Grades exakt (siehe z. B. [11, 13]).

2. Eigenschaften der Funktionen zweiter Art

Da die Funktionen zweiter Art für die herzuleitenden Quadraturformeln für Cauchysche Hauptwertintegrale eine entscheidende Rolle spielen werden, wollen wir zunächst einige ihrer Eigenschaften zusammentragen.

Die Funktionen zweiter Art werden in der Literatur vielfach für komplexe Zahlen $z \notin [a, b]$ definiert. Ein Überblick über Eigenschaften dieser Funktionen wird in [4] gegeben. Einige der dort verzeichneten Eigenschaften lassen sich ohne weiteres auf die Hauptwerte (2) dieser Funktionen übertragen. So gilt in Analogie zur Christoffel-Darbouxschen Formel

$$P_{N+1}(x)\, Q_N(x) - P_N(x)\, Q_{N+1}(x) = \frac{h_N k_{N+1}}{k_N} \tag{5}$$

und

$$\left.\begin{aligned}\sum_{n=0}^{N} \frac{P_n(y)\, Q_n(x)}{h_n} = \frac{1}{x - y} + \frac{k_N}{k_{N+1} h_N} \frac{Q_{N+1}(x)\, P_N(y) - Q_N(x)\, P_{N+1}(y)}{x - y} \\ (x \neq y).\end{aligned}\right\} \tag{6}$$

Mit der Formel (3) erhält man

$$\int_a^b \frac{p(y)}{y - x}\, dy - \sum_{i=1}^{N} \frac{A_i^{(N)}}{y_i^{(N)} - x} = -\frac{Q_N(x)}{P_N(x)}. \tag{7}$$

Unter Verwendung dieser Beziehung kann man den folgenden Satz beweisen:

Satz 1. *Zwischen zwei Nullstellen von* $P_N(x)$ *liegt wenigstens eine Nullstelle von* $Q_N(x)$. *Ist* $c = a$ *bzw.* $c = b$ *und*

$$\sum_{i=1}^{N} \frac{A_i^{(N)}}{c - y_i^{(N)}} \gtrless \lim_{x \to c} \int_a^b \frac{p(y)}{x - y}\, dy, \tag{8}$$

so liegt auch im Intervall $(a, y_1^{(N)})$ *bzw.* $(y_N^{(N)}, b)$ *eine Nullstelle von* $Q_N(x)$. *Dabei steht das obere Ungleichheitszeichen für* $c = a$, *das untere für* $c = b$.

Folgerung 1. *Die Funktion* $Q_N(x)$ *hat wenigstens* $N - 1$ *Nullstellen. Ist darüber hinaus die Bedingung* (8) *für* $c = a$ *oder* $c = b$ *erfüllt, so hat* $Q_N(x)$ *wenigstens* N *Nullstellen; ist sie für* $c = a$ *und* $c = b$ *erfüllt, so liegen wenigstens* $N + 1$ *Nullstellen vor.*

Ein hinreichendes Kriterium für die Gültigkeit der Beziehung (8), das sich aus bei MUSCHELISCHWILI [12] angeführten Sätzen ergibt, kann formuliert werden als

Satz 2. *Ist* $c = a$ *bzw.* $c = b$ *sowie* c *endlich und gilt* $\lim_{x \to c} p(x) \sqrt{|c - x|} = 0$ *und* $p(c) \neq 0$, *so ist die Bedingung* (8) *erfüllt.*

Für einen der klassischen Spezialfälle orthogonaler Polynome läßt sich eine weitere Aussage über die Verteilung der Nullstellen der Funktion $Q_N(x)$ angeben.

Satz 3. *Das Intervall* (a, b) *sei endlich, und als Gewicht diene das Jacobische Gewicht*

$$p(x) = (b - x)^{\alpha} (x - a)^{\beta} \quad (\alpha, \beta > -1). \tag{9}$$

Dann liegt zwischen zwei Nullstellen der Funktion zweiter Art $Q_N^{(\alpha,\beta)}(x)$ *eine Nullstelle des Polynoms* $P_N^{(\alpha,\beta)}(x)$.

Beweis. Aus der Formel (27) in [6, p. 172] folgt durch Übergang auf die reelle Achse, daß in den Nullstellen der Funktion $Q_N^{(\alpha,\beta)}(x)$

$$P_N^{(\alpha,\beta)}(x) \frac{d}{dx} Q_N^{(\alpha,\beta)}(x) = \frac{C_N}{(x-1)(x+1)}$$

gilt, wobei C_N eine Konstante ist. Mit der Stetigkeit von $Q_N^{(\alpha,\beta)}(x)$ im Intervall (a, b) ([12]) folgt die Behauptung. ■

Bei THEOCARIS [14] wird die Aussage des Satzes 3 für eine etwas allgemeinere Gewichtsfunktion formuliert. Allerdings stützt sich der dort angegebene Beweis auf die nicht immer zutreffende Annahme, daß die Funktion $Q_N(x)$ monoton wächst.

Aus den Sätzen 1 und 3 sowie daraus, daß außerhalb des Intervalls (a, b) keine Nullstellen von $Q_N^{(\alpha,\beta)}(x)$ liegen ([16]), ergibt sich die

Folgerung 2. *Das Intervall* (a, b) *sei endlich, und als Gewicht diene das Jacobische Gewicht* (9). *Dann liegt zwischen zwei Nullstellen von* $P_N^{(\alpha,\beta)}(x)$ *eine Nullstelle von* $Q_N^{(\alpha,\beta)}(x)$ *und umgekehrt. Die Funktion* $Q_N^{(\alpha,\beta)}(x)$ *hat* $N - 1$, N *oder* $N + 1$ *Nullstellen, die alle im Intervall* (a, b) *liegen.*

Ist $(a, b) = (-1, 1)$, $-1 < \alpha, \beta < 1$, $-(\alpha + \beta) = \varkappa \in \{-1, 0, 1\}$, $\alpha \neq 0$ und $N \geqq \max \{0, \varkappa\}$, so gilt

$$Q_N^{(\alpha,\beta)}(x) = -\pi \cot \alpha\pi \, (1 - x)^\alpha \, (1 + x)^\beta \, P_N^{(\alpha,\beta)}(x) + \frac{2^{-\varkappa}\pi}{\sin \pi\alpha} P_{N-\varkappa}^{(-\alpha,-\beta)}(x) \quad (10)$$

([9]). In den für Anwendungen wichtigen Spezialfällen $\alpha = \pm 1/2$, $\beta = \pm 1/2$ gilt sogar

$$Q_N^{(\alpha,\beta)}(x) = \frac{2^{-\varkappa}\pi}{\sin \pi\alpha} P_{N-\varkappa}^{(-\alpha,-\beta)}(x). \quad (11)$$

Daraus ergibt sich, daß alle in der Folgerung 2 genannten Nullstellenzahlen tatsächlich auftreten.

3. Eine Quadraturformel für Cauchysche Hauptwertintegrale

In diesem Abschnitt soll eine Quadraturformel für das Integral (1) hergeleitet werden, in die unabhängig von x nur die Werte der Funktion $g(y)$ in den Knoten $y_i^{(N)}$ der Gaußformel (3) eingehen. Bei der Herleitung folgen wir Kornejčuk [10].

Mit $g_{N-1}(y)$ sei ein beliebiges Polynom höchstens $(N-1)$-ten Grades bezeichnet. Durch Anwendung der Formel (3) auf die Koeffizienten der Entwicklung dieses Polynoms in das System der orthogonalen Polynome $\{P_n(y)\}$ erhält man exakt

$$g_{N-1}(y) = \sum_{n=0}^{N-1} \left(\sum_{i=1}^{N} \frac{A_i^{(N)} g_{N-1}(y_i^{(N)}) \, P_n(y_i^{(N)})}{h_n} \right) P_n(y),$$

woraus sich mit der Definition (2)

$$S(g_{N-1}; x) = -\sum_{i=1}^{N} A_i^{(N)} g_{N-1}(y_i^{(N)}) \left(\sum_{n=0}^{N-1} \frac{P_n(y_i^{(N)}) \, Q_n(x)}{h_n} \right)$$

ergibt. Hierauf kann man für $x \neq y_i^{(N)}$ nacheinander die Formeln (6) und (5) anwenden. Daraus folgt, daß *die Quadraturformel*

$$\left. \begin{aligned} S(g; x) \approx I_N(g; x) = \sum_{i=1}^{N} \frac{A_i^{(N)} g(y_i^{(N)})}{y_i^{(N)} - x} \left(1 - \frac{Q_N(x)}{Q_N(y_i^{(N)})} \right) \\ \left(x \neq y_i^{(N)}, \; i = 1(1)N \right) \end{aligned} \right\} \quad (12)$$

für Polynome $(N-1)$-ten Grades exakt ist.

Um zu sehen, daß im allgemeinen keine höhere Genauigkeitsaussage für diese Formel zu erreichen ist, betrachten wir die Fälle, in denen die Beziehung (11) gilt. Dann ist $S(P_j; x)$ ein Polynom $(j - \varkappa)$-ten Grades in x, während $I_N(P_j; x)$ ein Polynom höchstens $(N - \varkappa - 1)$-ten Grades ist. Die Quadraturformel (12) kann deshalb nur dann für Polynome j-ten Grades exakt sein, wenn $j \leqq N - 1$ gilt.

Wir wollen nun noch eine Fehlerabschätzung für die Quadraturformel (12) anführen, die in der Arbeit [10] bewiesen wird. Für endliches Intervall $[a, b]$ bezeichne hierzu $L_N{}^k(f)$ das zu einer Funktion $f(x) \in C^{(k)}[a, b]$ gehörende Polynom N-ten Grades, für das

$$E_N{}^{(k)}(f) = \max_{x \in [a,b]} |f^{(k)} - L_N{}^k(f)| \tag{13}$$

minimal wird.

Satz 4 ([10]). *Sei* $g(y) \in C^{(1)}[a, b]$, a, b *endlich. Dann gilt für das Restglied der Quadraturformel* (12) *die Abschätzung*

$$|S(g; x) - I_N(g; x)| \leqq E^{(1)}_{N-2}(g) \left[2 + |Q_N(x)| \left(\min_{1 \leqq i \leqq n} |Q_N(y_i{}^{(N)})|\right)^{-1}\right] \int_b^b p(y)\, dy. \tag{14}$$

Bei Jacobischer Gewichtsfunktion wird die Konvergenz der Quadraturformel (12) für hölderstetige Funktionen $g(y)$ durch ELLIOTT/PAGET [2, 3] bewiesen.

4. Die Quadraturformel mit höchstem Genauigkeitsgrad

In diesem Abschnitt wird eine Quadraturformel für das Integral (1) angegeben, in die außer den Werten der Funktion $g(y)$ in den Knoten der Gaußformel (3) auch der Wert $g(x)$ eingeht.

Mit $g_{2N}(y)$ sei ein Polynom höchstens $2N$-ten Grades bezeichnet. Dann folgt aus

$$S(g_{2N}; x) = \int_a^b \frac{g_{2N}(y) - g_{2N}(x)}{y - x}\, p(y)\, dy + g_{2N}(x) \int_a^b \frac{p(y)}{y - x}\, dy$$

durch Anwendung der Formeln (3) und (7), daß *die Quadraturformel*

$$\left.\begin{aligned} S(g; x) \approx J_N(g; x) = \sum_{i=1}^{N} \frac{A_i{}^{(N)} g(y_i{}^{(N)})}{y_i{}^{(N)} - x} - g(x)\, \frac{Q_N(x)}{P_N(x)} \\ \left(x \neq y_i{}^{(N)},\ i = 1(1)N\right) \end{aligned}\right\} \tag{15}$$

für Polynome $2N$*-ten Grades exakt ist.*

Eine höhere Genauigkeitsaussage ist nicht erreichbar. Wendet man nämlich die Quadraturformel (15) auf die Funktion $g_j(y)\,(y - x)$ an, wobei $g_j(y)$ ein Polynom j-ten Grades sei, so erhält man unter Berücksichtigung der Eigenschaften der Gaußquadraturformel (3) den

Satz 5. *Die Quadraturformel* (15) *hat den algebraischen Genauigkeitsgrad* $2N$ *und ist die einzige Formel der Art*

$$S(g; x) \approx \sum_{i=1}^{N} c_i{}^{(N)}(x)\, g(\bar{y}_i{}^{(N)}) + c(x)\, g(x),$$

die für Polynome $2N$*-ten Grades exakt ist.*

Die Quadraturformel (15) ist ein Spezialfall der von HUNTER [7] für das Gewicht $p(y) \equiv 1$ über endlichem Intervall und von CHAWLA/RAMAKRISHNAN [1] für Jacobigewicht hergeleiteten sowie von THEOCARIS [14] auf allgemeines Gewicht übertragenen Quadraturformel

$$\left.\begin{aligned} \int_a^b g(y) \frac{p(y)}{\prod_{k=1}^{m} (y - x_k)}\, dy &\approx \sum_{i=1}^{N} \frac{A_i^{(N)} g(y_i^{(N)})}{\prod_{k=1}^{m} (y_i^{(N)} - x_k)} - \sum_{l=1}^{m} \frac{g(x_l)}{\prod_{\substack{k=1\\k\neq l}}^{m} (x_l - x_k)} \frac{Q_N(x_l)}{P_N(x_l)} \\ &\qquad \left(x_k \neq y_i^{(N)},\ k = 1(1)m,\ i = 1(1)N\right). \end{aligned}\right\} \tag{16}$$

Die genannten Autoren setzen für die mit dem Cauchyschen Residuensatz erfolgende Herleitung der Formel (16) voraus, daß die Funktion $g(y)$ eine Fortsetzung in die komplexe Ebene gestattet, die in einem das Intervall $[a, b]$ enthaltenden Gebiet analytisch ist. Unter dieser Voraussetzung wird ein Restglied der Formel (16) angegeben, mit dessen Hilfe die Exaktheit der Formel für Polynome $(2N + m - 1)$-ten Grades bewiesen werden kann. Die spezielle Formel (15) wird mit dem eben erwähnten Mittel auch in dem Artikel [8] von IOAKIMIDIS/THEOCARIS hergeleitet.

Wir wollen nun für endliches Intervall $[a, b]$ und über diesem Intervall stetig differenzierbare Funktion $g(y)$ den Fehler der Quadraturformel (15)

$$R_N(g; x) = S(g; x) - J_N(g; x) \tag{17}$$

abschätzen. Es sei $L^1_{2N-1}(y) = \left(L^1_{2N-1}(g)\right)(y)$ das unter (13) eingeführte Polynom. Weiterhin sei

$$R(x) = g(x) - \int_0^x L^1_{2N-1}(y)\, dy .$$

Dann ist $\max\limits_{x\in[a,b]} |R'(x)| = E^{(1)}_{2N-1}(g)$, woraus

$$\left|\frac{R(y) - R(x)}{y - x}\right| \leqq E^{(1)}_{2N-1}(g) \tag{18}$$

folgt. Die Quadraturformel (15) ist für das Polynom $2N$-ten Grades $\int_0^x L^1_{2N-1}(y)\, dy$ exakt. Daher gilt

$$\begin{aligned} R_N(g; x) = \int_a^b \frac{R(y) - R(x)}{y - x}\, p(y)\, dy - \sum_{i=1}^{N} A_i^{(N)} \frac{R(y_i^{(N)}) - R(x)}{y_i^{(N)} - x} \\ + R(x) \left(\int_a^b \frac{p(y)}{y - x}\, dy - \sum_{i=1}^{N} \frac{A_i^{(N)}}{y_i^{(N)} - x} + \frac{Q_N(x)}{P_N(x)} \right). \end{aligned}$$

Da die Konstanten $A_i^{(N)}$ nach (4) sämtlich positiv sind und gemäß Formel (3)

$$\int_a^b p(y)\, dy = \sum_{i=1}^{N} A_i^{(N)}$$

gilt, folgt daraus mit (7) und (18) der

Satz 6. *Sei $g(y) \in C^{(1)}[a, b]$, a, b endlich. Dann gilt für den Fehler* (17) *der Quadraturformel* (15) *die Abschätzung*

$$|R_N(g; x)| \leqq 2E^{(1)}_{2N-1}(g) \int_a^b p(y)\, dy. \tag{19}$$

Aufgrund des Satzes von WEIERSTRASS ist der Quadraturprozeß (15) unter den Voraussetzungen des Satzes 6 konvergent. Bei Jacobischer Gewichtsfunktion wird die Konvergenz der Quadraturformel (15) für hölderstetige Funktionen $g(y)$ durch TSAMASPHYROS/THEOCARIS [15] bewiesen.

Zur Herleitung einer Restglieddarstellung für die Formel (15) sei jetzt vorausgesetzt, daß die Funktion $g(y)$ über dem Intervall $[a, b]$ eine stetige beschränkte $(2N + 1)$-te Ableitung besitzt. Die Endlichkeit des Intervalls wird dagegen nicht mehr gefordert.

Zur Funktion $g(y)$ läßt sich ein Interpolationspolynom $2N$-ten Grades $P(y)$ konstruieren, das die Bedingungen

$$g(y_i^{(N)}) = P(y_i^{(N)}), \quad g'(y_i^{(N)}) = P'(y_i^{(N)}) \quad \bigl(i = 1(1)N\bigr) \quad \text{und} \quad g(x) = P(x)$$

erfüllt, wobei x den Wert bezeichne, in dem das Integral (1) berechnet wird. Damit existiert für jeden Punkt y ein Punkt $\xi(y) \in [a, b]$ derart, daß

$$g(y) = P(y) + \frac{1}{(2N+1)!} \prod_{i=1}^{N} (y - y_i^{(N)})^2 (y - x)\, g^{(2N+1)}\bigl(\xi(y)\bigr)$$

gilt (siehe z. B. [11]). Da das Polynom $P(y)$ durch die Formel (15) exakt quadriert wird und in sämtlichen Quadraturknoten mit der Funktion $g(y)$ übereinstimmt, folgt

$$R_N(g; x) = \frac{1}{(2N+1)!} \int_a^b \prod_{i=1}^{N} (y - y_i^{(N)})^2\, g^{(2N+1)}\bigl(\xi(y)\bigr)\, p(y)\, dy.$$

Wendet man hierauf den verallgemeinerten Mittelwertsatz der Integralrechnung an, so erhält man die gesuchte *Restglieddarstellung für* $g(y) \in C^{(2N+1)}[a, b]$

$$R_N(g; x) = \frac{g^{(2N+1)}(\xi)}{(2N+1)!} \frac{h_N}{k_N^2} \quad (\xi \in [a, b]). \tag{20}$$

5. Die Quadraturformeln in den Nullstellen der Funktionen zweiter Art

In den Nullstellen $x_k^{(N)}$ der Funktionen zweiter Art $Q_N(x)$, über deren Anzahl und Verteilung im Abschnitt 2 Aussagen gemacht wurden, vereinfachen sich sowohl die Quadraturformel (12) als auch die Quadraturformel (15) zu

$$S(g; x_k^{(N)}) \approx I_N(g; x_k^{(N)}) = \sum_{i=1}^{N} \frac{A_i^{(N)}}{y_i^{(N)} - x_k^{(N)}} g(y_i^{(N)}) \qquad \bigl(Q_N(x_k^{(N)}) = 0\bigr). \tag{21}$$

Diese Quadraturformel hat die Struktur der üblichen Gaußformel (3). Aus dem Satz 5 folgt, daß die Formel (21) den *algebraischen Genauigkeitsgrad* $2N$ hat und die einzige Formel der Art

$$S(g; x) \approx \sum_{i=1}^{N} c_i^{(N)}(x)\, g(\tilde{y}_i^{(N)}) \tag{22}$$

ist, die in den Nullstellen von $Q_N(x)$ diesen Genauigkeitsgrad besitzt. Weiterhin ergibt sich aus dem Satz 5, daß für $Q_N(x) \neq 0$ keine Formel der Art (22) existiert, die für Polynome $2N$-ten Grades exakt ist. Für die Quadraturformel (21) gelten die Fehlerabschätzung (19) aus Satz 6 und die Restglieddarstellung (20).

Die Aussage des Satzes 6 findet sich für den Spezialfall $Q_N(x) = 0$ bereits bei Kornejčuk [10]. Dort wird beim Beweis kein Gebrauch vom algebraischen Genauigkeitsgrad der Quadraturformel (21) gemacht. Daher kann in dieser Arbeit aus der Fehlerabschätzung (19) darauf geschlossen werden, daß die Formel (21) für Polynome $2N$-ten Grades exakt ist.

In der Dissertation [5] wird bewiesen, daß *die Interpolation über* $\{I_N(g; x_k^{(N)})\}$ *im System* $\{Q_n(x)\}$ *unter gewissen Voraussetzungen in der Norm des Raumes* $L_2\left((a, b), \frac{1}{p(x)}\right)$ (*a, b endlich*) *gegen die Funktion* $S(g; x)$ *konvergiert.* Dabei wird der Satz von Erdös und Turán über die Konvergenz der Lagrange-Interpolation über einer Riemann-integrierbaren Funktion $g(y)$ in den Knoten eines bezüglich der Belegung $p(y)$ orthogonalen Polynomsystems (siehe z. B. [13]) genutzt.

Literatur

[1] Chawla, M. M., and T. R. Ramakrishnan, Modified Gauss-Jacobi quadrature formulas for the numerical evaluation of Cauchy type singular integrals, BIT, København **14** (1974) 1, 14–21.

[2] Elliott, D., and D. F. Paget, On the convergence of a quadrature rule for evaluating certain Cauchy principal value integrals, Numer. Math. **23** (1975) 4, 311–319.

[3] Elliott, D., and D. F. Paget, On the convergence of a quadrature rule for evaluating certain Cauchy principal value integrals: An addendum, Numer. Math. **25** (1976) 3, 287 bis 289.

[4] Геронимус, Я. Л., Дополнения zur russ. Übers. von Szegö [13].

[5] Haftmann, R., Numerische Behandlung einer singulären Integralgleichung aus der Strömungsmechanik, Dissertation, eingereicht am 25. 1. 1979 an der Fak. f. Math. u. Nat. d. Wiss. Rates d. TH Karl-Marx-Stadt.

[6] Higher Transcendental Functions, Vol. II, Bateman Manuscript Project, McGraw-Hill, New York–Toronto–London 1953.

[7] Hunter, D. B., Some Gauss-type formulae for the evaluation of Cauchy principal value integrals, Numer. Math. **19** (1972) 5, 419–424.

[8] Ioakimidis, N. I., and P. S. Theocaris, On the numerical evaluation of Cauchy principal value integrals, Rev. Roum. Sci. Techn., Sér. Méc. Appl., **22** (1977) 6, 803–818.

[9] Карпенко, Л. Н., Приближенное решение одного сингулярного интегрального уравнения при помощи многочленов Якоби, Прикл. мат. мех. **30** (1966) 3, 564–569.

[10] Корнейчук, А. А., Квадратурные формулы для сингулярных интегралов, Допол-

нения к Ж. выч. мат. и мат. физ. **4** (1964) 4 (Sammelband: Численные методы решения дифференциальных и интегральных уравнений и квадратурные формулы, Москва 1964), 64—74.
[11] Крылов, В. И., Приближенное вычисление интегралов, 2. Aufl., Наука, Москва 1967.
[12] Muschelischwili, N. I., Singuläre Integralgleichungen, Akademie-Verlag, Berlin 1965 (Übersetzung aus dem Russischen).
[13] Szegö, G., Orthogonal Polynomials, New York 1959. Russ. Übers.: Сегё, Г., Ортогональные многочлены, Гос. изд-во физ.-мат. лит., Москва 1962.
[14] Theocaris, P. S., On the numerical solution of Cauchy-type singular integral equations, Serdica **2** (1976) 3, 252—275.
[15] Tsamasphyros, G. J., and P. S. Theocaris, On the convergence of a Gauss quadrature rule for evaluation of Cauchy type singular integrals, BIT, København **17** (1977) 4, 458—464.
[16] Уваров, В. Б., Теория второго решения дифференциального уравнения для классических ортогональных полиномов, Докл. АН СССР **125** (1959), 281—284.

Manuskripteingang: 6. 2. 1979

VERFASSER:

Dipl.-Math. Rolf Haftmann, Sektion Mathematik der Technischen Hochschule Karl-Marx-Stadt

Beiträge zur Numerischen Mathematik
9 (1981), 73–85

Zur Fehlerabschätzung beim Differenzenverfahren für elliptische Differentialgleichungen nach Gerschgorin-Batschelet

Bernd Heinrich

1. Einführung

Die folgenden Betrachtungen sind gewidmet dem Differenzenverfahren für relativ allgemeine, ebene Randwertaufgaben (RWA'n) von monotoner Art (vgl. [6]) mit elliptischer Differentialgleichung zweiter Ordnung und gemischten Randbedingungen. Für die Fehlerabschätzung beim Differenzenverfahren bezüglich der C-Norm wird die Gerschgorin-Batschelet-Technik (vgl. [7, 1]), zum Teil mit Modifikationen, angewendet. Es werden unter Einbeziehung bekannter Resultate Hinweise zur Konstruktion und Existenz von Majorantenfunktionen gegeben, die bei der Fehlerabschätzung benötigt werden. Der von Bramble/Hubbard (u. a. in [2]) bevorzugten Abschätztechnik mit Hilfe der diskreten Greenschen Funktion wird hier eine Modifikation der Majorantenmethode gegenübergestellt, die dem Wesen nach gleiche Resultate liefert.

Die folgenden Untersuchungen setzen an einigen Stellen die Kenntnis der in [16] betrachteten Differenzenoperatoren voraus, ebenso auch Fakten aus [2, 3]. Während in [16] die Konstruktion von monotonen Differenzenschemata im Vordergrund stand, werden hier einige Aspekte, insbesondere methodische, der Fehlerabschätzung in der C-Norm erörtert.

2. Lineare Randwertaufgaben von monotoner Art

Wir betrachten die Klasse von Randwertaufgaben

$$Lu \equiv -\sum_{i,j=1}^{2} a_{ij} \frac{\partial^2 u}{\partial x_i\, \partial x_j} - \sum_{i=1}^{2} b_i \frac{\partial u}{\partial x_i} + cu = f \quad \text{in } \Omega, \tag{1}$$

$$lu \equiv \alpha u + \beta \frac{\partial u}{\partial \mu} = \varphi \quad \text{auf } \Gamma, \tag{2}$$

kurz:

$$Au = F \text{ auf } \bar{\Omega} \quad \text{mit} \quad A = (L, l), \quad F = (f, \varphi). \tag{3}$$

Fast ebenso wie in [16] setzen wir in Anlehnung an [9] folgendes voraus:

$$\left.\begin{array}{l} V(A,\bar\Omega)\text{: Sei } \Omega \text{ ein beschränktes Gebiet der Ebene, } \Gamma \text{ sein Rand. Die} \\ \text{Koeffizienten } a_{ij}, b_i, c \text{ seien stetig in } \bar\Omega,\ L \text{ gleichmäßig elliptisch, d. h.,} \\ \mathfrak{A} = (a_{ij}) \text{ sei positiv definit:} \\ a_0(z,z) \leqq (\mathfrak{A}z, z) \leqq a_1(z,z) \text{ mit positiven Konstanten } a_0, a_1 \text{ für ganz } \Omega, \\ \text{und es gelte } c \geqq 0 \text{ in } \Omega. \text{ Die auf } \Gamma \text{ definierten, beschränkten und stück-} \\ \text{weise stetigen Funktionen } \alpha, \beta \text{ erfüllen dort die Relationen } \alpha \geqq 0, \beta \geqq 0, \\ \alpha + \beta > 0. \end{array}\right\} \quad (4a)$$

Wir schreiben oft zur Abkürzung $\Gamma_1 = \Gamma_{\beta=0}$, $\Gamma_2 = \Gamma_{\alpha=0}$, $\Gamma_3 = \Gamma_{\alpha\beta\neq 0}$, d. h., auf Γ_i sind Randbedingungen i-ter Art erklärt, $\Gamma = \bigcup_{i=1}^{3} \Gamma_i$. Durch l_i bezeichnen wir die Komponenten von l auf Γ_i, also $l = (l_1, l_2, l_3)$.

$$\left.\begin{array}{l} \text{Auf } \Gamma_1, \Gamma_3 \text{ setzen wir } \alpha \geqq \alpha_0 > 0, \text{ auf } \Gamma_2, \Gamma_3 \text{ jedoch } \beta \geqq \beta_0 > 0 \\ \text{voraus; } \alpha_0, \beta_0 \text{ sind Konstanten. Die Außennormale } n \text{ und die Außen-} \\ \text{richtung } \mu \text{ auf } \Gamma_2, \Gamma_3 \text{ erfüllen } (\mu, n) \geqq \mu_0 > 0, \mu_0 \text{ Konstante, } (\mu,\mu) = 1. \\ \text{Weiterhin seien die in [9] genannten Voraussetzungen über den Rand} \\ \Gamma \text{ (Glattheit, Knickpunkte, Anstoßpunkte von } \Gamma_i, \Gamma_j \text{ für } i, j = 1, 2, 3 \\ \text{betreffend) erfüllt, die gewisse „entartete" Fälle von } \Gamma \text{ ausschließen.} \end{array}\right\} \quad (4b)$$

Bei allen weiteren Betrachtungen setzen wir für RWA (3) wenigstens (4) voraus.

Satz 1 (Monotoniesatz). *Unter der Voraussetzung* $V(A, \bar\Omega)$ *bei* (4) *gilt: Aus* $w \not\equiv \text{const}$, $Aw \geqq 0$ *auf* $\bar\Omega$, *d. h.* $Lw \geqq 0$ *in* Ω, $lw \geqq 0$ *auf* Γ, *folgt* $w \geqq 0$ *überall auf* $\bar\Omega$ (*Beweis in* [9], *vgl. auch* [11]).

Wir setzen weiter voraus

$$V(\alpha, c)\text{: Sei } \alpha \not\equiv 0 \text{ auf } \Gamma \text{ (d. h. } \Gamma \neq \Gamma_2) \text{ oder } c \not\equiv 0 \text{ in } \Omega. \quad (5)$$

Bemerkungen.

1. Unter der Voraussetzung (5) kann in Satz 1 offensichtlich die Einschränkung $w \not\equiv$ const entfallen. Nach der Terminologie von [6] ist A ein Operator von monotoner Art.

2. Eine für die RWA (3) existierende Lösung ist unter den Voraussetzungen von (4), (5) eindeutig.

Häufig ergeben sich die Apriori-Abschätzungen für Differenzenschemata methodisch einfacher durch Betrachtung der kontinuierlichen RWA. Wir formulieren einen darauf hinzielenden Satz, der in ähnlicher Weise in [11] und [5, S. 371] festgehalten ist.

Satz 2. *Es sei* $A = (L, l)$ *der Operator von Satz* 1, *zusätzlich gelte* (5). *Falls man Funktionen* w_j ($j = 0, 1, 2, 3$) *kennt, die auf* $\bar\Omega$ *definiert und stetig sind, für die die Ausdrücke* Lw_j, l_iw_j ($j = 0, 1, 2, 3$; $i = 1, 2, 3$) *definiert sind und die Ungleichungen*

$$Lw_j \geqq \begin{cases} 1 & \text{für } j = 0 \\ 0 & \text{für } j = 1, 2, 3 \end{cases} \text{ in } \Omega, \qquad l_iw_j \geqq \begin{cases} 1 & \text{für } i = j \\ 0 & \text{für } i \neq j \end{cases} \text{ auf } \Gamma_i \quad (6)$$

bestehen, so gilt die Abschätzung

$$\|w\|_{C(\bar{\Omega})} \leqq \|w_0\|_{C(\bar{\Omega})} \sup_{\Omega} |Lw| + \sum_{i=1}^{3} \|w_i\|_{C(\bar{\Omega})} \sup_{\Gamma_i} |l_i w| \tag{7}$$

für jede über $\bar{\Omega}$ hinreichend glatte Funktion w (zum Beweis vgl. etwa [5, 11] *oder* [15]).

Bemerkung. Die bei (6) in den rechten Seiten der Ungleichungen auftretende Zahl 1 ist eine normierte Konstante o. B. d. A. in dem Sinne, daß statt $Lw_0 \geqq 1$, $l_i w_i \geqq 1$ auch Ungleichungen der Art $Lw_0 \geqq \delta_0 > 0$ in Ω, $l_i w_i \geqq \delta_i > 0$ auf Γ_i ausreichen würden, δ_i $(i = 0, 1, 2, 3)$ feste, positive Zahlen. Denn wir erhalten über $\bar{w}_i = w_i/\delta_i$ Funktionen $\bar{w}_i$ mit $\bar{\delta}_i = 1$.

Wie aus dem Satz 2 hervorgeht, ist für die Apriori-Abschätzung (7) die Kenntnis von sogenannten Majorantenfunktionen (kurz: Majoranten) wichtig, womit hinreichend glatte Funktionen w_i gemeint sind, die (6) erfüllen. Diese werden auch später beim Konvergenznachweis bzw. der Fehlerabschätzung für das Differenzenverfahren benötigt. Wir wenden uns jetzt diesem Problemkreis für verschiedene Parameterkonstellationen der RWA (3) zu. Beispielsweise ist die Angabe von Majoranten für das Dirichlet-Problem nicht schwierig, vgl. u. a. [2, 4, 5, 7, 9, 10, 12, 13]. Die bei (9) definierte Funktion wird vielfach als Majorante im Fall $\beta \equiv 0$ $(\Gamma = \Gamma_1)$ zitiert. Es gilt darüber hinaus

Hilfssatz 1. *Für $A = (L, l)$ von* (3) *existiert unter der Bedingung*

$$\alpha \geqq \alpha_0 > 0 \quad \textit{und} \quad \beta \geqq 0 \quad \textit{auf } \Gamma, \textit{ also } \Gamma_2 = \emptyset, \tag{8}$$

stets eine Menge von explizit darstellbaren Majoranten w_i $(i = 0, 1, 3)$, die (6) *erfüllen, etwa beispielsweise*

$$w_0(x_1, x_2) = C_0 - \exp\left\{C_1 \sum_{i=1}^{2} (x_i - a_i)^2\right\}; \qquad w_1(x_1, x_2) \equiv w_3(x_1, x_2) = \frac{1}{\alpha_0}. \tag{9}$$

Dabei bezeichnen a_1, a_2, C_0, C_1 geeignet gewählte Konstanten, a_1, a_2 die Koordinaten des Mittelpunktes $M = (a_1, a_2)$ der Kreisscheibe $K_r = \left\{(x_1, x_2) : \sum_{i=1}^{2} (x_i - a_i)^2 \leqq r^2\right\}$ mit dem kleinstmöglichen Radius r (über a_1, a_2) unter der Bedingung, daß $\bar{\Omega} \subseteq K_r$ gilt, während C_0, C_1 wie folgt angegeben werden können:

$$C_1 = \frac{a_0 + 2b_0^2}{4a_0^2} \quad \textit{mit } a_0 \textit{ von } (4\text{a}), \quad b_0 = \max_{i,\bar{\Omega}} |b_i|,$$

$$C_0 = \left(1 + 2\sqrt{2}\, C_1 r \max_{\Gamma_3} \beta/\alpha_0\right) \exp(C_1 r^2), \quad r = \sup_{P,Q \in \Omega} |P - Q|. \tag{10}$$

Ein Beweis von HS1 findet sich in [15]. Für die Funktionen w_1, w_3 ist der Nachweis von (6) trivial, für w_0 werden Lw_0, $l_i w_0$ $(i = 1, 3)$ berechnet und durch geeignete Wahl von C_0, C_1, vgl. (10), auf die Ungleichungen (6) abgeglichen. Dabei sind die gleichmäßige Elliptizität von L mit $a_0 > 0$ und die Bedingung $\alpha \geqq \alpha_0 > 0$ auf ganz Γ wesentliche Voraussetzungen für die Abschätzung von C_0, C_1.

Bemerkung. Die Majorante w_0 bei (9) läßt sich im Fall $b_i \equiv 0$ $(i = 1, 2)$ ersetzen durch die Funktion

$$w_0(x_1, x_2) = C_0 - C_1 \sum_{i=1}^{2} (x_i - a_i)^2, \tag{11}$$

$$C_1 = 1/(4a_0), \qquad C_0 = C_1 r \left(2\sqrt{2} \max_{\Gamma_2} \beta/\alpha_0 + r\right). \tag{12}$$

Für den Fall der Randbedingungen (2) ist also nach HS1 für $\Gamma_2 = \emptyset$ stets eine Menge von Majoranten w_0, w_1, w_3 a priori angebbar. Sobald aber $\Gamma_2 \neq \emptyset$ gilt, treten Schwierigkeiten auf, die Majoranten w_0 und w_2 für beliebige Gebiete a priori anzugeben, was in der Natur des Randoperators l_2 liegt (vgl. [15]). In [15] wird für den Spezialfall $\mu = n$ bei monoton verlaufender Teilkurve Γ_2 gezeigt, wie ein Satz von Majoranten w_j $(j = 0, 1, 2, 3)$ für A von (3) erhalten werden kann. Für spezielle Gebiete, etwa Kreis oder Rechteck, $Lu \equiv -\Delta u + cu$, $\mu = n$, sind für Randbedingungen zweiter Art und $c > 0$ auf $\bar{\Omega}$ Majoranten in [9] angegeben.

Oft ist die Kenntnis über die Existenz von Majorantenfunktionen bereits ausreichend, um in der Fehlerabschätzung beim Differenzenverfahren die Konvergenzordnung bezüglich h zahlenmäßig anzugeben.

Bemerkung. Wir betrachten die RWA $Aw = F^*$ mit

$$F^* \geqq 1 \quad \text{in } \bar{\Omega}, \text{ d. h.} \quad f^* \geqq 1 \quad \text{in } \Omega, \quad \varphi^* \geqq 1 \quad \text{auf } \Gamma. \tag{13}$$

Falls diese RWA für geeignet gewähltes F^*, gleichzeitig (13) erfüllend, eine hinreichend glatte Lösung besitzt, so ist die Existenz aller Majoranten w_i $(i = 0, 1, 2, 3)$ durch Setzen von $w_i = w^*$ für $i = 0, 1, 2, 3$ gesichert. Batschelet [1] wählte $F^* \equiv 1$ auf $\bar{\Omega}$, was aber i. a. eine starke Einschränkung der Lösbarkeit von $Aw = F^*$ nach sich zieht. Das Problem besteht nun darin, unter möglichst schwachen Voraussetzungen an Γ und die übrigen Parameter der RWA eine Existenzaussage für w^* zu erhalten. Für gewisse RWA'n finden sich derartige Existenzsätze u. a. in [8].

3. Lineare monotone Differenzenapproximation

Es ist für die Gewinnung von Fehlerabschätzungen stets vorteilhaft, die Eigenschaften der RWA beim Übergang zur diskreten Ersatzaufgabe zu „konservieren", wie hier die Eigenschaft der RWA, von monotoner Art zu sein.

In Analogie zur RWA (1)—(5) notieren wir einige Bezeichnungen und Voraussetzungen für den diskreten Fall. *Gegeben sei für jedes h mit $0 < h \leqq h_0$ ein Gitter $\bar{\Omega}_h = \Omega_h + \Gamma_h$, auf diesem Gitter ein System von Differenzengleichungen*

$$A_h u_h = F_h \quad mit \quad A_h = (L_h, l_h), \quad F_h = (f_h, \varphi_h), \tag{14}$$

das Differenzenschema (DS), *mit der kanonischen Form:*

$$A_h u_h|_{P_0} = \sum_{P \in S(P_0)} A(P_0, P)\, u_h(P) = F_h(P_0), \quad P_0 \in \bar{\Omega}_h. \tag{15}$$

Dabei bezeichnet $S(P_0) = \{P_0\} + N(P_0)$ *die dem Gitterpunkt* $P_0 \in \bar{\Omega}_h$ *zugeordnete Schablone mit dem zentralen Punkt* P_0 *und den dazugehörigen Nachbarpunkten* $N(P_0) = S(P_0) \setminus \{P_0\}$.

Die Klassifizierung der Gitterpunkte $P_0 \in \bar{\Omega}_h$ bzw. der Differenzengleichungen von (15) bezüglich bestimmter Merkmale von $S(P_0)$ bzw. $A(P_0, P)$, $P \in S(P_0)$, erweist sich bei der Fehlerabschätzung für das DS als zweckmäßig. Wir betrachten n Teilsysteme von Differenzengleichungen $A_{hi}u_h = F_{hi}$ $(i = 1, 2, \ldots, n)$ auf n Teilmengen $\bar{\Omega}_{hi}$ $(i = 1, 2, \ldots, n)$ des Gitters $\bar{\Omega}_h$, wobei die $\bar{\Omega}_{hi}$ (nicht notwendig) paarweise disjunkt seien. Demzufolge erhalten wir die komponentenweise Darstellung von A_h, F_h, $\bar{\Omega}_h$:

$$A_h = (A_{h1}, A_{h2}, \ldots, A_{hn}), \quad F_h = (F_{h1}, F_{h2}, \ldots, F_{hn}), \quad \bar{\Omega}_h = \bigcup_{i=1}^{n} \bar{\Omega}_{hi}. \tag{16}$$

In Analogie zu (3) ist eine grobe Zerlegung von A_h, F_h bei (14) notiert.

Wir formulieren nun für A_h, $\bar{\Omega}_h$ eine Bedingung, die in dieser oder ähnlicher Form von verschiedenen Autoren (vgl. u. a. [4, 6, 10, 14] und [12, 13] für das Dirichlet-Problem) verwendet wurde und hinreichend dafür ist, daß A_h von monotoner Art ist (vgl. auch [15, 16]).

$E(A_h, \bar{\Omega}_h)$: *Der Differenzenoperator* A_h *von* (15) *besitze für* $h \leqq h_0$ *die Eigenschaften:*

a) *Die reellwertigen Koeffizienten* $A(P_0, P)$ *erfüllen die Bedingungen*

$$A(P_0, P) \begin{cases} > 0 & \text{für} \quad P = P_0 \\ < 0 & \text{für} \quad P \in N(P_0) = S(P_0) \setminus \{P_0\} \end{cases}, \quad P_0 \in \bar{\Omega}_h. \tag{17}$$

b) $$A_h(1)|_{P_0} = \sum_{P \in S(P_0)} A(P_0, P) \geqq 0 \quad \text{für} \quad P_0 \in \bar{\Omega}_h. \tag{18}$$

c) *In wenigstens einem Punkt* $P_0 \in \bar{\Omega}_h$ *gilt* $A_h(1)|_{P_0} > 0$.

d) *Wenn* $A_h(1)|_{P_0} = 0$ *für einen Punkt* $P_0 \in \bar{\Omega}_h$ *gilt, so existiert eine Folge von Gitterpunkten* $\{Q_j\}_{j=0}^n \subset \bar{\Omega}_h$ *mit* $Q_0 = P_0$, $Q_j \in N(Q_{j-1})$ *für* $j = 1, 2, \ldots, n$ *und* $A_h(1)|_{Q_n} > 0$, $A_h(1)|_P = 0$ *für* $P = Q_0, Q_1, \ldots, Q_{n-1}$.

Es gilt dann folgender Monotoniesatz für den diskreten Fall.

Satz 3. *Der Differenzenoperator* A_h *besitze über dem Gitter* $\bar{\Omega}_h$ *die Eigenschaft* $E(A_h, \bar{\Omega}_h)$ *für* $h \leqq h_0$; *dann gilt: Aus* $A_h w_h \geqq 0$ *auf* $\bar{\Omega}_h$ *folgt* $w_h \geqq 0$ *auf* $\bar{\Omega}_h$ *für* $h \leqq h_0$ *und auf* $\bar{\Omega}_h$ *definierte Gitterfunktionen* w_h, *d. h.,* A_h *ist von monotoner Art.*

Dieser Satz ist u. a. in [6, 10, 14] notiert, teilweise mit anderen Worten. Monotone Differenzenapproximationen bzw. Differenzenschemata sollen in dieser Arbeit solche sein, für die A_h von monotoner Art ist.

Folgerungen. Für $h \leqq h_0$ existiert der zu A_h inverse Operator A_h^{-1}, da als Lösung von $A_h u_h = 0$ nur die triviale Lösung in Betracht kommt. Gesamt- und Einzelschrittverfahren zur iterativen Auflösung von $A_h u_h = F_h$ konvergieren (vgl. [6]).

Bemerkung. Auf die Voraussetzung $w_h \not\equiv \text{const}$ analog zu Satz 1 konnte in Satz 3 verzichtet werden. Das ist auf die Eigenschaft c) von $E(A_h, \bar{\Omega}_h)$ zurückzuführen, deren kontinuierliche Entsprechung $V(\alpha, c)$ von (5) ist.

In Analogie zu Satz 2 sind bei Differenzenoperatoren von monotoner Art ebenfalls Apriori-Abschätzungen in der C-Norm $\left(\|\cdot\|_{C(X_h)} = \max_{P \in X_h} |\cdot (P)|\right)$ möglich, vgl. u. a. [1—7, 10, 12, 13]. Wir formulieren in diesem Zusammenhang Satz 4, dessen Beweis analog zu Satz 2 verläuft.

Satz 4. *Sei* $A_h = (A_{h1}, A_{h2}, \ldots, A_{hn})$ *Differenzenoperator mit der Eigenschaft* $E(A_h, \bar{\Omega}_h)$ *über dem Gitter* $\bar{\Omega}_h = \bigcup_{i=1}^{n} \bar{\Omega}_{hi}$. *Für* $h \leqq h_0$ *sollen* n *Funktionen* w_{hi} $(i = 1, 2, \ldots, n)$ *existieren, die auf* $\bar{\Omega}_h$ *definiert sind und die Ungleichungen*

$$A_{hi} w_{hj} \geqq \delta_{ij} \quad (\delta_{ij} = 1 \quad \text{für} \quad i = j, \delta_{ij} = 0 \quad \text{für} \quad i \neq j; \quad i, j = 1, 2, \ldots, n) \tag{19}$$

erfüllen. Dann gilt die Abschätzung

$$\|w_h\|_{C(\bar{\Omega}_h)} \leqq \sum_{i=1}^{n} N_{hi} \, \|A_{hi} w_h\|_{C(\bar{\Omega}_{hi})}, \quad N_{hi} = \|w_{hi}\|_{C(\bar{\Omega}_h)} \tag{20}$$

für eine beliebige Gitterfunktion w_h *über* $\bar{\Omega}_h$.

Bemerkung. Falls $\sup_h N_{hi} < \infty$ $(i = 1, 2, \ldots, n;\ h \leqq h_0)$ gilt, ist $\|A_h^{-1}\| \leqq C = O(1)$ für $h \leqq h_0$ erfüllt.

Ein allgemeines Prinzip (vgl. u. a. [1, 7]) zur Konstruktion von Majoranten für Differenzenoperatoren besteht darin, aus gewissen Majoranten für A solche für A_h zu konstruieren.

Hilfssatz 2. *Der Operator* A_h *approximiere* A *auf der Klasse von Funktionen* U, *etwa* $U = C^k(\bar{\Omega})$, $k \geqq 2$, *in der* C-*Norm. Dann kann aus einer Majorante* w *für* A *mit*

$$Aw \geqq \delta > 0 \quad in\ \bar{\Omega}, \quad w \in U, \tag{21}$$

eine Menge von Majoranten w_{hi} $(i = 1, 2, \ldots, n)$ *für* A_h *konstruiert werden* (vgl. [15]).

Hilfssatz 3. *Es existiere eine hinreichend glatte Funktion* $w \in C^k(\bar{\Omega})$, *etwa* $k \geqq 2$, *mit*

$$Lw \geqq \delta_0 > 0 \quad auf\ \Omega, \quad l_2 w \geqq \delta_2 > 0 \quad auf\ \Gamma_2. \tag{22}$$

Dann können vier Majoranten für $A = (L, l_1, l_2, l_3)$ *gefunden werden, die* (6) *erfüllen; ebenso lassen sich vier Majoranten für* $A_h = (L_h, l_{h1}, l_{h2}, l_{h3})$ *im Sinne von* (19) *angeben.*

Im Beweis von HS3 verwenden wir u. a. $\alpha \geqq \alpha_0 > 0$ auf $\Gamma_1 + \Gamma_3$. Wir können eine Funktion v mit

$$Lv \geqq \frac{3}{2} \text{ auf } \bar{\Omega}, \quad l_i v \geqq \frac{3}{2} \text{ auf } \Gamma_i \quad (i = 2, 3) \tag{23}$$

konstruieren, daraus auch $\overline{w} = v + \max_{\bar{\Omega}} |v|$, wobei $\overline{w}$ die erste Teilbehauptung verifiziert, die zweite ebenfalls für $h \leqq h_0$, h_0 hinreichend klein gewählt (HS2 ist anzuwenden, l_{h1} approximiere l_1 exakt). Es sei darauf hingewiesen, daß dieses Prinzip zwar die Angabe von Majoranten für A_h ermöglicht, aber nicht immer die besten Majoranten in dem Sinne liefert, daß die N_{hi} von (20) möglichst klein ausfallen, etwa für gewisse i auch $N_{hi} \to 0$ für $h \to 0$ gilt. Die Möglichkeit einer Fehlerabschätzung ist mit Hilfe von Satz 4 sehr leicht gegeben durch

Satz 5. *Sei u hinreichend glatte Lösung von $Au = F$, u_h Lösung des Differenzenschemas $A_h u_h = F_h$, das $Au = F$ im Sinne von $\|A_{hi}u - Au\|_{C(\bar{\Omega}_{hi})} \leqq M_i h^{k_i}$, $F_h = F$ über $\bar{\Omega}_h$ approximiert. Es seien die Voraussetzungen von Satz 4 erfüllt. Dann gilt die Ungleichung*

$$\|u_h - u\|_{C(\bar{\Omega}_h)} \leqq \sum_{i=1}^{n} N_{hi} M_i h^{k_i} = \psi(h), \tag{24}$$

die im Falle von $\psi \to 0$ für $h \to 0$ Konvergenz anzeigt und durch die Angabe von N_{hi}, M_i, k_i eine Fehlerabschätzung gestattet.

4. Apriori-Abschätzungen

In einfachen Spezialfällen können DS $A_h u_h = F_h$ mit $E(A_h, \bar{\Omega}_h)$ ziemlich leicht realisiert werden, die Schwierigkeiten wachsen mit dem Grad der Allgemeinheit von (1), (2); vgl. u. a. [1—3, 5—7, 10, 12—14]. Vom Autor wurden in [15, 16] unter Einbeziehung von [2, 3] DS mit $E(A_h, \bar{\Omega}_h)$ für relativ allgemeine RWA'n konstruiert: $a_{12} \not\equiv 0$, $\beta \not\equiv 0$, $(\mu, n) \geqq \mu_0 > 0$, krummliniger Rand Γ.

Wir werden ab jetzt unmittelbar Bezug auf [16] nehmen (für Definitionen, Resultate, usw.), um Wiederholungen zu vermeiden. In [16] ist auf quadratischem Gitter $\bar{\Omega}_h = \Omega_h + \Gamma_h$, mit eventuell irregulären Gitterpunkten in Randnähe, ein Differenzenoperator $A_h = (L_h, l_h)$ wie folgt konstruiert worden (für $A(P_0, P)$ usw. siehe [16]):

1° $$L_h u|_{P_0} = \sum_{P \in S(P_0)} A(P_0, P)\, u(P), \qquad P_0 \in \Omega_h, \qquad S(P_0) = \{P_0\} + N(P_0), \tag{25}$$

$$N(P_0) = \begin{cases} \{P_1, P_2, \ldots, P_6\} & \text{für} \quad a_{12}(P_0) \neq 0 \\ \{P_1, P_2, P_3, P_4\} & \text{für} \quad a_{12}(P_0) = 0 \end{cases}, \qquad N(P_0) \in \bar{\Omega}_h;$$

2° $$l_h u|_{P_0} = \sum_{P \in S(P_0)} A(P_0, P)\, u(P), \qquad P_0 \in \Gamma_h \subset \Gamma, \tag{26}$$

$$\text{a)}\ N(P_0) = \{P_1, P_2\} \subset \Omega_h \quad \text{für } \mu \text{ von (4b)}, \tag{27}$$

$$\text{b)}\ N(P_0) = \{P_1, P_2, P_3\} \subset \Omega_h \quad \text{für} \quad \mu = n \text{ (Normale)}. \tag{28}$$

3° Die Differenzenoperatoren $A_h = (L_h, l_h)$ von (25) bis (28) besitzen unter der Voraussetzung

$$\alpha \not\equiv 0 \quad \text{auf } \Gamma_h \text{ (d. h. } \Gamma_h \neq \Gamma_{h2}) \text{ oder } c \not\equiv 0 \text{ in } \Omega_h \tag{29}$$

für $h \leqq h_0$, h_0 hinreichend klein, die Eigenschaft $E(A_h, \bar{\Omega}_h)$.

4° Zur Klassifizierung der Gitterpunkte $P_0 \in \bar{\Omega}_h$ werden in $\bar{\Omega}_h$ acht Teilmengen $\bar{\Omega}_{hi}$ $(i = 1, 2, \ldots, 8)$ definiert, dadurch auch ebensoviele Komponenten A_{hi} von A_h.

Die Komponenten L_h, l_h werden vorübergehend, o. B. d. A. aus Gründen einer günstigen Bezeichnungsweise vertauscht, also $A_h = (l_h, L_h)$.

$$\left.\begin{array}{llll}
\text{Operator-komponente} & & \text{Gitterkomponente} & \text{Approximationsordnung} \\
l_h v = & \left\{\begin{array}{l} A_{h1}v \\ A_{h2}v \\ A_{h3}v \end{array}\right. & \begin{array}{l} P \in \Gamma_{h1} = \bar{\Omega}_{h1} \\ P \in \Gamma_{h2} = \bar{\Omega}_{h2} \\ P \in \Gamma_{h3} = \bar{\Omega}_{h3} \end{array} & \begin{array}{l} O(h^\infty) \\ O(h) \text{ für } (27),\ O(h^2) \text{ für } (28) \\ O(h) \text{ für } (27),\ O(h^2) \text{ für } (28) \end{array} \\
L_h v = & \left\{\begin{array}{l} A_{h4}v \\ A_{h5}v \\ A_{h6}v \\ A_{h7}v \\ A_{h8}v \end{array}\right. & \begin{array}{l} P \in \Omega_h \setminus (\Omega_h{}^* + \Omega_h{}^{**}) = \bar{\Omega}_{h4} \\ P \in \Omega_{h1}^* \hphantom{xxxxxxxxxxx} = \bar{\Omega}_{h5} \\ P \in \Omega_h{}^* \setminus \Omega_{h1}^* \hphantom{xxxxxx} = \bar{\Omega}_{h6} \\ P \in \Omega_{h1}^{**} \hphantom{xxxxxxxxxx} = \bar{\Omega}_{h7} \\ P \in \Omega_h{}^{**} \setminus \Omega_{h1}^{**} \hphantom{xxxx} = \bar{\Omega}_{h8} \end{array} & \begin{array}{l} O(h^2) \\ O(h) \\ O(h) \\ O(h) \\ O(h) \end{array}
\end{array}\right\} \quad (30)$$

Es sind $\Omega_h{}^*$, $\Omega_h{}^{**}$ Teilmengen von Ω_h, die exakt in [16, S. 52] erklärt sind. Es enthält $\Omega_h{}^*$ die mindestens bezüglich $\{P_i\}_{i=1}^4$ randnahen Gitterpunkte, $\Omega_h{}^{**}$ die nur bezüglich $\{P_5, P_6\}$ randnahen Gitterpunkte von Ω_h (vgl. (25)); Ω_{h1}^*, Ω_{h1}^{**} sind die Teilmengen von $\Omega_h{}^*$, $\Omega_h{}^{**}$, auf denen für P_0 gilt: $N(P_0) \cap \Gamma_{h1} \neq \emptyset$.

Satz 6. *Es existiere eine Funktion* $v \in C^3(\bar{\Omega})$ *mit der Eigenschaft* (23) (vgl. auch (22)). *Sei* L_h *von* (25), l_h *im Fall* a) *von* (26), (27), *im Fall* b) *von* (26), (28). *Dann gilt unter der Voraussetzung* (29) *die Abschätzung*

$$\|u_h\|_{C(\bar{\Omega}_h)} \leqq \sum_{i=1}^{8} N_{hi}\, \|A_{hi}u_h\|_{C(\bar{\Omega}_{hi})} \quad \textit{für} \quad h \leqq h_0, \tag{31}$$

$$N_{hi} = O(1) \quad \textit{für} \quad i = 1, 2, 3, 4, 7, 8, \quad N_{h5} = O(h^2), \quad N_{h6} = O(h). \tag{32}$$

Beweis (Fall a)). Die Abschätzung (31) folgt aus Satz 4, jedoch sind noch Gitterfunktionen w_{hj} ($j = 1, 2, \ldots, 8$) auf $\bar{\Omega}_h$ zu finden, die (19) erfüllen. Sie seien wie folgt definiert:

$$\left.\begin{array}{l}
w_{h1} = 1/\alpha_0, \quad \alpha_0 \text{ von } (4\text{b}), \quad w_{h2} = v + v_0, \quad v_0 = \max\limits_{\bar{\Omega}_h} |v|, \quad v \text{ von } (23), \\
w_{h3} \equiv w_{h1} \quad \text{oder} \quad w_{h3} \equiv w_{h2}, \quad w_{h4} \equiv w_{h7} \equiv w_{h8} \equiv w_{h2}, \\
w_{h5} = f_5 \cdot \begin{cases} 0, & P \in \Gamma_{h1}, \\ h^2, & P \in \bar{\Omega} \setminus \Gamma_{h1} \end{cases}, \quad f_5 = \dfrac{4}{3\bar{a}_0}, \quad \bar{a}_0 > 0 \quad \text{von } (17) \text{ aus } [16], \\
w_{h6} = f_6 h(v + v_0) + f_5 \cdot \begin{cases} 0, & P \in \Gamma \\ h^2, & P \in \Omega' \end{cases} \quad f_6 = h f_5 \max\limits_{\Gamma_{h2}, \Gamma_{h3}} A(P_0, P_0), A(P_0, P_0) \text{ von } (26), (27).
\end{array}\right\} \quad (33)$$

Beim Nachweis von (19) wird häufig die Additivität und Homogenität von A_h benutzt, außerdem die Tatsache, daß für $h \leqq h_0$, h_0 hinreichend klein, nach HS 2, 3 gilt: $L_h v \geqq 1$ in Ω_h, $l_h v \geqq 1$ auf Γ_{h2}, Γ_{h3}. Für w_{hi} von (33) mit $i = 1, 2, 3, 4, 7, 8$ ist daher (19) leicht zu zeigen. Offenbar gilt auch $A_{hi}w_{h5} \geqq \delta_{i5}$, denn: $A_{h1}w_{h5} = 0$ auf $\bar{\Omega}_{h1}$ per definitionem, $A_{h2}w_{h5} = 0$ auf $\bar{\Omega}_{h2}$ wegen (35) aus [16], $A_{h3}w_{h5} = \alpha f_5 h^2 > 0$ auf $\bar{\Omega}_{h3}$, $A_{h4}w_{h5} = c f_5 h^2 \geqq 0$ auf $\bar{\Omega}_{h4}$ wegen (35) aus [16] und der Definition von A_{h4}; $A_{h5}w_{h5} \geqq 1$ auf $\bar{\Omega}_{h5}$, denn wegen $w_{h5} = 0$ auf Γ_{h1} gilt in $P_0 \in \bar{\Omega}_{h5}$:

$$A_{h5}w_{h5} = f_5 h^2 \sum_{P \in S(P_0) \setminus \Gamma_{h1}} A(P_0, P) \geqq -f_5 h^2 \sum_{P \in S(P_0) \cap \Gamma_{h1}} A(P_0, P)$$

$$\geqq -f_5 h^2 A(P_0, P_i) > f_5 h^2 \frac{3\bar{a}_0}{4h^2} = 1 \quad \text{für} \quad h \leqq h_0 = \frac{\bar{a}_0}{2b_0},$$

weil in $P_0 \in \bar{\Omega}_{h5}$ (18) erfüllt ist, mindestens ein Punkt $P_i \in S(P_0)$, $i \in \{1, 2, 3, 4\}$, auf Γ_{h1} liegt, mindestens einer in Ω. Für $A_{h6}w_{h5}$ ist zu bedenken, daß kein Punkt $P_i \in S(P_0)$, $i \in \{1, 2, 3, 4\}$, auf Γ_{h1} liegt, d. h. überhaupt kein Punkt aus $N(P_0)$ oder höchstens $P_i \in N(P_0)$ mit $i \in \{5, 6\}$. Daher gilt $A_{h6}w_{h5} \geqq c f_5 h^2 \geqq 0$ oder $A_{h6}w_{h5} \geqq -f_5 h^2 A(P_0, P_i) > 0$ für $i = 5$ oder $i = 6$. In $P_0 \in \bar{\Omega}_{h7}$ gilt $A_{h7}w_{h5} \geqq -f_5 h^2 A(P_0, P_i) > 0$, wobei $i \in \{5, 6\}$. Für $P_0 \in \bar{\Omega}_{h8}$ liegt kein Punkt von $N(P_0)$ auf Γ_{h1}, daher gilt dort $A_{h8}w_{h5} \geqq c f_5 h^2 \geqq 0$. Für w_{h6} gestaltet sich der Nachweis $A_{hi}w_{h6} \geqq \delta_{i6}$ auf ähnliche Art. Damit ist (19) gezeigt und Satz 4 anwendbar. Wir erhalten (31) mit

$$N_{hi} = 1/\alpha_0 \quad \text{für} \quad i = 1, 3, \qquad N_{hi} = 2 \max_{\bar{\Omega}_h} |v| \quad \text{für} \quad i = 2, 4, 7, 8,$$

$$N_{h5} = f_5 h^2, \qquad N_{h6} = 2 \max_{\bar{\Omega}_h} |v| \cdot f_6 h + f_5 h^2,$$

wobei α_0, v über $\bar{\Omega}$, f_5 nicht von h abhängen; für f_6 gilt $f_6 = O(1)$ wegen

$$h \cdot \max A(P_0, P_0) = O(1), \qquad P_0 \in \Gamma_{h2} + \Gamma_{h3}.$$

Der Fall b) mit $\mu = n$ und l_h von (26), (28) verläuft im Beweis analog. Ausführlich ist Satz 6 in [15] bewiesen.

In gewissen Spezialfällen von a_{12} können für w_{h7}, w_{h8} noch bessere Majorantenfunktionen in dem Sinne gefunden werden, daß N_{h7}, N_{h8} asymptotisch mit h verschwinden.

Bemerkung. Wir unterteilen Ω_h^{**} nochmals in disjunkte Teilmengen

$$^{(1)}\Omega_h^{**} = \{P \in \Omega_h^{**} : |d| = 1\}, \qquad ^{(2)}\Omega_h^{**} = \{P \in \Omega_h^{**} : |d| \neq 1\}, \tag{34}$$

wobei d die in (17) aus [16] zitierte Funktion ist. Unter der Voraussetzung

$$|a_{12}| \geqq \varkappa_0 > 0 \quad \text{auf } ^{(1)}\Omega_h^{**} \quad \text{für} \quad h \leqq h_0 \tag{35}$$

$$\text{oder} \quad ^{(1)}\Omega_h^{**} = \emptyset \quad \text{für} \quad h \leqq h_0 \tag{36}$$

gilt $N_{h7} = O(h^2)$, $N_{h8} = O(h)$ sowohl für die Operatoren L_h, l_h von (25), (26), (27) als auch von (25), (26), (28). Um dies zu beweisen, sei zunächst bemerkt, daß $|a_{12}| \geqq \frac{1}{2} a_0$ auf $^{(2)}\Omega_h^{**}$ gilt (vgl. [2, 15]). Wir wählen nun Funktionen w_{h7}, w_{h8}, anders als bei (33), wie folgt:

$$w_{h7} = f_7 \cdot \begin{cases} 0 & \text{für} \quad P \in \Gamma_{h1} \\ h^2 & \text{für} \quad P \in \bar{\Omega} \setminus \Gamma_{h1} \end{cases}, \quad f_7 = \varkappa_1 K^2, \tag{37}$$

$$\varkappa_1 = \max\left(\frac{1}{\varkappa_0}, \frac{2}{a_0}\right), \quad \varkappa_0 \text{ von (35)}, K > 0 \text{ von (17) aus [16]},$$

$$a_0 \text{ von (4a); im Falle (36) setzen wir } \varkappa_1 = \frac{2}{a_0};$$

$$w_{h8} = f_8 h(v + v_0) + f_7 \cdot \begin{cases} 0 & \text{für} \quad P \in \Gamma \\ h^2 & \text{für} \quad P \in \Omega \end{cases}, \quad f_7 \text{ von (37)}, \tag{38}$$

$$f_8 = f_7 h \cdot \max_{\Gamma_{h2}, \Gamma_{h3}} A(P_0, P_0), \quad A(P_0, P_0) \text{ von (26), (27) bzw. (26), (28)}.$$

Die Funktionen w_{h7}, w_{h8} sind im Prinzip wie w_{h5}, w_{h6} konstruiert, so daß auch der Nachweis $A_{hi} w_{hj} \geqq \delta_{ij}$, $j = 7, 8$, analog verläuft (vgl. [15]). Wir erhalten $N_{h7} = \varkappa_1 K^2 h^2 = O(h^2)$ und $N_{h8} = h(f_8 \cdot 2 \max_{\bar{\Omega}_h} |v| + f_7 h) = O(h)$.

Die Voraussetzungen (35) bzw. (36) der Bemerkung sind erfüllt, wenn a_{12} auf Ω_h für $h \leqq h_0$ in einer von h_0 abhängigen ε-Umgebung (Streifenbreite um Γ, nach innen: $\sqrt{2}\, h_0$) dem Wert Null nicht beliebig nahe kommt bzw. dort gerade $a_{12} \equiv 0$ gilt, d. h., (35), (36) sind Restriktionen für a_{12} in unmittelbarer Randnähe. Solche Forderungen sind nicht für alle gleichmäßig elliptischen Differentialoperatoren L erfüllt; sie sind im Zusammenhang mit der Beweismethode bei Anwesenheit gemischter Randbedingungen erhoben worden.

Im Fall $\Omega_h^{**} = \Omega_{h1}^{**}$, also $\bar{\Omega}_{h8} = \emptyset$, kann jedoch für spezielle Gitterfunktionen u_h mit $u_h = 0$ auf Γ_h von der Voraussetzung (35), (36) völlig abgesehen werden, was bei Fehlerabschätzungen für das Dirichlet-Problem von Bedeutung ist.

Satz 7 ([2]). *Sei $\Gamma_{h1} = \Gamma_h$, d. h. $\beta \equiv 0$ auf Γ_h, o. B. d. A. $\alpha \equiv 1$. Dann gilt ohne weitere Einschränkungen an a_{12}: $N_{h7} = O(h^2)$, und zwar für Gitterfunktionen u_h mit $u_h = 0$ auf Γ_h, außerdem die Apriori-Abschätzung*

$$\|u_h\|_{C(\bar{\Omega}_h)} \leqq \sum_{i=4,5,7} N_{hi} \, \|A_{hi} u_h\|_{C(\bar{\Omega}_{hi})} \quad \textit{für} \quad h \leqq h_0, \tag{39}$$

$$N_{h4} = \frac{8a_1}{\bar{a}_0} \max_{\bar{\Omega}_h} |v|, \qquad N_{h5} = h^2 \frac{8a_1}{4\bar{a}_0{}^2}; \qquad N_{h7} = h^2 \frac{8a_1}{\bar{a}_0} \max\left(\frac{2K^2}{a_0}, \frac{4}{3\bar{a}_0}\right),$$

wobei v eine explizit angebbare Majorantenfunktion ist (vgl. Punkt 2, 3).

Die Aussage wurde in etwas anderer Form in [2] formuliert und mit Hilfe gewisser Abschätzungen für die diskrete Greensche Funktion $G_h(P, Q)$ bewiesen. An dieser Stelle soll ein Beweis skizziert werden, der die bisher behandelte Methode zum Erhalt von Apriori-Abschätzungen benutzt.

Beweis. Wegen $\Gamma_h = \Gamma_{h1}$ gilt $\bar{\Omega}_{hi} = \emptyset$ für $i = 2, 3, 6, 8$. Wir definieren vorerst einen Operator A_h^* wie folgt:

$$A_h^* u = \begin{cases} I_h u & \text{auf } \bar{\Omega}_{h1}, \\ A_{h4} u & \text{auf } \bar{\Omega}_{h4}, \\ I_h u & \text{auf } \bar{\Omega}_{h5}, \\ A_{h7} u & \text{auf } \bar{\Omega}_{h7}. \end{cases} \tag{40}$$

Der Operator A_h^* entsteht aus A_h, wenn A_{h5} $(= L_h)$ auf $\bar{\Omega}_{h5}$ $(= \Omega_h^*)$ durch den identischen Operator I_h ersetzt wird. Es existieren für A_h^* immer vier explizit angebbare Funktionen w_{hi} $(i = 1, 4, 5, 7)$ mit der Eigenschaft (19):

$$w_{h1} \equiv w_{h5} = 1 \quad \text{auf} \quad \bar{\Omega}_h,$$

$$w_{h4} = v \geqq 0 \quad \text{auf } \bar{\Omega}_h \quad \text{mit} \quad A_{h4} v \geqq 1, \quad A_{h7} v \geqq 0 \quad \text{für} \quad h \leqq h_0,$$

$$w_{h7} = f_7 \cdot \begin{cases} 0 & \text{auf} \quad \bar{\Omega}_h^* + \Gamma_h \\ h^2 & \text{sonst} \end{cases}, \quad f_7 = \max\left(\frac{2K^2}{a_0}, \frac{4}{3\bar{a}_0}\right),$$

K, $\bar{a}_0$ von (17) aus [16], a_0 von (4a).

Die Funktion v ist ebenfalls explizit bekannt (vgl. HS1, HS2). Beim Nachweis von (19) für A_h^* ist $A_{hi}^* w_{hj} \geqq \delta_{ij}$ zu zeigen, was für $j = 1, 4, 5$ offensichtlich ist, ebenso bei $i = 1, 4, 5$ für $j = 7$. Weiter ist auf $\bar{\Omega}_{h7}$:

$$A_{h7} w_{h7} \geqq -f_7 h^2 \sum_{P \in S(P_0) \cap (\Omega_h^* + \Gamma_h)} A(P_0, P) \geqq -f_7 h^2 A(P_0, P_j).$$

Für $|d| \neq 1$ gilt $|a_{12}| \geqq \frac{a_0}{2}$; da mindestens ein Punkt $P_j \in \{P_5, P_6\}$ auf Γ_h liegt, folgt

$$-f_7 h^2 A(P_0, P_j) > f_7 \frac{a_0}{2K^2} \geqq 1.$$

Für $|d| = 1$ ist aufgrund der Gittergeometrie in Randnähe $S(P_0) \cap \bar{\Omega}_h^* \neq \emptyset$ erfüllt, mindestens ein Punkt P_j, $j \in \{1, 2, 3, 4\}$, liegt als Nachbar von P_0 in Ω_h^*. Daher gilt für $|d| = 1$: $-f_7 h^2 A(P_0, P_j) \geqq f_7 \frac{3\bar{a}_0}{4} \geqq 1$. Da der Operator A_h^* die Voraussetzungen von Satz 4 erfüllt, kann für $u_h = 0$ auf Γ_h $(= \bar{\Omega}_{h1})$ die Ungleichung

$$\|u_h\|_{C(\bar{\Omega}_h)} \leqq \sum_{i=4,7} N_{hi} \, \|A_{hi} u_h\|_{C(\bar{\Omega}_{hi})} + \|u_h\|_{C(\bar{\Omega}_{h5})} \tag{41}$$

gefolgert werden, mit $N_{h4} = \max_{\bar{\Omega}_h} |v|$, $N_{h7} = h^2 \max\left(\frac{2K^2}{a_0}, \frac{4}{3\bar{a}_0}\right)$. Nun wird $\|u_h\|_{C(\bar{\Omega}_{h5})}$ für $u_h = 0$ auf Γ_h nach oben abgeschätzt. Aus der kanonischen Form für $A_{h5} u_h$ erhalten wir nach Division durch $A(P_0, P_0)$ und weiteres Abschätzen (vgl. [2]) von $|u_h(P_0)|$, $P_0 \in \bar{\Omega}_{h5}$

$$\|u_h\|_{C(\bar{\Omega}_{h5})} \leqq \frac{h^2}{4\bar{a}_0} \|A_{h5} u_h\|_{C(\bar{\Omega}_{h5})} + \left(1 - \frac{\bar{a}_0}{8a_1}\right) \|u_h\|_{C(\bar{\Omega}_h)}. \tag{42}$$

Abschließend kombinieren wir (41), (42) und erhalten die Abschätzung bei (39). Für (39) ist die Voraussetzung $u_h = 0$ auf Γ_h wesentlich; $u_h = 0$ ist zwar bei Fehlerabschätzungen für das Dirichlet-Problem gegeben, bei RWA'n mit gemischten Randbedingungen jedoch i. a. nicht.

5. Fehlerabschätzung

Die in Punkt 4 erhaltenen Apriori-Abschätzungen ermöglichen über Satz 5 Fehlerabschätzungen (24) für das Differenzenverfahren in der Maximumnorm. Grob gesagt wird folgendes Resultat erhalten, falls $u \in C^k(\bar{\Omega})$ und u Lösung von $Au = F$ ist: a) $\|u_h - u\|_{C(\bar{\Omega}_h)} = O(h)$ für beliebiges μ von (4b), $k = 3$; b) $\|u_h - u\|_{C(\bar{\Omega}_h)} = O(h^2)$ für $\mu = n$ (Normale), $k = 4$, unter geringen Beschränkungen von a_{12} in einer von h_0 abhängigen Umgebung von Γ (vgl. Bemerkung nach Satz 6); c) $\|u_h - u\|_{C(\bar{\Omega}_h)} = O(h^2)$ für $\beta \equiv 0$ (Resultat von [2]). Detailliert sind M_i, h^{k_i} $(i = 1, 2, \ldots, 8)$ von (24) in [15], die N_{hi} in Punkt 4 dieser Arbeit gegeben. Die erhaltenen Resultate zur Fehlerabschätzung sind in [16] unter „9. Konvergenzaussagen" abgedruckt, so daß sie hier nicht nochmals aufgeführt werden. Denn wie auch in der Einleitung erwähnt, sollten hier vorwiegend methodische Aspekte untersucht werden.

Folgende weitere Fragen, hier nicht beantwortet, sind von Interesse: $O(h^2)$-Fehlerabschätzungen in der C-Norm für $\mu = n$, a_{12} beliebig im Sinne von (4a) und auch für μ, a_{12} beliebig im Sinne von (4), jeweils bei krummlinigem Rand Γ.

Literatur

[1] BATSCHELET, E., Über die numerische Auflösung von Randwertaufgaben bei elliptischen partiellen Differentialgleichungen, ZAMP 3 (1952), 165–193.

[2] BRAMBLE, J. H., and B. E. HUBBARD, A theorem on error estimation for finite-difference analogues of the Dirichlet problem for elliptic equations, Contr. Diff. Equat. 2 (1963), 319–340.

[3] BRAMBLE, J. H., and B. E. HUBBARD, Approximation of solutions of mixed boundary value problems for Poisson's equation by finite differences, J. Ass. Comp. Mach. 12 (1965), No. 1, 114–123.

[4] CIARLET, PH. G., Discrete maximum principle for finite-difference operators, Aequat. math. 4 (1970), 338–352.

[5] COLLATZ, L., Numerische Behandlung von Differentialgleichungen, 2. Aufl., Springer-Verlag, Berlin–Göttingen–Heidelberg 1955.

[6] COLLATZ, L., Funktionalanalysis und numerische Mathematik, Springer-Verlag, Berlin–Göttingen–Heidelberg 1964.

[7] GERSCHGORIN, S., Fehlerabschätzungen für Differenzenverfahren zur Lösung partieller Differentialgleichungen, ZAMM 10 (1930), 373–382.

[8] ЛАДЫЖЕНСКАЯ, О. А., и Н. Н. УРАЛЬЦЕВА, Линейные и квазилинейные уравнения эллиптического типа, изд-во Наука, Москва 1973.

[9] Meyer, A. G., Schranken für die Lösung von Randwertaufgaben mit elliptischer Differentialgleichung, Arch. Rat. Mech. Anal. 6 (1960), 277–298.
[10] Michlin, S. G., und Ch. L. Smolizki, Näherungsmethoden zur Lösung von Differential- und Integralgleichungen, B. G. Teubner Verlagsgesellschaft, Leipzig 1969 (Übersetzung aus dem Russischen).
[11] Protter, M., and H. Weinberger, Maximum Principles in Differential Equations, Prentice-Hall Inc., Englewood Cliffs, N. J., 1967.
[12] Самарский, А. А., и В. Б. Андреев, Разностные методы для эллиптических уравнений, изд-во Наука, Москва 1976.
[13] Самарский, А. А., Теория разностных схем, изд-во Наука, Москва 1977.
[14] Varga, R. S., Matrix Iterative Analysis, Prentice-Hall Inc., Englewood Cliffs, N. J., 1962.
[15] Heinrich, B., Beiträge zum Differenzenverfahren für elliptische Differentialgleichungen mit gemischten Randbedingungen, Dissertation, TH Karl-Marx-Stadt 1976.
[16] Heinrich, B., Monotone Differenzenapproximationen für lineare elliptische Differentialgleichungen mit gemischten Randbedingungen, Beiträge Numer. Math. 7 (1979), 49–64.

Manuskripteingang: 15. 1. 1979

VERFASSER:

Dr. rer. nat. Bernd Heinrich, Sektion Mathematik der Technischen Hochschule Karl-Marx-Stadt

Beiträge zur Numerischen Mathematik
9 (1981), 87–94

Zur Lösung von Optimierungsproblemen mit monoton-linear zusammengesetzten Zielfunktionen

JOACHIM HIRCHE

1. Einleitung

Bei der praktischen Behandlung von Optimierungsproblemen besteht das Grundanliegen bekanntlich in der möglichst effektiven Bestimmung des globalen Extremums einer Funktion unter gewissen Nebenbedingungen. Die verfügbaren Lösungsverfahren leisten im allgemeinen bestenfalls die näherungsweise Ermittlung eines lokalen Extremums, so daß sich neben Konvergenz- und Genauigkeitsproblemen insbesondere die Frage nach der Globalität lokaler Extrema erhebt.

In den Anwendungen treten häufig Optimierungsprobleme mit zusammengesetzten Zielfunktionen auf. Aussagen über Eigenschaften von Funktionen, die in bestimmter Weise von anderen Funktionen abhängen, haben MANGASARIAN [14], BEREANU [8], BECTOR [7] und MARTOS [16] zusammenfassend dargestellt. Derartige Aussagen sichern bei entsprechenden Optimierungsproblemen die Globalität lokaler Extrema bzw. deren Annahme in Eckpunkten des zulässigen Bereiches.

Darüber hinausgehend werden in [12] und [13] für eine ziemlich allgemeine Problemklasse mit zwei streng quasimonotonen Zielfunktionsbestandteilen Aussagen gemacht, die den möglichen Ort lokaler Extrema näher charakterisieren, und Verfahren zur zielstrebigen Ermittlung des globalen Optimums angegeben. Im Anschluß daran soll hier der Sonderfall mit linearen Zielfunktionskomponenten betrachtet werden. Zu Spezialfällen dieses Problems sind in den letzten Jahren zahlreiche Arbeiten erschienen, in denen unterschiedliche Lösungsverfahren vorgeschlagen werden. Hier wird das Augenmerk auf gemeinsame Eigenschaften solcher Spezialfälle und auf einen einheitlichen Zugang zur Lösung gelenkt. Dazu erfolgen die Zuordnung eines Vektoroptimierungsproblems und eine geometrische Interpretation in der Ebene der Zielkomponenten.

Falls der zulässige Bereich E polyedrisch ist und sich die zusammengesetzte Zielfunktion $z(\boldsymbol{x}) = h[f_1(\boldsymbol{x}), f_2(\boldsymbol{x})]$ über E als quasikonkav erweist, kann das Aufsuchen des globalen Minimums mit Hilfe der linearen parametrischen Optimierung mit einem Parameter in der Zielfunktion vorgenommen werden. Diese Vorgehensweise erstreckt sich insbesondere auf den Spezialfall der indefiniten quadratischen Optimierung mit Zielfunktionen der Gestalt $z(\boldsymbol{x}) = (\boldsymbol{c}_1\boldsymbol{x} + \gamma_1)(\boldsymbol{c}_2\boldsymbol{x} + \gamma_2)$ und kann auch indefinite quadratische Quotientenoptimierungsprobleme mit $z(\boldsymbol{x}) = (\boldsymbol{c}_1\boldsymbol{x} + \gamma_1)(\boldsymbol{c}_2 + \gamma_2)/(\boldsymbol{c}_3\boldsymbol{x} + \gamma_3)^2$ ausgedehnt werden, wobei die auftretenden linearen Funktionen jeweils gewissen Vorzeichenbeschränkungen über E unterworfen sind. Schließlich erfolgt eine vergleichende Einschätzung zwischen dem hier dargestellten Verfahren und Lösungsansätzen für die zuletzt genannten Spezialfälle ([2, 4, 5, 21] und [1, 6, 19]).

2. Grundlagen

Ausgegangen wird vom Optimierungsproblem

$$\text{Min}\,\{z(\boldsymbol{x}) = h[f_1(\boldsymbol{x}), f_2(\boldsymbol{x})] \mid \boldsymbol{x} \in E\} \tag{1}$$

unter den Voraussetzungen

1. $E \subset R^n$ ist eine nichtleere abgeschlossene beschränkte konvexe Menge;
2. die $f_i(\boldsymbol{x})$, $i = 1, 2$, sind über E stetige streng quasimonotone Funktionen mit Wertevorräten $F_i \subset R^1$;
3. $h(f_1, f_2)$ ist über $F_1 \times F_2$ stetig sowie bezüglich jedes f_i streng monoton wachsend.

Dann besitzt (1) eine Lösung. Der Optimalwert sei z_0 und die Lösungsmenge X_0. Angesichts der Problemstruktur erweist es sich als zweckmäßig, neben (1) die Unterprobleme

$$\text{Min}\,\{f_i(\boldsymbol{x}) \mid \boldsymbol{x} \in E\}, \quad i = 1, 2, \tag{2}$$

mit den existierenden Optimalwerten $\underline{t}_i$ und Lösungsmengen $X_i{}^*$ und ferner Unterprobleme mit eingeschränkten zulässigen Bereichen

$$\text{Min}\,\{f_i(\boldsymbol{x}) \mid \boldsymbol{x} \in X_j{}^*\}, \quad i = 1, 2, \quad j = 3 - i, \tag{3}$$

mit ebenfalls vorhandenen Optimalwerten $t_i{}^*$ und Lösungsmengen X_{ji}^* zu betrachten.

Bemerkung 1. Bei polyedrischem E sind auch die Mengen $X_j{}^*$ polyedrisch ([20], Abschn. 4.10), und die Probleme (2) und (3) können mit einem modifizierten Simplexverfahren gelöst werden ([16], Abschn. 11.5).

Zwischen den Problemen (1), (2) und (3) bestehen folgende Beziehungen ([12], S. 20, und [13]):

Satz 1. a) $\underline{t}_1 = t_1{}^* \Leftrightarrow \underline{t}_2 = t_2{}^*$,

b) $\underline{t}_i = t_i{}^* \Leftrightarrow X_1{}^* \cap X_2{}^* \neq \emptyset$,

c) $X_1{}^* \cap X_2{}^* \neq \emptyset \Leftrightarrow X_0 = X_1{}^* \cap X_2{}^*$.

Die Bedingung

$$X_1{}^* \cap X_2{}^* \neq \emptyset \tag{4}$$

charakterisiert somit den *trivial lösbaren Fall*, in dem sich die Lösung von (1) mit $z_0 = h(\underline{t}_1, \underline{t}_2)$ und $X_0 = X_1{}^* \cap X_2{}^*$ unmittelbar aus der von (2) ergibt. Daher konzentriert sich das Interesse auf solche Probleme, für die (4) nicht gilt.

3. Optimierungsprobleme mit monoton-linear zusammengesetzten Zielfunktionen

Ein Problem der Gestalt (1) wird als *Optimierungsproblem mit monoton-linear zusammengesetzter Zielfunktion* bezeichnet, wenn

1'. E ein Polyeder ist;

2'. $f_i(\boldsymbol{x}) = \boldsymbol{c}_i\boldsymbol{x} + \gamma_i$ gilt, wobei die $\boldsymbol{c}_i$ linear unabhängige Zeilenvektoren und die γ_i reelle Zahlen sind;

3'. die Funktion h bezüglich f_1 und f_2 stetig und in jedem Argument streng monoton ist.

Hinsichtlich des Monotonieverhaltens von h sind folgende Fälle zu unterscheiden:

i) h wachsend—wachsend, ii) h wachsend—fallend,
iii) h fallend—wachsend, iv) h fallend—fallend.

Diese Eigenschaften sollen durch zwei Indikatoren h_i erfaßt werden. Es sei $h_i = +1$ ($h_i = -1$), wenn h bezüglich f_i streng monoton wachsend (fallend) ist.

Im obigen Fall i) hat man es (abgesehen von unterschiedlicher Optimierungsrichtung) mit einem gemeinsamen Sonderfall eines von GEOFFRION [11] behandelten Problems und des Problems (1) zu tun, und es gilt

$$X_0 \subset X^*, \tag{5}$$

wenn X^* die Menge der (funktional-)effizienten Lösungen des Vektorminimumproblems

$$\text{Min } \{\boldsymbol{f}(\boldsymbol{x}) \mid \boldsymbol{x} \in E\}$$

mit den Zielkomponenten $f_1(\boldsymbol{x})$ und $f_2(\boldsymbol{x})$ bezeichnet ([12], Satz 3.10). Die Beziehung (5) besteht auch in den Fällen ii) bis iv), wenn allgemein ein Vektorminimumproblem mit den Zielkomponenten $h_i f_i(\boldsymbol{x})$ zugeordnet wird, und erlaubt einen einheitlichen Zugang zur Lösung.

4. Geometrische Interpretation und Lösung des Problems

Bei einem Optimierungsproblem mit monoton-linear zusammengesetzter Zielfunktion sind die Niveaumengen der $f_i(\boldsymbol{x})$ für $i = 1$ und $i = 2$ parallele Hyperebenen mit dem Stellungsvektor $\boldsymbol{c}_i$. Wegen der vorausgesetzten linearen Unabhängigkeit der $\boldsymbol{c}_i$ schneidet jede Niveaufläche von $f_1(\boldsymbol{x})$ eine solche von $f_2(\boldsymbol{x})$ unter demselben Winkel α mit $0 < \alpha < \pi$.

Alle $\boldsymbol{x} \in E$ mit gleichen $f_1(\boldsymbol{x}) = f_1$ und $f_2(\boldsymbol{x}) = f_2$ sollen auf den Punkt (f_1, f_2) in einem kartesischen f_1,f_2-System abgebildet werden. Das wird durch eine Parallelprojektion des zulässigen Bereiches E längs des Durchschnitts von $f_1(\boldsymbol{x}) = 0$ und $f_2(\boldsymbol{x}) = 0$ auf eine geeignet geneigte und orientierte Ebene erreicht. Dabei wird E

in der f_1,f_2-Ebene auf die sogenannte *Zielmenge* abgebildet, die mit E^* bezeichnet wird und wegen der Voraussetzungen 1′ und 2′ ein Polyeder ist.

In dem in Abb. 1 dargestellten Beispiel ist die Strecke P_1P_2 Bildmenge der Punkte von E, in denen $f_1(\boldsymbol{x})$ sein Minimum $\underline{t}_1$ annimmt, und P_6 Bildpunkt der zulässigen Lösungen, in denen $f_1(\boldsymbol{x})$ sein Maximum $\bar{t}_1$ annimmt. Analoges gilt für P_3 und P_8 bezüglich $f_2(\boldsymbol{x})$ mit $\underline{t}_2$ und $\bar{t}_2$. Die Bilder der Mengen effizienter Lösungen der Vektorminimumprobleme, die den oben erwähnten Fällen i) bis iv) entsprechen, sind dann Teile des Randes von E^*, und zwar bei i) die Strecke P_2P_3, bei ii) die Strecke P_1P_8, bei iii) der Streckenzug $P_3P_4P_5P_6$ und bei iv) der Streckenzug $P_6P_7P_8$.

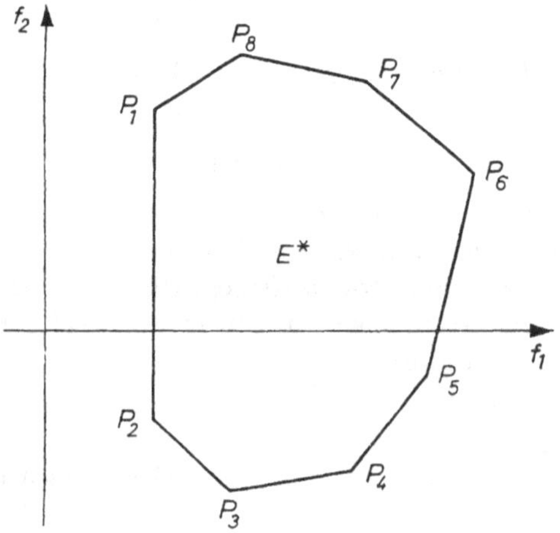

Abb. 1

Bei der beschriebenen Abbildung geht insbesondere das hyperbolische Optimierungsproblem

$$\text{Min}\,\{f_2(\boldsymbol{x})/f_1(\boldsymbol{x}) \mid \boldsymbol{x} \in E, \quad f_1(\boldsymbol{x}) > 0\ \forall\, \boldsymbol{x} \in E\}$$

in

$$f_2/f_1 = \tan\beta = \text{Min!} \quad \text{bezüglich } E^*$$

über (MARTOS [15]), wobei β den Winkel bezeichnet, den ein vom Koordinatenursprung der f_1,f_2-Ebene ausgehender Strahl mit der positiven f_1-Achse einschließt $\left(-\frac{\pi}{2} < \beta < \frac{\pi}{2}\right)$. Dieser Zusammenhang ist unabhängig davon, ob $f_2(\boldsymbol{x}) > 0$ für alle $\boldsymbol{x} \in E$ (Fall iii)) oder $f_2(\boldsymbol{x}) < 0$ für alle $\boldsymbol{x} \in E$ (Fall i)) gilt oder $f_2(\boldsymbol{x})$ über E das Vorzeichen wechselt.

Allgemein unterscheidet sich die Behandlung der Fälle ii) bis iv) nicht wesentlich von der des Falles i), so daß im weiteren eine Beschränkung auf diesen erfolgt. Dann ist mit den oben eingeführten Bezeichnungen das Bild der Menge $X_{12}^* \subset E$ in der f_1,f_2-Ebene der Punkt $P = (\underline{t}_1, t_2^*)$ und das von $X_{21}^* \subset E$ der Punkt $Q = (t_1^*, \underline{t}_2)$. Mit Ausnahme des nach Satz 1 trivial lösbaren Falles sind P und Q voneinander verschiedene Eckpunkte von E^* mit $\underline{t}_1 < t_1^*$ und $t_2^* > \underline{t}_2$, so daß ihre Verbindungsgerade einen negativen Anstieg hat und das effiziente Randstück der

Zielmenge E^* nach oben abschließt. Für die Verbindungsgerade erhält man

$$(t_2^* - \underline{t}_2) f_1 + (t_1^* - \underline{t}_1) f_2 = t_1^* t_2^* - \underline{t}_1 \underline{t}_2 .$$

Im Anschluß daran wird das lineare Hilfsproblem

$$\text{Min } \{\tilde{z} = (t_2^* - \underline{t}_2)\, \boldsymbol{c}_1 \boldsymbol{x} + (t_1^* - \underline{t}_1)\, \boldsymbol{c}_2 \boldsymbol{x} \mid \boldsymbol{x} \in E\} \tag{6}$$

mit einem $\boldsymbol{x}_{12}^* \in X_{12}^*$ oder $\boldsymbol{x}_{21}^* \in X_{21}^*$ als Anfangslösung betrachtet. Im Falle

$$\tilde{z}_{\text{opt}} = t_1^* t_2^* - \underline{t}_1 \underline{t}_2 - \gamma_1 (t_2^* - \underline{t}_2) - \gamma_2 (t_1^* - \underline{t}_1) \tag{7}$$

ist PQ Kante von E^*, und das globale Minimum von h kann insbesondere beim Vorliegen verallgemeinerter Konvexitätseigenschaften von h über PQ ohne weiteres ermittelt werden. Gilt dagegen in (7) ein Kleiner-Zeichen, so wird mittels eines Eckpunktes R von E^*, der das Bild einer optimalen Basislösung von (6) sei, der Bereich E um die Urbilder der konvexen Hülle von P, Q und R mit Ausnahme von PR und QR reduziert und bezüglich PR und QR entsprechend fortgefahren.

Ist $z(\boldsymbol{x})$ über E quasikonkav, so vereinfacht sich das Aufsuchen des globalen Minimums erheblich. Das Minimum wird dann nämlich in einem Eckpunkt von E angenommen, dessen Bild Eckpunkt von E^* ist und zur Menge der effizienten Lösungen gehört. Also genügen zur Bestimmung der Lösung des Ausgangsproblems die Ermittlung der optimalen Basislösungen von

$$\text{Min } \{z_\lambda(\boldsymbol{x}) = \lambda f_1(\boldsymbol{x}) + (1 - \lambda) f_2(\boldsymbol{x}) \mid \boldsymbol{x} \in E,\ 0 < \lambda < 1\}$$

sowie ein Vergleich der zugehörigen Werte von $z(\boldsymbol{x})$. Dabei kommt man in der rechentechnischen Realisierung im wesentlichen mit dem Simplexalgorithmus für lineare Optimierungsprobleme mit einem Parameter in der Zielfunktion aus.

5. Sonderfall der indefiniten quadratischen Optimierung

Das zuletzt vorgeschlagene Verfahren erstreckt sich insbesondere auf *indefinite quadratische Optimierungsprobleme*, bei denen die *Zielfunktion* das *Produkt zweier linearer Funktionen* ist, die über dem zulässigen Bereich positiv oder nur nichtnegativ sind.

Bemerkung 2. Notwendige und hinreichende Bedingungen für die Darstellbarkeit einer quadratischen Funktion als Produkt zweier linearer hat Schaible [17] angegeben.

Für derartige Probleme und speziell für solche mit oberen Schranken für die Variablen sind von Swarup [21] bzw. Anand [4] Simplexverfahren zur Ermittlung eines lokalen Minimums vorgeschlagen worden. Zur nachfolgenden Bestimmung des globalen Minimums haben Anand und Swarup [5] für den allgemeinen Fall im Anschluß an das Verfahren von Candler und Townsley [9] ein Schnittebenenverfahren entwickelt, konnten aber keine Aussage über die Zahl der erforderlichen Schritte machen.

Dagegen gehen AGGARWAL und ARORA [2] bei der Behandlung des Problems davon aus, daß die Zielfunktion eine quadratische Form mit *mindestens* einem positiven und einem negativen Eigenwert enthält. In Anlehnung an ALLOIN [3] schlagen sie die Bestimmung des zugehörigen konvexen bzw. konkaven Zielfunktionsanteiles und die Anwendung eines Approximationsverfahrens der separablen Optimierung vor. Demgegenüber hat das hier dargestellte Verfahren folgende Vorteile:

1. Direkte Ausnutzung von Eigenschaften des Ausgangsproblems,
2. Behandlung eines linearen parametrischen Ersatzproblems mittels Simplexalgorithmus ohne effektivitätsmindernde Beschränkung des Basiszugangs,
3. Vermeidung des bei Polygonapproximation nichtlinearer Funktionen unumgänglichen Kompromisses zwischen der Höhe des Rechenaufwandes und der Güte der Annäherung an die gesuchte Lösung,
4. Erfassung nicht nur eines lokalen Minimums, sondern aller und damit des globalen.

So erweist sich das Vorgehen von AGGARWAL und ARORA als unnötig kompliziert und nicht sachgerecht. Im übrigen repräsentiert das in [2], S. 7—9, vorgelegte Illustrationsbeispiel mit zwei unabhängigen Variablen den hier durch Satz 1 und Bedingung (4) erfaßten trivial lösbaren Fall.

6. Spezielle indefinite quadratische Quotientenoptimierung

Als Verallgemeinerung der indefiniten quadratischen Optimierungsprobleme mit Produktform der Zielfunktion erscheinen in der Literatur (BECTOR [6], AGGARWAL [1], SHARMA [19]) Probleme mit

$$z(\boldsymbol{x}) = \frac{(\boldsymbol{c}_1\boldsymbol{x} + \gamma_1)\,(\boldsymbol{c}_2\boldsymbol{x} + \gamma_2)}{(\boldsymbol{c}_3\boldsymbol{x} + \gamma_3)^2} = \text{Min!} \tag{8}$$

Dabei wird vorausgesetzt, daß der zulässige Bereich E eine beschränkte polyedrische Menge ist, die zwei verschiedene Punkte enthält, und daß $\boldsymbol{c}_1\boldsymbol{x} + \gamma_1 \geqq 0$, $\boldsymbol{c}_2\boldsymbol{x} + \gamma_2 > 0$ und $\boldsymbol{c}_3\boldsymbol{x} + \gamma_3 > 0$ für alle $\boldsymbol{x} \in E$ gilt. Solche Probleme werden *indefinite quadratische Quotientenoptimierungsprobleme* genannt.

Bemerkung 3. Auszuschließen ist noch Kollinearität zweier Vektoren $(\boldsymbol{c}_i, \gamma_i)$, da sie die Reduktion auf ein lineares Quotientenoptimierungsproblem gestatten würde (vgl. auch SCHAIBLE [18]).

BECTOR [6] folgert aus der Konkavität von $\boldsymbol{c}_1\boldsymbol{x} + \gamma_1$, aus der Konvexität von $(\boldsymbol{c}_3\boldsymbol{x} + \gamma_3)^2/(\boldsymbol{c}_2\boldsymbol{x} + \gamma_2)$ und den vorliegenden Vorzeichenbeschränkungen die Pseudokonkavität von $z(\boldsymbol{x})$, während AGGARWAL [1] den Nachweis, daß $z(\boldsymbol{x})$ zumindest explizit quasikonkav ist, unmittelbar führt. Schließlich vollziehen beide mittels einer modifizierten Simplexmethode mit entsprechend komplizierten Bewertungsgrößen den Übergang von einer beliebigen zulässigen Basislösung auf ein lokales

Minimum, wobei der Ausschluß von Ausartung die Endlichkeit des Verfahrens garantiert. Dieses Verfahren wurde von SHARMA [19] auf das Transportproblem zugeschnitten (Verallgemeinerung der Methode der Potentiale). Hinsichtlich der Bestimmung des globalen Minimums wird von AGGARWAL [1] auch hier auf die Anwendbarkeit des Verfahrens von CANDLER und TOWNSLEY [9] hingewiesen.

Faßt man die Zielfunktion (8) nicht als Quotienten zweier rationaler Funktionen in Produktdarstellung auf, sondern als Produkt zweier linear gebrochener Funktionen mit gemeinsamem Nenner, so wird offensichtlich, daß es sich beim betrachteten Problem um einen Spezialfall von (1) handelt. O. B. d. A. sei der als beschränkt vorausgesetzte zulässige Bereich in der Form

$$\boldsymbol{E} = \{\boldsymbol{x} \mid \boldsymbol{A}\boldsymbol{x} = \boldsymbol{b},\ \boldsymbol{x} \geqq \boldsymbol{0}\}$$

gegeben. Dann erhält man mit Hilfe der Transformation ([10])

$$t = 1/(\boldsymbol{c}_3\boldsymbol{x} + \gamma_3), \quad \boldsymbol{y} = \boldsymbol{x}t \tag{9}$$

das äquivalente Problem

$$\left.\begin{aligned} &z^*(\boldsymbol{y}, t) = (\boldsymbol{c}_1\boldsymbol{y} + \gamma_1 t)(\boldsymbol{c}_2\boldsymbol{y} + \gamma_2 t) = \text{Min!} \\ &\boldsymbol{A}\boldsymbol{y} - \boldsymbol{b}t = \boldsymbol{0} \\ &\boldsymbol{c}_3\boldsymbol{y} + \gamma_3 t = 1 \\ &\boldsymbol{y} \geqq \boldsymbol{0}, \quad t \geqq 0, \end{aligned}\right\} \tag{10}$$

wobei die letzte Bedingung nach Voraussetzung für alle zulässigen Lösungen als echte Ungleichung gilt und $z^*(\boldsymbol{y}, t)$ explizit quasikonkav ist.

Auf das Problem (10) kann das oben entwickelte Verfahren angewandt werden, wobei sich die Lösungsmenge des Problems mit (8) mittels (9) ergibt. Damit wird für das Problem mit (8) dem Vorschlag von AGGARWAL [1] zur Bestimmung des globalen Minimums ein einfaches und effektives Verfahren entgegengestellt, das vom Aufwand der Schnittermittlung und wiederholter Anwendung eines Startverfahrens frei ist.

Literatur

[1] AGGARWAL, S. P., Indefinite quadratic fractional programming, Ekon.-mat. obzor 8 (1972) 191–199.

[2] AGGARWAL, S. P., and S. ARORA, Programming problem with indefinite objective function, Revue belge statist., inform. et rech. opér. 15 (1975), No. 3, 1–13.

[3] ALLOIN, G., A simplex method for a class of non-convex separable problems, Manag. Sci. 17 (1970), 66–77.

[4] ANAND, P., Upper bounds in indefinite quadratic programming, Opsearch 6 (1969), 99–108.

[5] ANAND, P., and K. SWARUP, Minimization of an indefinite quadratic function with linear constraints, Ekon.-mat. obzor 6 (1970), 380–388.

[6] BECTOR, C. R., Indefinite quadratic fractional functional programming, Metrika 18 (1971), 21–30.
[7] BECTOR, C. R., On convexity, pseudo-convexity and quasi-convexity of composite functions, Cahiers CERO 15 (1973), 411–428.
[8] BEREANU, B., Quasi-convexity, strict quasi-convexity and pseudo-convexity of composite objective functions, Revue française d'autom. inform. rech. opér. 6 (1972), No. R-1, 15–26.
[9] CANDLER, W., and R. J. TOWNSLEY, The maximization of a quadratic function of variables subject to linear inequalities, Manag. Sci. 10 (1964), 515–523.
[10] CHARNES, A., and W. W. COOPER, Programming with linear fractional functionals, Naval Res. Logist. Quart. 9 (1962), 181–186.
[11] GEOFFRION, A. M., Solving bicriterion mathematical programs, Operations Res. 15 (1967), 39–54.
[12] HIRCHE, J., Nichtkonvexe Optimierungsprobleme mit zusammengesetzten Zielfunktionen, Diss. B, Martin-Luther-Universität Halle–Wittenberg, Halle 1977.
[13] HIRCHE, J., und HO KHAC TAN, Über eine Klasse nichtkonvexer Optimierungsprobleme, ZAMM 57 (1977), 247–253.
[14] MANGASARIAN, O. L., Convexity, pseudoconvexity and quasiconvexity of composite functions, Cahiers CERO 12 (1970), 114–122.
[15] MARTOS, B., Hiperbolikus programozás, Magyar Tud. Akad. Mat. Kutató Int. Közl. 5 (1960), 383–406.
[16] MARTOS, B., Nonlinear Programming. Theory and Methods, Akadémiai Kiadó, Budapest 1975.
[17] SCHAIBLE, S., On factored quadratic functions, Z.f. Operations Res. 17 (1973), 179–181.
[18] SCHAIBLE, S., A note on „Quadratic fractional functionals programming" by S. P. Aggarwal, Cahiers CERO 17 (1975), 95–96.
[19] SHARMA, I. C., Transportation technique in non-linear fractional programming, Trab. estadist. y invest. oper. 24 (1973), No. 1–2, 131–139.
[20] STOER, J., and C. WITZGALL, Convexity and Optimization in Finite Dimensions I, Springer-Verlag, Berlin–Heidelberg–New York 1970.
[21] SWARUP, K., Quadratic programming, Cahiers CERO 8 (1966), 223–234.

Manuskripteingang: 1. 2. 1979

VERFASSER:

Doz. Dr. JOACHIM HIRCHE, Sektion Mathematik der Martin-Luther-Universität Halle–Wittenberg

Beiträge zur Numerischen Mathematik
9 (1981), 95–103

Allgemeine Koordinatenrelaxationsverfahren zur Berechnung größter und kleinster Eigenwerte nichtlinearer Eigenwertprobleme

REINHARD HOFMANN

1. Zur näherungsweisen Berechnung größter und kleinster Eigenwerte des allgemeinen linearen Eigenwertproblems $Ax = \lambda Bx$ mit reellen symmetrischen Matrizen A und B sind in letzter Zeit verstärkt Algorithmen zur schrittweisen Vergrößerung bzw. Verkleinerung des zugehörigen Rayleigh-Quotienten $p(x) := \dfrac{x^\mathsf{T} Ax}{x^\mathsf{T} Bx}$ vorgeschlagen und näher untersucht worden. G. GOSE hat in seiner Dissertation [1] und in [2] systematische Untersuchungen zur Konstruktion solcher Verfahren durchgeführt und wichtige Konvergenzaussagen gefunden. In [2] findet man zudem einen Überblick über einschlägige Arbeiten.

In der vorliegenden Note soll gezeigt werden, wie und in welchem Umfang sich die Ergebnisse auf den Fall des allgemeinen Eigenwertproblems $T(\alpha)\,x = \theta$ im Sinne von HADELER übertragen lassen.

2. In einer Reihe von Arbeiten hat K. P. HADELER ([3], [4]) frühere Untersuchungen über quadratische und allgemein polynomiale Matrizenbüschel und weitere Aufgaben des gleichen Typs im euklidischen Raum (vgl. etwa ROGERS [5]) weitgehend verallgemeinert und eine sachgemäße Definition des in Rede stehenden Eigenwertproblems gegeben, welche die Definition eines verallgemeinerten Rayleigh-Funktionals einschließt, mit dessen Hilfe sich die Eigenwerte in wohlbekannter Weise durch Variationsprinzipien gewinnen lassen. Wir werden die Begriffe und Ergebnisse aus [3] hier insoweit nochmals zusammenstellen, wie sie für das Folgende benötigt werden.

Definitionen. H sei Hilbertraum mit Skalarprodukt $(.,.)$ und Norm $\|\cdot\|$, $S(H)$ der Banachraum der selbstadjungierten beschränkten Operatoren über H bezüglich der Operatornorm. $]c, d[$ sei ein offenes, $[a, b] \subset\,]c, d[$ ein abgeschlossenes Intervall der reellen Achse. $T\colon]c, d[\, \to S(H)$ sei eine stetig differenzierbare operatorwertige Funktion mit der Ableitung T', $p\colon H \setminus \{\theta\} \to [a, b]$ ein reelles, stetiges und homogenes Funktional mit dem Wertebereich $W \subseteqq [a, b]$. Beide seien durch die Identität

$$\big(T(p(x))\,x, x\big) = 0 \quad \text{für alle} \quad x \in H, x \neq \theta \tag{2.1}$$

verknüpft und erfüllen die Implikation:

$$\alpha \in \overline{W}, \quad x \neq \theta, \quad \big(T(\alpha)\,x, x\big) = 0 \Rightarrow \big(T'(\alpha)\,x, x\big) > 0. \tag{2.2}$$

Dann heißt jedes reelle $\alpha \in \overline{W}$ mit $T(\alpha)\,x = \theta$ für $x \neq \theta$ *Eigenwert*, das zugehörige x *Eigenvektor* von T (bezüglich p) und p *verallgemeinertes Rayleigh-Funktional.* ■

Die sehr weitgehenden Analogien aller Ergebnisse zum linearen Fall sind vor allem in folgendem Satz begründet.

Satz 2.1 (Rogers, Hadeler). *Ist $x \neq \theta$ und $\alpha \in \overline{W}$, dann gilt stets*

$$p(x) < \alpha \quad g.\,d.\,w. \quad \big(T(\alpha)\,x, x\big) > 0,$$

$$p(x) = \alpha \quad g.\,d.\,w. \quad \big(T(\alpha)\,x, x\big) = 0,$$

$$p(x) > \alpha \quad g.\,d.\,w. \quad \big(T(\alpha), x, x\big) < 0. \quad ■$$

Weitergehende Charakterisierungen der Eigenwerte durch Extremwerte des Rayleigh-Funktionals lassen sich wie im linearen Fall gewinnen, wenn zusätzliche Stetigkeitsforderungen gestellt werden. Die für uns wichtigen Ergebnisse aus [3] fassen wir zusammen in

Satz 2.2 (Hadeler). *Ist zusätzlich zu den oben gemachten Voraussetzungen*

$$T(\alpha) = r(\alpha)\,I - V(\alpha) \text{ für alle } \alpha \in [a, b], \text{ wobei } r(\alpha) \text{ eine stetige Funktion und } V(\alpha) \text{ für alle } \alpha \text{ ein vollstetiger Operator ist,} \tag{2.3}$$

$$r\Big(\sup_{x \neq \theta} p(x)\Big) > 0 \tag{2.4}$$

und

$$M := \sup_{x \neq \theta} \big\|T(p(x))\,x\big\| \cdot \|x\| \cdot \big(T'(p(x))\,x, x\big)^{-1} < \infty, \tag{2.5}$$

so besitzt T eine abzählbare Menge von Eigenwerten $\alpha_1 \geqq \alpha_2 \geqq \alpha_3 \geqq \cdots$ mit zugehörigen linear unabhängigen Eigenvektoren $x_1, x_2, x_3, \ldots$

Kann auch noch $r(\alpha) > 0$ für $\alpha_j \leqq \alpha \leqq \alpha_1$ gesichert werden, so gilt

$$\alpha_j = \min_{N_{j-1} \subset H} \; \max_{x \in N_{j-1}^{\perp}} p(x),$$

wo N_{j-1} einen beliebigen $(j-1)$-dimensionalen Teilraum von H bezeichnet.

Folgerung. *Für den größten Eigenwert α_1 von T gilt*

$$\alpha_1 = \max_{x \neq \theta} p(x).$$

Ist H endlichdimensional, dann gilt für den kleinsten Eigenwert unter der Voraussetzung $r(\alpha) > 0$ für $\alpha \in \overline{W}$ die Beziehung $\alpha_n = \min_{x \neq \theta} p(x)$. ■

Damit kann man auch für allgemeine Eigenwertaufgaben, die den gemachten Voraussetzungen genügen, wenigstens den größten oder kleinsten Eigenwert durch Relaxationsverfahren für das verallgemeinerte Rayleigh-Funktional gewinnen.

3. *Relaxationsverfahren* zur Maxi- (oder Mini)mierung von Funktionalen suchen in jedem Schritt, ausgehend von einem Punkt $v \in H$, durch möglichst optimale Wahl einer *Relaxationsrichtung* $q \in H$ und eines reellen Parameters t, der *Relaxations-*

schrittweite, eine möglichst starke Änderung des Funktionalwertes in der gewünschten Richtung zu erreichen. Wir werden uns im folgenden mit der Maximierung beschäftigen und suchen die Relaxationsgrößen demzufolge entsprechend der Forderung $p(v) < p(v + tq)$. Dabei heißt eine Relaxationsrichtung q *zulässig* (bezüglich v), wenn es $t \in R$ gibt, so daß diese Ungleichung erfüllt ist. Das Relaxationsverfahren nennen wir *lokal optimal*, wenn der Parameter t nach Wahl der Richtung q in jedem Schritt gemäß $p(v + tq) = \max_{\tau \in R} p(v + \tau q)$ bestimmt wird.

Die spezielle Struktur des verallgemeinerten Rayleigh-Funktionals ermöglicht nun die vollständige Charakterisierung von Zulässigkeit und lokaler Optimalität einer Relaxation.

Satz 3.1. *Für gegebenes $v \in H$ sei $\alpha := p(v)$ gesetzt. Ein Vektor $q \in H$ ist genau dann zulässig bezüglich v, wenn einer der folgenden Fälle vorliegt, wobei Vergrößerung jeweils für alle angegebenen Parameter $t \in R$ eintritt:*

(a) $\big(T(\alpha)\, v, q\big) \neq 0, \quad \big(T(\alpha)\, q, q\big) = 0; \quad t = -\omega \operatorname{sign}\big(T(\alpha)\, v, q\big), \quad \omega > 0,$

(b) $\big(T(\alpha)\, v, q\big) \neq 0, \quad \big(T(\alpha)\, q, q\big) > 0; \quad t = \omega t_0, \quad \omega \in\,]0, 2[,$

(c) $\big(T(\alpha)\, v, q\big) \neq 0, \quad \big(T(\alpha)\, q, q\big) < 0; \quad t = \omega t_0, \quad \omega \notin [0, 2],$

(d) $\big(T(\alpha)\, v, q\big) = 0, \quad \big(T(\alpha)\, q, q\big) < 0; \quad t \neq 0.$

Dabei ist $t_0 := -\big(T(\alpha)\, v, q\big) \cdot \big(T(\alpha)\, q, q\big)^{-1}$. ■

Beweis. Für $z = v + tq$ ist nach Satz 2.1

$$\big(T(\alpha)\, z, z\big) = t^2\big(T(\alpha)\, q, q\big) + 2t\big(T(\alpha)\, v, q\big) \tag{3.1}$$

und

$$p(z) > p(v) \Leftrightarrow \big(T(\alpha)\, z, z\big) < 0. \tag{3.2}$$

Wegen der Homogenität von $p(x)$ ist jedes zulässige q notwendig linear unabhängig von v. Folglich ist $\varphi(t) := \big(T(\alpha)\, z, z\big)$ im Falle $\big(T(\alpha)\, q, q\big) = 0$ Gleichung einer Geraden durch den Ursprung mit dem Anstieg $m = 2\big(T(\alpha)\, v, q\big) \neq 0$, woraus sofort (a) folgt.

Ist $\big(T(\alpha)\, q, q\big) \neq 0$, dann stellt $\varphi(t)$ eine Parabel dar, die die t-Achse in $t_1 = 0$ und $t_2 = 2t_0$ schneidet und für $\big(T(\alpha)\, q, q\big) > 0$ nach oben, im anderen Falle nach unten geöffnet ist. Daraus ergeben sich sofort die Aussagen (b) bis (d). Nicht-zulässig ist q offenbar genau dann, wenn $\big(T(\alpha)\, v, q\big) = 0$ und $\big(T(\alpha)\, q, q\big) \geqq 0$ ist. ■

Satz 3.2. *Ist $q \in H$ bezüglich $v \in H$ zulässige Relaxationsrichtung, dann läßt sich die maximale Vergrößerung*

$$r := \sup_{t \in R} p(v + tq)$$

folgendermaßen charakterisieren:

(a) *r ist die größte Nullstelle der Diskriminante*

$$D(\alpha) := \big(T(\alpha)\, v, q\big)^2 - \big(T(\alpha)\, q, q\big)\, \big(T(\alpha)\, v, v\big),$$

die zu $\overline{W}$ gehört.

(b) *Es ist* $r = p(q) > p(v + tq)$ *für alle* $t \neq 0$ *genau dann, wenn* $\big(T(r)\, v, q\big) = 0$ *gilt.*

(c) *Sonst gilt* $r = p(v + t_0 q) > p(q)$ *mit dem in Satz* 3.1 *angegebenen* t_0. ■

Beweis. (a) Wegen der Homogenität von $p(x)$ gilt auch $r = \sup\limits_{s,t \in R} p(sv + tq)$. q ist zulässig und linear unabhängig von v, so daß eine Ebene E_{vq} aufgespannt wird und $r = \sup\limits_{z \in E_{vq}} p(z)$ ist.

Wir betrachten jetzt die Matrix vom Typ (2, 2)

$$\mathfrak{T}(\alpha) := \begin{pmatrix} \big(T(\alpha)\, v, v\big) & \big(T(\alpha)\, v, q\big) \\ \big(T(\alpha)\, v, q\big) & \big(T(\alpha)\, q, q\big) \end{pmatrix},$$

die eine operatorwertige Funktion $\mathfrak{T}\colon]c, d[\to S(R^2)$ mit der Ableitung

$$\mathfrak{T}'(\alpha) = \begin{pmatrix} \big(T'(\alpha)\, v, v\big) & \big(T'(\alpha)\, v, q\big) \\ \big(T'(\alpha)\, v, q\big) & \big(T'(\alpha)\, q, q\big) \end{pmatrix}$$

beschreibt. Dann ist $P(y) := p(sv + tq)$ für $y := (s, t)^{\mathsf{T}} \in R^2$ ein reelles, homogenes und stetiges Funktional mit dem Wertebereich $\widetilde{W} \subset W$, das die Bedingungen (2.1) und (2.2) erfüllt:

$$\begin{aligned} \big(\mathfrak{T}(P(y))\, y, y\big) &= (s, t)\, \mathfrak{T}\big(P(y)\big)\, (s, t)^{\mathsf{T}} \\ &= s^2\big(T(P(y))\, v, v\big) + 2st\big(T(P(y))\, v, q\big) + t^2\big(T(P(y))\, q, q\big) \\ &= \big(T(P(y))\, z, z\big) = \big(T(p(z))\, z, z\big) = 0 \end{aligned}$$

für alle $y \in R^2$.

Für $\alpha \in \overline{\widetilde{W}}$, $y \neq 0$ gilt wegen $\big(\mathfrak{T}(\alpha)\, y, y\big) := \big(T(\alpha)\, z, z\big)$ und $\widetilde{W} \subseteq W$ die Implikation: $\big(\mathfrak{T}(\alpha)\, y, y\big) = 0 \Rightarrow \big(\mathfrak{T}'(\alpha)\, y, y\big) > 0$.

Da sich in ersichtlicher Weise auch die weiteren Voraussetzungen an T und p auf $\mathfrak{T}$ und P übertragen, sind die Ergebnisse aus Abschnitt 2 auch für dieses zweidimensionale Problem gültig, insbesondere ist $r = \sup\limits_{z \in E_{vq}} p(z) = \sup\limits_{y \in R^2} P(y)$ der größere der beiden Eigenwerte der nichtlinearen Aufgabe $\mathfrak{T}(\alpha)\, y = \theta$ in R^2. Das bedeutet aber nach der Definition gerade

$$r = \max \{\alpha \mid \det \mathfrak{T}(\alpha) = 0 \text{ und } \alpha \in \overline{\widetilde{W}} \subseteq \overline{W}\}.$$

Es gilt $\det \mathfrak{T}(\alpha) = \big(T(\alpha)\, v, v\big)\, \big(T(\alpha)\, q, q\big) - \big(T(\alpha)\, v, q\big)^2 = -D(\alpha)$, womit (a) gezeigt ist.

(b) Es gilt sicher $\big(T(r)\, v, v\big) > 0$, da sonst q nicht zulässig wäre. Andererseits ist nach Satz 2.1 und (a)

$$p(q) = r \Leftrightarrow \big(T(r)\, q, q\big) = 0 \Leftrightarrow \big(T(r)\, v, q\big) = 0.$$

In diesem Fall ist aber offenbar $(s, 0)^{\mathsf{T}}$ für $s \in R$ Eigenvektor zum größeren der beiden Eigenwerte von $\mathfrak{T}(r)$, und für jeden Vektor $y = (s, t)^{\mathsf{T}} \in R^2$ mit $t \neq 0$ gilt nach Satz 2.2

$$P(y) = p(sv + tq) = p(v + t'q) < r = p(q)$$

für alle reellen Zahlen $t' \neq 0$, q. e. d.

(c) Wegen (b) existiert im Falle $(T(r)\, v, q) \neq 0$ ein $t_0 \neq 0$ mit $r = p(v + t_0 q)$. Nach Satz 2.1 ist

$$r = p(v + t_0 q) \Leftrightarrow \big(T(r)\,(v + t_0 q), v + t_0 q\big) = 0;$$

t_0 ist also Lösung der quadratischen Gleichung

$$\big(T(r)\, v, v\big) + 2t\big(T(r)\, v, q\big) + t^2\big(T(r)\, q, q\big) = 0,$$

d. h.

$$\begin{aligned} t_0 &= -\big(T(r)\, v, q\big)\big(T(r)\, q, q\big)^{-1} \pm \sqrt{-D(r)\,\big(T(r)\, q, q\big)^{-2}} \\ &= -\big(T(r)\, v, q\big)\big(T(r)\, q, q\big)^{-1} \end{aligned}$$

wegen $D(r) = 0$. Damit ist alles gezeigt. ■

Vergleichen wir das letzte Ergebnis mit Satz 3.1, so können wir bemerken, daß die dort jeweils angegebenen Zahlen ω gerade die in den einzelnen Fällen möglichen Über- oder Unterrelaxationsfaktoren beschreiben.

4. In Verallgemeinerung von [2] kommen wir nun zur Formulierung einer Klasse von Relaxationsalgorithmen, die sich immer betrachten läßt, wenn der numerisch wichtigste Fall $\dim H < \infty$ vorliegt. Wir können dann nach geeigneter Basiswahl $T(\alpha)$ stets als matrixwertige differenzierbare Funktion $T\colon]c, d[\to S(\mathbf{R}^n)$ verstehen. Ohne alle Einzelheiten vollständig darzustellen, werden wir zeigen, wie sich die Untersuchungen von Gose [2], die sich auf den linearen Fall $T(\alpha) := (A - \alpha B)$ bezogen, übertragen lassen.

Definition 4.1. *Allgemeine Koordinatenrelaxation.* Wähle $\omega \in]0, 2[$ und $v_0 \in \mathbf{R}^n$ mit $p(v_0) > \max_i p(e_i)$ (e_i ist der i-te Einheitsvektor des $\mathbf{R}^n$). Für $k = 0, 1, 2, \ldots$ wähle $r_k \geqq p(v_k)$, $r_k \in \overline{W}$ und setze

$$\begin{aligned} j &:= k \pmod n + 1, \\ t_k &:= -\frac{\big(T(r_k)\, v_k, e_j\big)}{\big(T(r_k)\, e_j, e_j\big)}, \\ v_{k+1} &:= v_k + \omega t_k e_j. \end{aligned} \tag{4.1}$$

(Wegen der Voraussetzungen an v_0 ist jedes e_j zulässig und t_0 eindeutig definiert nach Satz 3.1. Wegen Satz 3.2 (c) gilt dasselbe dann für alle v_k und t_k.) ■

Lemma 4.1. *Es läßt sich entweder stets ein Startvektor v_0 finden, oder ein Einheitsvektor ist selbst Eigenvektor von $T(\alpha)$.* ■

Der Beweis erfolgt analog zu [1] konstruktiv und kann hier übergangen werden.

Lemma 4.2. *Ein Zyklus von (4.1) kann mit $x_k := v_{kn}$, $k = 0, 1, \ldots$, in der Form einer instationären Iteration $x_{k+1} := M_k x_k$ dargestellt werden, wobei M_k die bekannte* SOR-*Matrix $M_k = (D_k - \omega L_k)^{-1}\big((1 - \omega)\, D_k + \omega R_k\big)$ der entsprechend der Beziehung*

$A_k =: D_k - L_k - R_k$ in Diagonal- und untere bzw. obere Dreiecksmatrix zerlegten Matrix

$$A_k := \begin{pmatrix} T_{11}(r_{kn}) & \dots & T_{1n}(r_{kn}) \\ \vdots & & \vdots \\ T_{n1}(r_{(k+1)n-1}) & \dots & T_{nn}(r_{(k+1)n-1}) \end{pmatrix}$$

ist. ■

Beweis. Wir führen nur den wesentlichen Induktionsschritt vor und betrachten demgemäß die Behauptung für $k = 0$: Für $i \leqq n$ ist

$$v_i = v_0 + \omega \sum_{j=1}^{i} t_{j-1} e_j = v_0 + \omega(t_1, t_2, \dots, t_{i-1}, 0, 0, \dots, 0)^{\mathsf{T}}$$

mit $t_j := -\big(T(r_{j-1})\, v_{j-1}, e_j\big)\, \big(T(r_{j-1})\, e_j, e_j\big)^{-1}$. Daraus folgt

$$-\big(T(r_{j-1})\, e_j, e_j\big)\, t_{j-1} = \big(T(r_{j-1})\, e_j, v_{j-1}\big) = \left(T(r_{j-1})\, e_j, v_0 + \omega \sum_{l=1}^{j-1} t_{l-1} e_l\right)$$

$$= \big(T(r_{j-1})\, e_j, v_0\big) + \omega \sum_{l=1}^{j-1} t_{l-1} \big(T(r_{j-1})\, e_j, e_l\big)$$

und deshalb

$$-\big(T(r_{j-1})\, e_j, v_0\big) = \big(T(r_{j-1})\, e_j, e_j\big)\, t_{j-1} + \omega \sum_{l=1}^{j-1} t_{l-1} \big(T(r_{j-1})\, e_j, e_l\big)$$

für $j = 1, 2, \dots, n$. Das bedeutet aber in Vektorschreibweise

$$-A_0 v_0 = (D_0 - \omega L_0)\, \underline{t} \quad \text{mit} \quad \underline{t} = (t_0, t_1, \dots, t_{n-1})^{\mathsf{T}} \in \mathbf{R}^n.$$

Die Matrix auf der rechten Seite dieser Gleichung ist aber wegen der aus der Zulässigkeit aller e_l folgenden Bedingung $\big(T(r_{l-1})\, e_l, e_l\big) \neq 0$ nicht singulär, und wir erhalten

$$\underline{t} = -(D_0 - \omega L_0)^{-1} A_0 v_0,$$

woraus schließlich mit $v_n = v_0 + \omega \underline{t} = (D_0 - \omega L_0)^{-1} \big((1 - \omega)\, D_0 + \omega R_0\big)\, v_0$ die Behauptung folgt. ■

Für Iterationsmatrizen dieser Form gilt eine für alles Folgende sehr nützliche Identität:

Ist A symmetrisch, dann ist für alle $x \in \mathbf{R}^n$

$$(Ax, x) - (AMx, Mx) = \frac{2 - \omega}{\omega} \big(D(x - Mx), x - Mx\big). \tag{4.2}$$

Beweis. Wegen der Symmetrie von A ist zunächst

$$\omega\big((Ax, x) - (AMx, Mx)\big) = \omega\big(A(x - Mx), x + Mx\big).$$

Nach Definition von M gilt

$$I + M = 2I - \omega(D - \omega L)^{-1} A \text{ und } A = \frac{1}{\omega} (D - \omega L)\, (I - M),$$

und man formt um:

$$\begin{aligned}
\omega\big(A(x - Mx), x + Mx\big) &= \omega\big(A(x - Mx), 2x - \omega(D - \omega L)^{-1} Ax\big) \\
&= 2\omega(Ax, x - Mx) - \omega\big(A(x - Mx), x - Mx\big) \\
&= 2\big((D - \omega L)\,(x - Mx), x - Mx\big) \\
&\quad - \big(\omega A\,(x - Mx), x - Mx\big) \\
&= (2 - \omega)\,\big(D(x - Mx), x - Mx\big) \\
&\quad - \omega\big(L(x - Mx), x - Mx\big) \\
&\quad + \omega\big(R(x - Mx), x - Mx\big) \\
&= (2 - \omega)\,\big(D(x - Mx), x - Mx\big), \text{ q. e. d.}
\end{aligned}$$

Die wesentlichen Aussagen der Konvergenztheorie für die Koordinatenrelaxation bei nichtlinearen Eigenwertaufgaben fassen wir jetzt in einem Satz zusammen.

Satz 4.1. *Bezeichnet* $\{x_k\}_0^\infty$ *die Folge der durch die allgemeine Koordinatenrelaxation* (4.1) *nach jeweils einem Zyklus entstehenden Vektoren (d. h.* $x_{k+1} := M_k x_k$*) und gilt*

a) $p(x_k) \leqq \lambda, \quad \lambda \in R,$

b) $\lim\limits_{k\to\infty} p(x_k) = \lambda$ *und*

c) $\lim\limits_{k\to\infty} A_k = T(\lambda),$

dann gelten die Aussagen:

(1) $\|M - M_k\| \Rightarrow 0.$

(2) λ *ist Eigenwert von* $T(\alpha)$.

(3) *Jeder Häufungspunkt* $\hat{y}$ *derFolge* $y_k := \dfrac{x_k}{\|x_k\|}$ *ist Eigenvektor zum Eigenwert* λ.

(4) *Jedes* $\hat{y}$ *ist auch Eigenvektor von* M *zum Eigenwert* 1, *und falls* λ *nicht der größte Eigenwert von* $T(\alpha)$ *ist, dann besitzt* M *wenigstens einen Eigenwert vom Betrag größer* 1.

Dabei ist $M := (D - \omega L)^{-1}\big((1 - \omega)\,D + \omega R\big)$ *die analog zu* M_k *aus* $T(\lambda)$ *gebildete* SOR-*Matrix.* ■

Beweis. (1) Es ist

$$\begin{aligned}
\|M - M_k\| &= \|\omega(D_k - \omega L_k)^{-1} A_k - \omega(D - \omega L)^{-1} T(\lambda)\| \\
&\leqq \omega\big(\|(D_k - \omega L_k)^{-1}(A_k - T(\lambda))\| \\
&\quad + \|((D_k - \omega L_k)^{-1} - (D - \omega L)^{-1})\, T(\lambda)\|\big) \\
&= \omega\big(\|(D_k - \omega L_k)^{-1}\| \cdot \|A_k - T(\lambda)\| \\
&\quad + \|(D_k - \omega L_k)^{-1} - (D - \omega L)^{-1}\| \cdot \|T(\lambda)\|\big).
\end{aligned}$$

Für den ersten Summanden gilt wegen c)

$$\|\cdots\| \leqq \omega K\,\|A_k - T(\lambda)\| < \varepsilon_1.$$

Für den zweiten Summanden finden wir

$$\omega \,\|(D_k - \omega L_k)^{-1} - (D - \omega L)^{-1}\| = \omega \,\big\|(D_k - \omega L_k)^{-1}\big((D - \omega L) - (D_k - \omega L_k)\big)(D - \omega L)^{-1}\big\| \leqq \omega K^2 \|(D - \omega L) - (D_k - \omega L_k)\| < \varepsilon_2,$$

weil offenbar mit $A_k \to T(\lambda)$ auch $D_k \to D$ und $L_k \to L$ gilt.

(2) (3) Wegen der Homogenität von $p(x)$ ist

$$\lim_{k\to\infty} p(x_k) = \lambda = \lim_{k\to\infty} p(y_k).$$

Für einen beliebigen Häufungspunkt $\hat{y}$ ist dann $\hat{y} = \lim_{j\to\infty} y_{k_j}$, $p(y_{k_j}) \leqq \lambda$ und $\lim_{j\to\infty} p(y_{k_j}) = \lambda$. Nach Satz 2.1 folgt daraus zunächst $\big(T(\lambda)\, y_{k_j}, y_{k_j}\big) \geqq 0 \;\forall\, j$, woraus wir wegen der längs der gesamten Folge gültigen Identität $\big(T(p(y_{k_j}))\, y_{k_j}, y_{k_j}\big) \equiv 0$ sofort auf $\big(T(\lambda)\, \hat{y}, \hat{y}\big) = 0$ und somit auf $p(\hat{y}) = \lambda \in \overline{W}$ schließen können.

Ferner gilt wegen

$$\|M\hat{y} - M_{k_j} y_{k_j}\| \leqq \|M\| \cdot \|\hat{y} - y_{kj}\| + \|M - M_{k_j}\| \cdot \|y_{k_j}\| \leqq \|M\| \cdot \|\hat{y} - y_{k_j}\| + \|M - M_{k_j}\|$$

die Beziehung $\lim_{j\to\infty} M_{k_j} y_{k_j} = M\hat{y}$. Daraus entnehmen wir $p(M\hat{y}) = \lambda$ wegen der Stetigkeit von p und $p(M_{k_j} y_{k_j}) \leqq \lambda$. Aus der Identität (4.2) folgt dann

$$\frac{2 - \omega}{\omega} \big(D(\hat{y} - M\hat{y}), \hat{y} - M\hat{y}\big) = \big(T(\lambda)\, \hat{y}, \hat{y}\big) - \big(T(\lambda)\, M\hat{y}, M\hat{y}\big) = 0 \qquad (4.3)$$

wieder nach Satz 2.1.

Unsere Koordinatenrelaxation ist so aufgebaut, daß nach Satz 3.2 (c) $p(y_{k_j}) > p(e_i) \;\forall\, i$ und wegen (a) stets $p(e_i) < \lambda$ erfüllt sind. Nach Satz 2.1 folgt $\big(T(\lambda)\, e_i, e_i\big) > 0$ und $D > 0$. Dann schließen wir aber aus (4.3) auf $\hat{y} = M\hat{y}$ und wegen $M = I - \omega(D - \omega L)^{-1}\, T(\lambda)$ auf $T(\lambda)\, \hat{y} = \theta$. Da $\lambda \in \overline{W}$ durch (b) gesichert ist, ist λ Eigenwert zum Eigenvektor $\hat{y}$.

(4) Der erste Teil der Behauptung ist durch $M\hat{y} = \hat{y}$ bewiesen. Eine Matrix M besitzt genau dann einen Eigenwert vom Betrag größer als Eins, wenn es Vektoren x mit $\|x\| = 1$ gibt, für die $M^k x$ nicht konvergiert. Sei nun also $x \in \mathbf{R}^n$ mit $p(x) > \lambda$, $\|x\| = 1$, dann haben wir nach Satz 2.1 $\big(T(\lambda)\, x, x\big) < 0$. Aus (4.2) folgt dann mit $D > 0$

$$\big(T(\lambda)\, M^k x, M^k x\big) < \big(T(\lambda)\, M^{k-1} x, M^{k-1} x\big) < 0, \quad k = 1, 2, \ldots,$$

was offenbar nur für $M^k x \to \infty$ gelten kann, weil aus $M^k x \to \hat{y}$ einerseits $M\hat{y} = \hat{y}$ aus (4.2), andererseits aber $\big(T(\lambda)\, \hat{y}, \hat{y}\big) < 0$, nach Satz 2.1 also $p(\hat{y}) < \lambda$ folgen würde, was wegen $M\hat{y} = \hat{y} \Leftrightarrow T(\lambda)\, \hat{y} = \theta \Leftrightarrow \big(T(\lambda)\, \hat{y}, \hat{y}\big) = 0$ ein Widerspruch ist. ■

Bemerkung. Die Voraussetzungen des Satzes 4.1 werden in vielen konkreten Algorithmen durch folgende Bedingungen gesichert (vgl. [2]):

(1) $p(x_k) \leqq p(x_{k+1}) \leqq \alpha_1, \quad \alpha_1 \in \overline{W}$, größter Eigenwert.

(2) $p(x_k) \leqq r_j \leqq p(x_{k+1}), \quad j = k \pmod n$ in jedem Zyklus.

5. Wir glauben, mit vorstehenden Ausführungen die Reichweite der Übertragungsmöglichkeit der Untersuchungen von Gose hinreichend beleuchtet zu haben, und überlassen die Verifikation weiterer Details dem Leser. Zusammenfassend kann gesagt werden, daß die im Satz 2.1 erfaßte Analogie zum linearen Fall den Umfang der Möglichkeiten absteckt und daß Beschränkungen nur dort auftreten, wo die Linearität von $T(\alpha)$ explizit benutzt wird, wie etwa beim Beweis der gegenüber Satz 4.1 (1) etwas genaueren Aussage von Lemma 3.1 in [2].

Die dargestellte Theorie ist insbesondere auf polynomiale Büschel

$$T(\alpha) := \sum_{j=0}^{m} \alpha^{m-j} B_j, \qquad B_j \in S(\mathbf{R}^n),$$

anwendbar, wobei die vorkommenden Matrizen A_k, M_k und M besonders übersichtliche Gestalt annehmen.

Literatur

[1] Gose, G., Relaxationsverfahren zur Minimierung von Funktionalen und Anwendung auf das Eigenwertproblem für symmetrische Matrizenpaare, Dissertation, TH Braunschweig 1974.

[2] Gose, G., Zur Konvergenz der Koordinatenrelaxation für $Ax = \lambda Bx$, ZAMM **57** (1977), 591—596.

[3] Hadeler, K. P., Variationsprinzipien bei nichtlinearen Eigenwertaufgaben, Arch. Rat. Mech. Anal. **30** (1968), 297—307.

[4] Hadeler, K. P., Mehrparametrige und nichtlineare Eigenwertaufgaben, Arch. Rat. Mech. Anal. **27** (1967), 306—328.

[5] Rogers, E. H., A minimax theory for overdamped systems, Arch. Rat. Mech. Anal. **16** (1964), 89—96.

Manuskripteingang: 27. 6. 1978

VERFASSER:

Dozent Dr. Reinhard Hofmann, Sektion Mathematik der Karl-Marx-Universität Leipzig

Beiträge zur Numerischen Mathematik
9 (1981), 105–112

Die Methode der Quasiinversion als Regularisierungsverfahren im Hilbertraum

BERND HOFMANN

1. Einleitung

Die Nichtkorrektheit zeitlich inverser Probleme bei Evolutionsgleichungen macht die Verwendung spezieller Verfahren zur numerischen Lösung derartiger Aufgaben erforderlich. Die Methode der Quasiinversion nach LATTÈS und LIONS [1] gestattet die näherungsweise Rekonstruktion eines Anfangszustandes aus einem mit vorgegebener Genauigkeit ermittelten Endzustand durch Lösung einer Ersatzaufgabe. Dabei wird die Evolutionsgleichung durch Addition eines parameterabhängigen Zusatzgliedes höherer Ordnung gestört. Der Defekt der Näherungslösung kann in Abhängigkeit vom Parameter $\varepsilon > 0$ der Ersatzaufgabe für $\varepsilon \to 0$ beliebig klein gemacht werden, während die Folge der Näherungslösungen selbst im allgemeinen divergiert.

Bei MUSYLJOW [2] findet man den Nachweis, daß für das inverse Cauchy-Problem der Wärmeleitungsgleichung die Methode der Quasiinversion ein stabiler regularisierender Algorithmus im Sinne der Tichonowschen Theorie ist. In der vorliegenden Arbeit wird diese Regularisierungseigenschaft der Methode der Quasiinversion für eine größere Klasse parabolischer Evolutionsgleichungen im Hilbertraum gezeigt. Daraus resultieren Aussagen über die Wahl des Regularisierungsparameters ε in Abhängigkeit von der Genauigkeit des gegebenen Endzustandes zur Erreichung beliebig genauer Näherungslösungen.

2. Parabolische Gleichungen im Hilbertraum

Sei A ein linearer, unbeschränkter, positiv definiter selbstadjungierter Operator mit einem im separablen Hilbertraum H überall dichten Definitionsbereich $D(A)$ und Werten in H, dessen inverser Operator vollstetig ist. Das Orthonormalsystem $\{u_i\}$, $i = 1, 2, \ldots, n, \ldots$, von Eigenelementen zu den Eigenwerten $0 < \lambda_1 \leqq \lambda_2 \leqq \cdots \leqq \lambda_n \leqq \cdots \to \infty$ des Operators A ist vollständig in H. Ausgehend von der Charakterisierung des Hilbertraumes

$$H = \left\{ v = \sum_1^\infty a_i u_i \,\middle|\, \sum_1^\infty a_i^2 < \infty, \quad a_i \text{ reelle Zahlen} \right\}$$

kann man den zum positiv definiten Operator A energetischen Raum

$$V = H_A = \left\{v = \sum_1^\infty a_i u_i \,\middle|\, \sum_1^\infty a_i^2 \lambda_i < \infty\right\} = \{v \mid \|v\|_{H_A}^2 = (Av, v)_H < \infty\}$$

einführen. Der Definitionsbereich

$$D(A) = \left\{v = \sum_1^\infty a_i u_i \mid \sum_1^\infty a_i^2 \lambda_i^2 < \infty\right\} = \{v \mid \|Av\|_H < \infty\}$$

läßt sich unter Einbeziehung der Norm $\|v\|_{D(A)}^2 = \|v\|_H^2 + \|Av\|_H^2$ ebenfalls zum Hilbertraum machen, wobei nach Identifizierung von H mit seinem konjugierten Raum H^* die Inklusionskette $D(A) \subset H_A \subset H \subset H_A^* \subset D(A)^*$ gilt.

Die symmetrische auf H_A definierte Bilinearform

$$a(u, v) = (Au, v)_H = (u, Av)_H, \quad u, v \in H_A, \tag{1}$$

ist nach der Ungleichung von SCHWARZ stetig:

$$|a(u, v)| \leqq \|u\|_V \cdot \|v\|_V. \tag{2}$$

Außerdem gilt die Koerzitivitätsbedingung

$$a(u, u) + \varkappa \|u\|_H^2 \geqq \alpha \|u\|_V^2, \tag{3}$$

d. h., es gibt ein reelles $\varkappa$ und positives α, nämlich $\varkappa = 0$ und $\alpha = 1$, so daß die Ungleichung (3) für alle $u \in H_A$ erfüllt ist.

Man bezeichnet nun mit $L_2(0, T; H)$ den Raum der auf $(0, T)$ quadratisch summierbaren Funktionen mit Werten in H. Dieser aus Klassen äquivalenter Funktionen $f(t)$ bestehende Raum mit $f_1 \sim f_2$ genau dann, wenn $f_1(t) = f_2(t)$ fast überall auf $(0, T)$ gilt, wird bei Einführung der Norm

$$\int_0^T \|f(t)\|_H^2 \, dt = \|f\|_{L_2(0,T;H)}^2 < \infty$$

zum Hilbertraum.

Weiter versteht man wie in [1] die zeitliche Ableitung $v' = \frac{dv}{dt} \in L_2(0, T; K)$ als Distribution auf $(0, T)$ mit Werten im Hilbertraum $K \supset H$, d. h., für $v \in L_2(0, T; H)$ existiert genau eine Funktion $v_1 \in L_2(0, T; K)$, so daß

$$\int_0^T v(t)\, \varphi'(t)\, dt = -\int_0^T v_1(t)\, \varphi(t)\, dt$$

für alle $\varphi \in D(0, T)$ gilt ($D(0, T)$ — Raum C^∞ mit kompaktem Träger auf $(0, T)$).

Der eingeführte funktionalanalytische Apparat erlaubt die Betrachtung direkter und inverser Probleme bei Evolutionsgleichungen.

Definition 1. Gegeben sei das Element $\zeta \in H$. Weiterhin genüge die Funktion $u(t)$ den Bedingungen

$$u \in L_2(0, T; H_A), \tag{4}$$

$$u' = \frac{du}{dt} \in L_2(0, T; H_A^*), \tag{5}$$

der parabolischen Evolutionsgleichung

$$\frac{du(t)}{dt} + Au(t) = 0, \quad 0 < t < T, \tag{6}$$

sowie der Anfangsbedingung

$$u(0) = \zeta. \tag{7}$$

Die Berechnung des Endzustandes $\chi = u(T) \in H$ heißt *direkte Aufgabe* zur betrachteten Evolutionsgleichung.

Definition 2. Gegeben sei das Element $\chi \in H$. Weiter genüge die Funktion $u(t)$ den Bedingungen (4) und (5) sowie der parabolischen Gleichung (6), und es gilt für den Endzustand

$$u(T) = \chi. \tag{8}$$

Die Rekonstruktion des Anfangszustandes $\zeta = u(0) \in H$ heißt *inverse Aufgabe* zur betrachteten Evolutionsgleichung.

Aus einem Satz über die eindeutige Lösbarkeit von Evolutionsgleichungsproblemen ([1], Satz 3.1.) entnimmt man

Lemma 1. *Sei V eine im separablen Hilbertraum H überall dichte Menge und selbst Hilbertraum. Die auf V definierte Bilinearform $a(u, v) = (Bu, v)_H$ (B linearer Operator mit $Bu \in V^*$) erfüllt die Stetigkeitsbedingung* (2) *und die Koerzitivitätsbedingung* (3). *Dann existiert zu allen $\zeta \in H$ genau eine Funktion $u(t)$ $(0 \leqq t \leqq T)$, für die mit $u \in L_2(0, T; V)$, $u' \in L_2(0, T; V^*)$ und $u(0) = \zeta \in H$ die Gleichung*

$$\frac{du(t)}{dt} + Au(t) = 0, \quad 0 < t < T,$$

erfüllt ist und die (eventuell nach Abänderung von Werten auf einer Menge vom Lebesgue-Maß 0) stetig von $[0, T]$ in H abbildet.

3. Eigenschaften von direkter und inverser Aufgabe

Die Lösung der direkten Aufgabe erhalten wir durch Anwendung eines Operators L auf den Anfangszustand ζ über die Beziehung

$$\chi = u(T) = Lu(0) = L\zeta. \tag{9}$$

Nun gilt

Satz 1. *Der entsprechend der Beziehung* (9) *erklärte Operator L der direkten Aufgabe mit Werten in H ist auf allen Elementen des Hilbertraumes H eindeutig definiert, linear, beschränkt, positiv selbstadjungiert und vollstetig. Das in H vollständige Orthonormalsystem der Eigenelemente $\{u_i\}$ des Operators A ist auch Eigenelementsystem zu den Eigenwerten $\{e^{-\lambda_i T}\}$ des Operators L.*

Beweis. Nach Lemma 1 hat die direkte Aufgabe (4)—(7), deren Operator A eine symmetrische, stetige und koerzitive Bilinearform zugrunde liegt (Bedingungen (1)—(3)), für alle $\zeta \in H$ genau eine Lösung $u(t)$, die (eventuell nach Abänderung von Werten auf einer Menge vom Lebesgue-Maß 0) stetig von $[0, T]$ in H abbildet. Damit ist der Operator L für alle $\zeta \in H$ eindeutig definiert und nimmt Werte in H an. Bei Zerlegung der Größen $u(t) = \sum_1^\infty c_i(t)\, u_i$, $\zeta = \sum_1^\infty \zeta_i u_i$ und $\chi = \sum_1^\infty \chi_i u_i$ mit den reellen Fourierkoeffizienten c_i, ζ_i und χ_i erhält man wegen Gleichung (6) das System

$$\frac{dc_i(t)}{dt} + \lambda_i c_i(t) = 0, \quad i = 1, 2, \ldots, \tag{10}$$

linearer Differentialgleichungen, welches wegen (7) die Lösung $c_i(t) = \zeta_i e^{-\lambda_i t}$ besitzt. Es gilt somit die Darstellung

$$L\zeta = \sum_1^\infty e^{-\lambda_i T} \zeta_i u_i. \tag{11}$$

Daraus folgt die Linearität von L, und $\{u_i\}$, $i = 1, 2, \ldots$, bildet ein Eigenelementsystem zu den Eigenwerten $\{e^{-\lambda_i T}\}$ des Operators L. Aus der Eigenwertverteilung $0 < e^{-\lambda_i T} < 1$ erhält man die Beschränktheit, Selbstadjungiertheit, Positivität und wegen $e^{-\lambda_i T} \to 0$ für $i \to \infty$ auch die Vollstetigkeit des Operators L.

Zur Lösung der inversen Aufgabe ist die Anwendung des Operators L^{-1} auf den Endzustand χ nach der Vorschrift $\zeta = u(0) = L^{-1}\, u(T) = L^{-1}\chi$ erforderlich, d. h. die Lösung der Gleichung

$$L\zeta = \chi, \tag{12}$$

die sich wegen der Vollstetigkeit von L als nichtkorrekt erweist. Der Bildraum $\operatorname{im}(L)$ ist zwar überall dicht im Hilbertraum H, fällt jedoch mit diesem nicht zusammen. Daher existiert nicht zu jedem Element $\chi \in H$ in Gleichung (12) ein Lösungselement ζ. Weiterhin hängt wegen $\|L^{-1}\| = \sup_i e^{\lambda_i T} = \infty$ die Lösung ζ nicht stetig von χ ab. Auf Grund des bei der numerischen Realisierung nur näherungsweise bekannten Endzustandes χ_δ ist es somit sinnvoll, zum inversen Problem eine Ersatzaufgabe zu konstruieren, deren Lösung eine stetig von der rechten Seite abhängende möglichst gute Näherung von ζ darstellt.

4. Das Prinzip der Quasiinversion

Nach Lattès und Lions [1] findet man derartige stabile Näherungslösungen mit Hilfe der Methode der Quasiinversion.

Definition 3. Gegeben sei die Größe $\chi_\delta \in H$ als Näherung des Zustandes $\chi = u(T)$ mit $\|\chi_\delta - \chi\|_H \leqq \delta$. Weiter genüge u_ε für alle $\varepsilon > 0$ den Bedingungen

$$u_\varepsilon \in L_2\big(0, T; D(A)\big), \tag{13}$$

$$u_\varepsilon' = \frac{du_\varepsilon(t)}{dt} \in L_2\big(0, T; D(A)^*\big), \tag{14}$$

der Evolutionsgleichung

$$\frac{du_\varepsilon(t)}{dt} + Au_\varepsilon(t) - \varepsilon \cdot A^2 u_\varepsilon(t) = 0, \qquad 0 < t < T, \tag{15}$$

sowie der Bedingung

$$u_\varepsilon(T) = \chi_\delta. \tag{16}$$

Die Berechnung des Elements

$$\zeta_\varepsilon = Q_\varepsilon \chi_\delta = u_\varepsilon(0) \in H \tag{17}$$

heißt *Methode der Quasiinversion zur näherungsweisen Lösung der inversen Aufgabe.*

Zur Charakterisierung des durch die Gleichung (17) definierten Operators Q_ε der Quasiinversion dient folgender

Satz 2. *Der Operator Q_ε der Quasiinversion mit Werten in H ist für alle $\varepsilon > 0$ auf ganz H definiert, linear, positiv selbstadjungiert und vollstetig. Das in H vollständige Orthonormalsystem von Eigenelementen $\{u_i\}$ des Operators A ist auch Eigenelementesystem zu den Eigenwerten $\{e^{(-\varepsilon\lambda_i^2+\lambda_i)T}\}$ des Operators Q_ε.*

Beweis. Betrachtet werde die Bilinearform

$$b(u, v) = \varepsilon \cdot (Au, Av)_H - (Au, v)_H, \quad u, v \in D(A), \tag{18}$$

welche wegen $\lambda_1(Au, u)_H \leqq \|Au\|_H^2$ die Ungleichung

$$|b(u, v)| \leqq \varepsilon \|Au\|_H \cdot \|Av\|_H + \sqrt{(Au, u)_H \cdot (Av, v)_H} \leqq \left(\varepsilon + \frac{1}{\lambda_1}\right) \|Au\|_H \|Av\|_H$$
$$\leqq \left(\varepsilon + \frac{1}{\lambda_1}\right) \sqrt{\|Au\|_H^2 + \|u\|_H^2}\sqrt{\|Av\|_H^2 + \|v\|_H^2} = \left(\varepsilon + \frac{1}{\lambda_1}\right) \|u\|_{D(A)} \cdot \|v\|_{D(A)} \tag{19}$$

erfüllt und damit stetig ist. Aus der Relation $\left\|\left(A - \frac{1}{\varepsilon} I\right) u\right\|_H^2 \geqq 0$ erhält man die Beziehung $\frac{\varepsilon}{2} \|Au\|_H^2 + \frac{1}{2\varepsilon} \|u\|_H^2 - (Au, u)_H \geqq 0$ und so die Koerzitivitätsbedingung

$$b(u, u) + \left(\frac{1}{2\varepsilon} + \frac{\varepsilon}{2}\right) \|u\|_H^2 \geqq \frac{\varepsilon}{2} \|u\|_{D(A)}^2. \tag{20}$$

Existenz und Eindeutigkeit einer Lösung (17) des Systems (13)—(16) für alle $\chi_\delta \in H$ folgt aus Lemma 1 bei Überführung der inversen Ersatzaufgabe durch $w_\varepsilon(t) = u_\varepsilon(T - t)$ in eine direkte Ersatzaufgabe und Betrachtung der Bilinearform $a(u, v) = b(u, v)$, definiert auf dem Hilbertraum $D(A)$. In Analogie zum Beweis von Satz 1 zeigt man für den damit eindeutig definierten Operator Q_ε der Quasiinversion die restlichen Eigenschaften.

5. Die Methode der Quasiinversion als stabile Methode zur Lösung nichtkorrekter Aufgaben

Der Begriff des Regularisators nach TICHONOW [3, p. 47] läßt sich wie folgt für den oben betrachteten Typ nichtkorrekter Aufgaben im Hilbertraum definieren:

Definition 4. Ein vom Parameter $\varepsilon > 0$ abhängiger Operator R_ε heißt *Regularisator der nichtkorrekten Gleichung* $L\zeta = \chi$ (L linearer, positiv selbstadjungierter, vollstetiger Operator), wenn

$$\|R_\varepsilon\| < \infty \quad \text{für alle } \varepsilon > 0 \tag{21}$$

und

$$\lim_{\varepsilon \to 0} R_\varepsilon L\zeta = \zeta \tag{22}$$

gilt, wobei R_ε ein auf ganz H definierter linearer Operator mit Werten in H ist.

Bei Anwendung eines Regularisators wird anstelle der Gleichung $L\zeta = \chi$ die Gleichung $R_\varepsilon^{-1}\zeta_\varepsilon = \chi$ gelöst. Im Intervall $\left(0, \frac{1}{\|R_\varepsilon\|}\right]$ besitzt der Operator R_ε^{-1} keine Eigenwerte, wodurch die Korrektheit der Ersatzaufgabe gesichert ist.

Satz 3. *Der Operator Q_ε der Methode der Quasiinversion ist ein Regularisator im Sinne von Definition 4 zu der durch das inverse Problem bestimmten nichtkorrekten Gleichung* (12).

Beweis. Die Beschränktheitseigenschaft (21) folgt aus der in Satz 2 beschriebenen Eigenwertverteilung des Operators Q_ε, wobei die folgende Ungleichung eine Abschätzung der Operatornorm darstellt:

$$\|Q_\varepsilon\| = \sup_i e^{(-\varepsilon\lambda_i^2 + \lambda_i)T} \leqq e^{\frac{T}{4\varepsilon}}. \tag{23}$$

Aus der Beziehung $Q_\varepsilon\chi = \sum_1^\infty e^{(-\varepsilon\lambda_i^2+\lambda_i)T} (\chi, u_i)_H \, u_i$ mit $(\chi, u_i)_H = e^{-\lambda_i T} \cdot (\zeta, u_i)_H$ erhält man die Formel

$$\|Q_\varepsilon\chi - \zeta\|_H^2 = \sum_1^\infty (e^{-\varepsilon\lambda_i^2 T} - 1)^2 \, (\zeta, u_i)_H^2. \tag{24}$$

Nun ist die rechte Seite in Gleichung (24) durch $\|\zeta\|_H^2$ nach oben beschränkt, und der Grenzübergang $\varepsilon \to 0$ sowie die Summation können vertauscht werden. Daher gilt äquivalent zu Gleichung (22) die Beziehung $\lim_{\varepsilon \to 0} \|Q_\varepsilon L\zeta - \zeta\|_H^2 = 0$, wobei die Konvergenz monoton in ε verläuft.

Es ist nicht möglich, eine globale Konvergenzordnung der Näherungslösung ζ_ε gegen die exakte Lösung ζ in Abhängigkeit vom Parameter ε der Form $\|Q_\varepsilon L\zeta - \zeta\|_H \leqq \alpha(\varepsilon) \|\zeta\|_H$ mit einer positiven Funktion $\alpha(\varepsilon)$, $\lim_{\varepsilon \to 0} \alpha(\varepsilon) = 0$, anzugeben, da $\|Q_\varepsilon L - I\| = 1$ gilt. Diese Ungleichmäßigkeit der Konvergenz läßt für ungünstige Elemente ζ große Rekonstruktionsfehler (24) trotz kleiner Parameter ε zu. Die Einschränkung der zulässigen Lösungen auf spezielle lineare Unterräume in Form von Quelldarstellungen erlaubt allerdings in gewissen Fällen den Nachweis höherer Konvergenzgeschwindigkeiten (vgl. [5]).

Wie bei anderen Regularisierungsverfahren werden auch bei der Methode der Quasiinversion die Lösungskomponenten $(\zeta, u_i)_H$ mit großem Index i (physikalisch als hochfrequente Anteile interpretierbar) durch die Ersatzaufgabe stärker gedämpft als die Anteile zu den ersten Eigenelementen (niedrige Frequenzen), denn es gilt $\zeta_\varepsilon = Q_\varepsilon L\zeta = \sum_1^\infty e^{-\varepsilon\lambda_i^2 T} \cdot (\zeta, u_i)_H u_i$ und damit $(\zeta_\varepsilon, u_i)_H = e^{-\varepsilon\lambda_i^2 T} \cdot (\zeta, u_i)_H$, wobei der Faktor $e^{-\varepsilon\lambda_i^2 T}$ monoton mit wachsendem Index fällt.

Schließlich soll noch auf eine besondere Eigenschaft der Methode der Quasiinversion hingewiesen werden. Der Operator Q_ε ist wegen $\inf_i e^{(-\varepsilon\lambda_i^2+\lambda_i)T} = 0$ selbst wieder vollstetig. Diese Eigenschaft beruht auf einer „turbulenten“ Umordnung der Eigenwerte von L beim Übergang zu Q_ε^{-1}. Andere aus der Literatur bekannte Regularisierungsverfahren wie die Tichonowsche Regularisierung [3], N-schrittige Iterationsverfahren [4] oder die Methode der abgebrochenen Fourierreihen [5] besitzen im allgemeinen Regularisatoren R_ε, deren inverse Operatoren beschränkt sind.

Mit dem Begriff des Regularisators eng verknüpft ist die Untersuchung stabiler Methoden zur Lösung nichtkorrekter Aufgaben, welcher auch die Einbeziehung gestörter rechter Seiten χ_δ in die Untersuchung gestattet.

Definition 5. Eine *stabile Methode zur näherungsweisen Lösung der nichtkorrekten Aufgabe* $L\zeta = \chi$ bei gegebener gestörter rechter Seite χ_δ liegt vor, wenn für alle $\delta > 0$ ein $\varepsilon(\delta) > 0$ existiert, so daß für beliebige χ_δ mit $\|\chi_\delta - \chi\|_H \leqq \delta$ bei Anwendung eines Regularisators $R_{\varepsilon(\delta)}$ der Rekonstruktionsfehler die Grenzbeziehung

$$\lim_{\delta\to 0} \|R_{\varepsilon(\delta)}\chi_\delta - \zeta\|_H = 0 \tag{25}$$

erfüllt.

Für die Methode der Quasiinversion zeigt eine solche Eigenschaft

Satz 4. *Wählt man für* $\delta > 0$ *den Parameter* ε *der Quasiinversion entsprechend der Beziehung*

$$\varepsilon(\delta) = -\frac{T}{2 \cdot \ln \delta}, \tag{26}$$

so konvergiert für beliebige gestörte rechte Seiten χ_δ *mit* $\|\chi_\delta - \chi\|_H \leqq \delta$ *der Fehler* $\|Q_{\varepsilon(\delta)}\chi_\delta - \zeta\|_H \to 0$ *für* $\delta \to 0$.

Beweis. Aus (26) folgt für $\delta \to 0$ auch $\varepsilon(\delta) \to 0$ und damit $\|Q_{\varepsilon(\delta)}\chi - \zeta\|_H \to 0$. Die Ungleichung

$$\|Q_{\varepsilon(\delta)}\chi_\delta - \zeta\|_H \leqq \|Q_{\varepsilon(\delta)}\chi - \zeta\|_H + \|Q_{\varepsilon(\delta)}\| \cdot \|\chi_\delta - \chi\|_H \tag{27}$$

schließlich liefert die Aussage des Satzes, da der zweite Summand $\|Q_{\varepsilon(\delta)}\| \cdot \|\chi_\delta - \chi\|_H \leqq e^{\frac{T}{4\varepsilon(\delta)}} \cdot \delta = \sqrt{\delta}$ ebenfalls mit δ gegen 0 strebt.

Bei gestörter rechter Seite muß der Parameter $\varepsilon(\delta)$ hinreichend groß gewählt werden, um die Konvergenz der Näherungslösung zu erzwingen. Das wirkt sich allerdings ungünstig auf den ersten Fehleranteil $\|Q_{\varepsilon(\delta)}\chi - \zeta\|_H$ in der Ungleichung (27) aus, der monoton in ε gegen 0 geht.

Der folgende Satz 5 zeigt, daß im Fall einer festen Störung der rechten Seite die durch die Methode der Quasiinversion erhaltene Näherungslösung zu kleinen Parametern ε sogar normenmäßig über alle Grenzen wachsen kann.

Satz 5. *Bei einer festen Genauigkeitsgrenze δ der rechten Seite χ_δ divergiert die Näherungslösung $\zeta_\varepsilon = Q_\varepsilon \chi_\delta$ für $\chi_\delta \notin \operatorname{im}(L)$ und $\varepsilon \to 0$ derart, daß $\lim_{\varepsilon\to 0} \|Q_\varepsilon \chi_\delta\|_H = \infty$ gilt.*

Beweis. Wäre für ein $\chi_\delta \notin \operatorname{im}(L)$ die Gleichung $\lim_{\varepsilon\to 0} \|Q_\varepsilon \chi_\delta\|_H = C$ mit endlichem reellen C erfüllt, so könnte man wegen $\|Q_{\varepsilon_1}\chi_\delta\|_H > \|Q_{\varepsilon_2}\chi_\delta\|_H$ für $\varepsilon_1 < \varepsilon_2$ und

$$\|Q_\varepsilon \chi_\delta\|_H{}^2 = \sum_1^\infty e^{2(-\varepsilon\lambda_i^2 + \lambda_i)T} (\chi_\delta, u_i)_H{}^2 < C \tag{28}$$

in der Gleichung (28) zur Grenze $\varepsilon \to 0$ übergehen. Dies bedeutet $C = \sum_1^\infty e^{2\cdot\lambda_i\cdot T}(\chi_\delta, u_i)_H{}^2 = \|L^{-1}\chi_\delta\|_H{}^2$ und widerspricht der Voraussetzung $\chi_\delta \notin \operatorname{im}(L)$.

Abschließend sei noch erwähnt, daß für all $\chi_\delta \in H$ der Defekt $\|LQ_\varepsilon\chi_\delta - \chi_\delta\|_H$ bei Wahl hinreichend kleiner Parameter ε beliebig klein gemacht werden kann. Den Beweis dieser Tatsache erhält man analog dem Konvergenzbeweis bei der Betrachtung von Näherungslösungen im Satz 3.

Literatur

[1] Латтес, Р., и Ж.-Л. Лионс, Метод квазиобращения и его приложения, Изд. Мир, Москва 1970 (Übersetzung aus dem Französischen).
[2] Музылев, Н. В., О методе квазиобращения, Журнал вычисл. мат. и мат. физики 17 (1977), 555—561.
[3] Тихонов, А. Н., и В. Я. Арсенин, Методы решения некорректных задач, изд. Наука, Москва 1974.
[4] Антохин, Ю. Т., Некорректные задачи в гильбертовом пространстве и устойчивые методы их решения, Дифференциальные уравнения 3 (1967), 1135—1156.
[5] Hofmann, B., Über Quelldarstellungen bei einigen linearen Regularisierungsverfahren, Beiträge Numer. Math. 7 (1979), 75—81.

Manuskripteingang: 16. 10. 1978

VERFASSER:

Dr. rer. nat. Bernd Hofmann, Sektion Mathematik der Technischen Hochschule Karl-Marx-Stadt

Beiträge zur Numerischen Mathematik
9 (1981), 113–129

Numerische Behandlung von Eigenschwingungsproblemen

DOROTHEA HOLLAND, JOSEF NIETZSCH und RENÉ LAMOUR

Zusammenfassung. In der vorliegenden Arbeit werden konstruktive Methoden zur Berechnung autonomer Schwingungen angegeben. Ausgehend von früheren Untersuchungen über nichtautonome Schwingungen wird mittels der Methode der Phasennormierung die Berechnung von Eigenschwingungen möglich. Illustrierende Beispiele veranschaulichen die entwickelte Methodik.

0. Einleitung

Die Behandlung autonomer Schwingungsprobleme stellt deshalb ein schwieriges mathematisches Problem dar, weil zur konstruktiven Berechnung autonomer Schwingungen in kontinuierlichen Systemen ein nichtlineares Eigenwertproblem zu lösen ist. Bei unseren Überlegungen ging es von vornherein um die Entwicklung implementierbarer Algorithmen, um derartige autonome Schwingungen berechnen zu können. Theoretisch stützen wir uns auf Untersuchungen von HADELER (Arch. Rat. Mech. Anal. **30** (1968), 297–307), KRASNOSJELSKIJ ([4, 10]), KELLER und LANGFORD (Arch. Rat. Mech. Anal. **48** (1972), 83–108) und STOKES (J. Diff. Equations **12** (1972), 535–558). Dabei wurde von uns die in der Technik bekannte Methode der Phasennormierung begründet und angewendet. Zur Berechnung der gesuchten Eigenschwingungen verwenden wir die Fouriermethode, Splineapproximation sowie Schießverfahren. Bei den letzteren Untersuchungen werden parallel dieselben Resultate, wie in [2] dargestellt, erhalten, so daß auf ihre Darstellung verzichtet werden kann. Die wesentlichsten Resultate dieses Artikels konnten übrigens 1975 auf der VIII. Internationalen Schwingungstagung in Berlin einem größeren Publikum vorgestellt werden. Die vorliegenden Resultate wurden schließlich in [7] auf noch allgemeinere Aufgabenstellungen, nämlich auf die Berechnung von Eigenschwingungen in Regelungssystemen übertragen und sollen an anderer Stelle publiziert werden (IX. ICNO 1978 — Praha). Unsere Verfahren sind am Schluß dieser Ausführungen anhand einiger Beispiele illustriert worden.

1. Mathematische Grundlagen

Es sei R^N der N-dimensionale euklidische Vektorraum mit dem Skalarprodukt $(x, y) \underset{\text{Def}}{=} \sum_{k=1}^{N} x_k y_k$; $x, y \in R^N$ und $x = (x_1, \ldots x_N)^{\text{tr}}$, wobei $\|x\|_{R^N} = \sqrt{(x, x)}$. Der Raum $L_2[0, 2\pi]$ wird in üblicher Weise mit dem Skalarprodukt

$$(x, y)_2 = \int_0^{2\pi} x(t)\, y(t)\, dt$$

und der zugehörigen Norm

$$\|x\|_2 = \left(\int_0^{2\pi} x^2(t)\, dt\right)^{1/2}$$

eingeführt. Sei $L_2{}^N[0, 2\pi]$ der Raum der N-dimensionalen Vektoren, deren Komponenten x_k $(k = 1(1)N)$ Elemente des $L_2[0, 2\pi]$ sind. Mit dem Skalarprodukt

$$(x, y)_N = \sum_{k=1}^{N} (x_k, y_k)_2$$

wird der Raum $L_2{}^N[0, 2\pi]$ zu einem Hilbertraum. Als zugehörige Form erhält man

$$\|x\|_N = \left(\sum_{k=1}^{N} (\|x_k\|_2{}^2\right)^{1/2}.$$

Sei $C^N[0, 2\pi]$ der Raum der N-dimensionalen Vektoren, deren Elemente auf $[0, 2\pi]$ stetige Funktionen sind. Mit der Norm

$$\|x\|_C = \max_{0 \leq t \leq 2\pi} \|x(t)\|_{R^N}$$

wird dieser Raum zu einem Banachraum. $M[0, 2\pi]$ bezeichne eine Teilmenge von $C^N[0, 2\pi]$, die durch

$$M[0, 2\pi] = \{x \mid x \in C^N[0, 2\pi], \text{ die Ableitung von } x \text{ existiere fast überall und } \frac{dx}{dt} \in L_2{}^N[0, 2\pi]\}$$

definiert wird.

1.1. *Nichtautonome Schwingungsproblematik*

Als Vorbetrachtung seien zunächst gemäß [6] einige Ergebnisse und Resultate zur Behandlung nichtautonomer Differentialgleichungen zusammengestellt.
Gegeben sei das Differentialgleichungssystem

$$\dot{x} = f(x, t) \tag{1.1}$$

mit der periodischen Randbedingung

$$x(0) = x(T), \quad 0 < T < \infty. \tag{1.2}$$

Durch

$$(Fx)(t) = f(x(t), t)$$

wird der Superpositions- oder Nemyzkioperator definiert. Für eine einheitliche Behandlung des nichtlinearen Schwingungsproblems (1.1), (1.2) ist es sinnvoll, die Aufgabe auf das feste Intervall $[0, 2\pi]$ umzutransformieren. Man erhält

$$\begin{aligned} &\text{(i)} \quad \dot{x} = \lambda F x, \\ &\text{(ii)} \quad x(0) = x(2\pi) \end{aligned} \tag{1.3}$$

mit $\lambda = \frac{T}{2\pi}$.

Definition 1. $\bar{x}$ heißt *Lösung* von (1.3), wenn

a) $\bar{x} \in M[0, 2\pi]$,

b) $\|\dot{\bar{x}} - \lambda F\bar{x}\|_N = 0$,

c) $\bar{x}(0) = \bar{x}(2\pi)$.

Die Existenz mindestens einer Lösung nach Definition 1 wird im weiteren stets vorausgesetzt, so daß bei Anwendung der zu konstruierenden Verfahren für eine konkrete Aufgabe dieser Nachweis zu erbringen ist. An die rechte Seite des Differentialgleichungssystems (1.1) werden folgende Voraussetzungen gestellt:

(a1) $f: R^N \times [0, 2\pi] \to R^N$,

(b1) f stetig in $x \in R^N$ für fast alle $t \in [0, 2\pi]$ und meßbar bezüglich t für alle $x \in R^N$ (n-dimensionale Carathéodory-Bedingung),

(c1) $|f_k(x, t)| \leqq a_{h,k}(t)$ mit $k = 1(1)N$, $t \in [0, 2\pi]$, $a_{h,k} \in L_2[0, 2\pi]$,

$\|x\|_{R^N} \leqq h \quad (0 < h < \infty)$,

(d1) $f(x, t)$ besitze partielle Ableitungen nach x, und die Funktionen $g_{lk}(x, t) = \frac{\partial f_l(x, t)}{\partial x_k}$ erfüllen (a1) bis (c1) für $l, k = 1(1)N$.

Mit $x \in M[0, 2\pi]$ läßt sich auch $f(x, t)$ in eine trigonometrische Fourierreihe entwickeln:

$$x(t) = \frac{a_0}{2} + \sum_{n=1}^{\infty} (a_n \cos nt + b_n \sin nt),$$

$$f(x(t), t) = \frac{A_0}{2} + \sum_{n=1}^{\infty} (A_n \cos nt + B_n \sin nt),$$

wobei

$$a_n = (a_{n1}, \ldots, a_{nN})^{\mathrm{tr}}, \qquad A_n = (A_{n1}, \ldots, A_{nN})^{\mathrm{tr}}, \quad n = 0, 1, 2, \ldots,$$

$$b_n = (b_{n1}, \ldots, b_{nN})^{\mathrm{tr}}, \qquad B_n = (B_{n1}, \ldots, B_{nN})^{\mathrm{tr}}, \quad n = 1, 2, \ldots,$$

ist. Dann läßt sich folgender Satz beweisen (siehe [6]):

Satz 1. *Ist* $a = \frac{a_0}{2}$, *so befriedigt* $\bar{x} = \bar{a} + \bar{y} \in M[0, 2\pi]$ *die Beziehungen* (1.3) *genau dann, wenn* $\bar{a}, \bar{y}$ *Lösung des Integralgleichungssystems*

$$\lambda \int_0^{2\pi} F(a + y)\, ds = 0_N,$$
$$y - \frac{\lambda}{\pi} \int_0^{2\pi} \sum_{n=1}^{\infty} \frac{\sin n(\cdot - s)}{n} F(a + y)\, ds = 0 \qquad (1.4)$$

ist.

Definition 2. Der Operator F_* ordnet einer Funktion $x \in M[0, 2\pi]$ den Vektor seiner Fourierkoeffizienten in der Form

$$v = F_*(x) = (v_1, \ldots, v_N, v_{N+1}, v_{N+2}, \ldots, v_{(2m+1)N}, \ldots)^{\mathrm{tr}}$$
$$\underset{\mathrm{Def}}{=} \left(\frac{a_{01}}{2}, \ldots, \frac{a_{0N}}{2}, a_{11}, b_{11}, a_{12}, b_{12}, \ldots, a_{1N}, b_{1N}, \ldots, a_{mN}, b_{mN}, \ldots\right)^{\mathrm{tr}}$$

zu.

Umgekehrt gilt $x = F_*^{-1}(v)$ mit

$$x_k(t) = v_k + \sum_{n=1}^{\infty} (v_{(2n-1)N+k} \cdot \cos nt + v_{(2n-1)N+k+1} \cdot \sin nt), \quad k = 1(1)N.$$

Aus (1.4) erhält man zwischen den Fourierkoeffizienten die Beziehung

$$(1) \qquad a_{0k} = a_{0k} - \lambda A_{0k} = a_{0k} - \frac{\lambda}{\pi} \int_0^{2\pi} F_k(a + y)\, dt,$$

$$(2) \qquad a_{nk} = -\lambda \frac{B_{nk}}{n} = -\frac{\lambda}{\pi n} \int_0^{2\pi} F_k(a + y) \sin nt\, dt, \qquad (1.5)$$

$$(3) \qquad b_{nk} = \lambda \frac{A_{nk}}{n} = \frac{\lambda}{\pi n} \int_0^{2\pi} F_k(a + y) \cos nt\, dt.$$

Definiert man Funktionen $\Phi_1(v), \ldots, \Phi_{(2m+1)N}(v)$ mit

$$\Phi(v) \underset{\mathrm{Def}}{=} \left(\Phi_1(v), \ldots, \Phi_{(2m+1)N}(v), \ldots\right)^{\mathrm{tr}}$$
$$\underset{\mathrm{Def}}{=} \left(v_1 - \lambda A_{01}, \ldots, v_N - \lambda A_{0N}, -\lambda \frac{B_{11}}{1}, \lambda \frac{A_{11}}{1}, \ldots, -\lambda \frac{B_{1N}}{1},\right.$$
$$\left.\lambda \frac{A_{1N}}{1}, \ldots, -\lambda \frac{B_{mN}}{m}, \lambda \frac{A_{mN}}{m}, \ldots\right)^{\mathrm{tr}},$$

dann ist $\bar{x}$ genau dann Lösung von (1.3), wenn $\bar{v} = F_*(\bar{x})$ Lösung von

$$v = \Phi(v) \tag{1.6}$$

ist.

Definition 3. Der Projektionsoperator $P^{(m)}$ ordnet dem unendlichdimensionalen Vektor v (z. B. aufzufassen als Element des Folgenraumes l_2) den Vektor aus seinen ersten m Komponenten zu:

$$P^{(m)}v = (v_1, \ldots, v_m)^{\mathrm{tr}}.$$

Satz 2. *Sei $\bar{x}$ eine stabile Lösung von* (1.3), *es gelte* (a1) *bis* (d1), *und die Gleichung der ersten Varianz von* (1.3) (i)

$$\dot{z} = \lambda DF_{\bar{x}}z$$

(*dabei bezeichne $DF_{\bar{x}}$ die Jacobi-Matrix von f an der Stelle $\bar{x}$*) *mit periodischen Randbedingungen habe nur die triviale Lösung. Neben* (1.6) *wird die projizierte Gleichung*

$$v_m = P^{((2m+1)N)}\Phi(v_m) \tag{1.7}$$

mit $v_m = P^{((2m+1)N)}v$ betrachtet. Die Lösungen v_m von (1.7) *konvergieren für wachsendes m gegen eine Lösung v von* (1.6) *und sind für genügend großes m in einer gewissen Kugel um v eindeutig.*

(Zum Beweis siehe [9, 6, 7].)

Wird nun (1.7) z. B. mit Hilfe des Newtonverfahrens iterativ gelöst, so erhält man Näherungen der Operatorgleichung (1.6) und auf Grund der Äquivalenz von (1.6) mit (1.3) eine Approximation des nichtlinearen Schwingungsproblems.

Neben der Fourierreihenentwicklung soll die Approximation mit Splinefunktionen betrachtet werden. Dabei soll $f(x, t)$ folgende Voraussetzungen erfüllen (Betrachtung des Problems unter den Voraussetzungen (a1) bis (d1) siehe [5]):

(a2) $f\colon R^N \times [0, 2\pi] \to R^N$,

(b2) f stetig auf $R^N \times [0, 2\pi]$,

(c2) f besitze partielle Ableitungen nach x, und die Funktionen $g_{lk}(x, t) = \dfrac{\partial f_l}{\partial x_k}(x, t)$ erfüllen (a2) und (b2) für $l, k = 1(1)N$.

Ist $u = \dot{x}$, $a = x(0)$, $J_t u = \int_0^t u(\xi)\,d\xi$, so läßt sich (1.3) (i) wegen $x(t) = x(0) + \int_0^t \dot{x}(\xi)\,d\xi$ als

$$u = F(Ju + a) \tag{1.8}$$

schreiben.

Aus (1.3) (ii) erhält man durch

$$0 = x(2\pi) - x(0) = \int_0^{2\pi} \dot{x}(t)\,dt = J_{2\pi}u$$

die Beziehung

$$a = J_{2\pi}u + a. \tag{1.9}$$

Satz 3. *Mit* $z = (u, a)^{tr}$, $\Phi_1 z = F(Ju + a)$, $\Phi_2 z = J_{2\pi} u + a$ *und* $\Phi z = (\lambda\Phi_1 z, \Phi_2 z)^{tr}$ *ist* $\bar{x} \in M[0, 2\pi]$ *genau dann Lösung von* (1.3), *wenn* $\bar{z} = (\bar{u}, \bar{a})$ *die Operatorgleichung*

$$z = \Phi z \tag{1.10}$$

mit $\bar{x} = J\bar{u} + \bar{a}$ *befriedigt.*

Definition 4. Das Intervall $[0, 2\pi]$ sei in $2m$ äquidistante Teilintervalle mit $t_i = i2\pi/m$ $(i = 0(1/2)\ m)$ unterteilt. Ist $g \in C^N[0, 2\pi]$, so ordnet der Operator $P_s^{(m)}$ auf dem Teilintervall $[t_j, t_{j+1}]$ das Lagrangesche Interpolationspolynom zweiter Ordnung durch die Punkte $t_j, t_{j+1/2}, t_{j+1}$ zu $(j = 0(1)\ m - 1)$.

Wird neben (1.10) die projizierte Gleichung

$$z_m = \begin{pmatrix} P_s^{(m)} & \theta \\ \theta & I \end{pmatrix} \Phi z_m$$

etrachtet, so läßt sich eine zu Satz 2 analoge Aussage formulieren, wenn (a1) bis d1) durch (a2) bis (c2) ersetzt werden (ausführlich siehe [5, 6]).

1.2. *Die autonome Schwingungsproblematik*

Zur Beschreibung autonomer Schwingungen wird wieder

$$\dot{x} = f(x), \tag{1.1}$$

$$x(0) = x(T) \tag{1.2}$$

verwendet, wobei jetzt die rechte Seite der Differentialgleichung nicht explizit von der Zeit abhängt und T, die Schwingungsdauer, unbekannt ist.

Auf Grund der speziellen Zeitabhängigkeit stimmen die Voraussetzungen (a1) bis (d1) und (a2) bis (c2) überein, so daß nur letztere gefordert werden müssen.

Die Transformation auf das Intervall $[0, 2\pi]$ entsprechend (1.3) ergibt

$$\begin{aligned} &\dot{x} = \lambda F x, \\ &x(0) = x(2\pi), \end{aligned} \tag{1.11}$$

wobei λ jetzt ein unbekannter zu bestimmender ,,Eigenwert" ist.

Es wäre nun wünschenswert, wenn die Überlegungen, die für den nichtautonomen Fall zur approximativen Lösung angestellt worden sind, auch auf die autonome Problematik erweitert werden könnten. Als Schwierigkeiten ergeben sich, daß erstens λ unbekannt und zweitens die Voraussetzung von Satz 2 über die nur triviale Lösbarkeit der Gleichung der ersten Varianz von (1.3) (i) (woraus die Invertierbarkeit von $(I - D\Phi)$ folgt) nicht erfüllt sind.

Satz 4. *Ist* $(\bar{\lambda}, \bar{x})$ *Lösung von* (1.11), *so ist* $z = F\bar{x}$ *Lösung von*

$$\dot{z} = \bar{\lambda} D F_{\bar{x}} z.$$

Beweis. $\dot{z} = \frac{d}{dt}(F\bar{x}) = DF_{\bar{x}} \frac{d}{dt} \bar{x} = DF_{\bar{x}} \bar{\lambda} F \bar{x} = \bar{\lambda} DF_{\bar{x}} z$, q. e. d.

Daraus ist zu erkennen, daß im autonomen Fall weitere Untersuchungen notwendig sind.

1.3. *Die Methode der Phasennormierung*

Ist $\bar{x}$ Lösung von (1.1), dann ist bekanntlich im autonomen Fall auch $\bar{x}(\cdot + \vartheta)$ eine Lösung für ϑ beliebig reell. Somit erhält man im autonomen Fall ein Lösungskontinuum für die Aufgabe (1.1). Im Fall $N = 2$ kann man sich diesen Sachverhalt veranschaulichen (Abb. 1). Die Existenz einer periodischen Lösung von (1.1) ist identisch

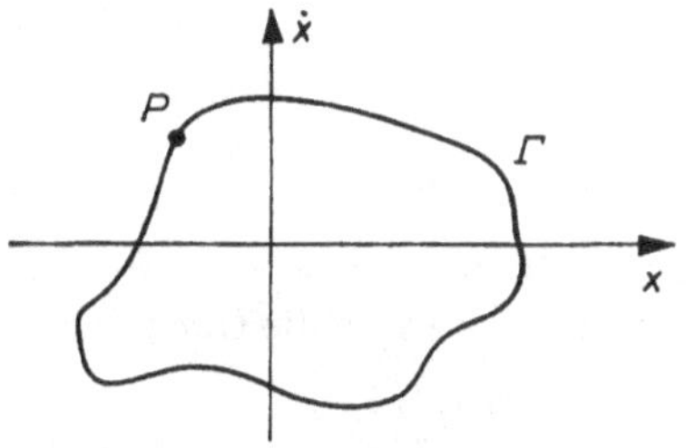

Abb. 1. Phasenbahn einer periodischen Lösung für $N = 2$

mit der Existenz einer geschlossenen Trajektorie im Phasenraum, dem Raum der Tupel $(\dot{x}, x)$. Ein Punkt P auf der Trajektorie Γ entspricht einem Zeitpunkt t, und ein voller Umlauf auf Γ entspricht dem Zeitintervall $[t, t + T]$. Ist nun $\bar{x}$ asymptotisch orbital stabil, dann gibt es um Γ einen gewissen „Schlauch" mit minimaler Breite ε_0, so daß alle Trajektorien, die innerhalb dieses Schlauches beginnen, für $t \to \infty$ zur Trajektorie Γ hinführen. Für alle t gilt $\bar{x}(t + T) = \bar{x}(t)$ und somit auch $\bar{x}(t + \vartheta + T) = \bar{x}(t + \vartheta)$. Willkürliche Wahl eines Anfangszeitpunktes $t = t_0$ entspricht somit der willkürlichen Wahl eines Anfangspunktes P auf Γ und damit der Festlegung eines Wertes für $\vartheta = \vartheta_0$.

Diese Freiheit bei der Festlegung einer Lösung aus dem Lösungskontinuum soll zur Aufstellung einer weiteren skalaren Gleichung ausgenutzt werden. Es besteht z. B. die Möglichkeit, ϑ so zu wählen, daß eine Komponente der Lösung $\bar{x}$ zum Zeitpunkt $t = 0$ auf einem festen Wert d fixiert wird:

$$\bar{x}_{k_0}(0) = d, \qquad k_0 \in \{1, \ldots, N\}, \qquad d \in \left[\min_t \left(\bar{x}(t)\right)_{k_0}, \max_t \left(\bar{x}(t)\right)_{k_0}\right]. \tag{1.12}$$

Für die Fouriermethode muß noch einen Schritt weiter gegangen werden. In

$$\bar{x}_{k_0}(t + \vartheta) = \frac{\bar{a}_{0,k_0}}{2} + \sum_{n=1}^{\infty} \left(\bar{a}_{n,k_0} \cos n(t + \vartheta) + \bar{b}_{n,k_0} \sin n(t + \vartheta)\right)$$

werden die n_0-ten ($n_0 > 0$) Fourierkoeffizienten betrachtet:

$$a_{n_0k_0} \cos n_0(t + \vartheta) + b_{n_0k_0} \sin n_0(t + \vartheta) = (a_{n_0k_0} \cos n_0\vartheta + b_{n_0k_0} \sin n_0\vartheta) \cos n_0t$$
$$+ (b_{n_0k_0} \cos n_0\vartheta - a_{n_0k_0} \sin n_0\vartheta) \sin n_0t.$$

Sei

$$\tilde{a}_{n_0k_0} = a_{n_0k_0} \cos n_0\vartheta + b_{n_0k_0} \sin n_0\vartheta,$$

$$\tilde{b}_{n_0k_0} = b_{n_0k_0} \cos n_0\vartheta - a_{n_0k_0} \sin n_0\vartheta.$$

ϑ kann nun so bestimmt werden, daß etwa

$$\tilde{a}_{n_0k_0} = d \tag{1.13}$$

gilt, wobei d ein fester Wert ist, den der Ausdruck

$$a_{n_0k_0} \cos n_0\vartheta + b_{n_0k_0} \sin n_0\vartheta$$

bei der Variation von ϑ in $0 \leqq n_0\vartheta \leqq 2\pi$ annimmt.

Das Festlegen eines bestimmten ϑ, sei es durch (1.12), (1.13) oder in anderer Weise, wird Phasennormierung genannt.

1.4. *Die äquivalenten Operatorgleichungen*

Mit Hilfe der in 1.3 gewonnenen zusätzlichen Gleichungen zur eindeutigen Beschreibung einer Lösung der autonomen Problematik werden die Operatorgleichungen (1.6) bzw. (1.10) erweitert.

1.4.1. Fourier-Methode

Entsprechend (1.13) wird ein Funktional

$$\varphi(\lambda, a, y) \underset{\text{Def}}{=} F_*(a + y)_{m_0} - d \tag{1.14}$$

definiert, wobei m_0 durch n_0, k_0 eindeutig festgelegt ist, und zwar ist

$$m_0 = (2n_0 - 1)\, N + 2k_0 - 1 \quad \text{beim Festhalten von } a_{n_0k_0}$$

bzw.

$$m_0 = (2n_0 - 1)\, N + 2k_0 \quad \text{beim Festhalten von } b_{n_0k_0}.$$

Das Operatorgleichungssystem (1.6) wird erweitert, da die Abhängigkeit von λ berücksichtigt werden muß.

Sei $\xi = (\lambda, v)^{\text{tr}}$, dann sei

$$\Phi(\xi) \underset{\text{Def}}{=} \left(\Phi_1(\xi), \ldots, \Phi_{(2m+1)N}(\xi), \ldots\right)^{\text{tr}}$$

$$\underset{\text{Def}}{=} \left(v_1 - \lambda A_{01}, \ldots, v_N - \lambda A_{0N}, -\lambda \frac{B_{11}}{1}, \lambda \frac{A_{11}}{1}, \ldots, -\lambda \frac{B_{mN}}{m}, \lambda \frac{A_{mN}}{m}, \ldots\right)^{\text{tr}}.$$

Ist $H(\xi) = \left(\lambda - \varphi(\lambda, a, y), \Phi(\xi)\right),^{\text{tr}}$ so wird im autonomen Fall zur Realisierung der Fouriermethode die Operatorgleichung

$$\xi = H(\xi) \tag{1.15}$$

betrachtet.

1.4.2. Splineapproximation

Entsprechend (1.12) wird ein Funktional

$$\psi(\lambda, a, u) \underset{\text{Def}}{=} a_{k_0} - d \tag{1.16}$$

definiert. Das Operatorgleichungssystem (1.10) wird erweitert. Mit $w = (\lambda, z)^{tr}$ kann

$$\lambda = \lambda - \psi(\lambda, a, u), \tag{1.17}$$

$$u = \lambda F(Ju + a), \tag{1.8}$$

$$a = J_{2\pi}u + a \tag{1.9}$$

geschrieben werden als

$$w = H_s(w) \qquad \text{mit} \qquad H_s(w) = \begin{pmatrix} \lambda - \psi(\lambda, a, u) \\ \lambda \Phi_1 z \\ \Phi_2 z \end{pmatrix}. \tag{1.18}$$

Zur Approximation mit Splinefunktionen wird im autonomen Fall die Operatorgleichung (1.18) benutzt.

2. Die numerische Berechnung von Eigenschwingungen

2.1. *Existenz inverser Operatoren*

Die beiden Operatorgleichungen (1.15) und (1.18) sollen mit Projektionsverfahren näherungsweise gelöst werden.

Eine wichtige Voraussetzung für den Nachweis der Konvergenz dieser Verfahren mit Hilfe funktionalanalytischer Mittel etwa aus [10] ist die stetige Invertierbarkeit der Operatoren $(I - DH)$ bzw. $(I - DH_s)$, wobei DH bzw. DH_s die Fréchetableitungen bezeichne. Diese Voraussetzung ist auch für die Anwendbarkeit des Newtonverfahrens wichtig.

Der Weg über die Gleichung der ersten Varianz von (1.3) (i) ist wegen Satz 4 nicht möglich.

Den Untersuchungen wird ein Lemma vorangestellt.

Lemma. *$(\bar{\lambda}, \bar{x})$ sei Lösung von* (1.11), *und $X(t)$ sei die normierte Fundamentalmatrix der Gleichung*

$$\dot{z} = \bar{\lambda} DF_{\bar{x}} z. \tag{2.0}$$

Ferner gelte:

(d2) *Die Matrix $X(2\pi)$ hat genau einen Eigenwert μ (charakteristischer Multiplikator von* (2.0)) *mit* $|\mu| = 1$.

Dann hat die RWA

$$\begin{aligned} \dot{z} &= \bar{\lambda} DF_{\bar{x}} z + \lambda F\bar{x}, \\ z(0) &= z(2\pi) \end{aligned} \tag{2.1}$$

nur die Lösung $\lambda = 0$, $z = \varkappa F\bar{x}$, $\varkappa$ *beliebig reell.*

Beweis. Ist $X(t)$ die normierte Fundamentalmatrix $\big(X(0) = I\big)$ der linearen Gleichung (2.0), dann läßt sich die Lösung von (2.1) für einen beliebigen Anfangswert $z(0) = z_0$ darstellen als

$$z(t) = X(t)\, z_0 + X(t) \int_0^t X^{-1}(s)\, \lambda F\bar{x}\, ds.$$

Da $F\bar{x}$ nach Satz 4 ebenfalls Lösung von (2.0) ist, kann man

$$(F\bar{x})\,(s) = X(s)\,(F\bar{x})\,(0) \tag{2.2}$$

schreiben. Nach Einsetzen und einfacher Umformung folgt

$$z(t) = X(t)\,\big(z_0 + t\lambda(F\bar{x})\,(0)\big).$$

$z(t)$ soll eine 2π-periodische Lösung sein, so muß notwendigerweise $\lambda = 0$ und $\big(I - X(2\pi)\big)\, z_0 = 0$ erfüllt sein. Wegen (2.2) ist

$$X(2\pi)\,(F\bar{x})\,(0) = (F\bar{x})\,(2\pi),$$

und aus der Periodizität von $\bar{x}$ folgt weiter

$$X(2\pi)\,(F\bar{x})\,(0) = (F\bar{x})\,(0).$$

Somit ist $(F\bar{x})\,(0)$ bis auf Vielfachheit Eigenvektor zu dem nach Voraussetzung (d2) einfachen Eigenwert 0 des Operators $\big(I - X(2\pi)\big)$. Es folgt $z_0 = \varkappa(F\bar{x})\,(0)$ und daher $z(t) = X(t)\,\varkappa(F\bar{x})\,(0) = \varkappa F\bar{x}$. q. e. d.

Satz 5. *Es gelte* (a2) *bis* (d2), *und es existiere ein Index* m_0, *so daß* $\big(F_*(F\bar{x})\big)_{m_0} \neq 0$ *ist. Dann existiert* $(I - DH_{\bar{\xi}})^{-1}$ *und ist stetig, wobei* $\bar{\xi}$ *eine Lösung von* (1.15) *und* I_ξ *der identische Operator in* $R^1 \times l_2$ *ist.*

Beweis. Die Fréchetableitung kann dargestellt werden als Matrixoperator $[l_2 \to l_2]$,

$$DH_\xi(\cdot) = \begin{bmatrix} 1 & 0 \;\dots\; 0 \; -1 \; 0 \;\dots\; 0 \;\dots \\ A_{01} & \\ \vdots & \\ A_{0N} & \\ -\dfrac{B_{11}}{1} & [D\Phi]_{nj} \\ \vdots & \\ -\dfrac{B_{mN}}{m} & \\ \dfrac{A_{mN}}{m} & \\ \vdots & \end{bmatrix}.$$

Dabei bedeutet $[D\Phi]_{nj}$ die Matrix der Elemente $\frac{\partial \Phi_n}{\partial v_j}$, $n, j = 1, 2, \ldots$ Daher kann $DH_{\bar{\xi}}(\cdot)$ zerlegt werden in einen endlichdimensionalen Operator $DH_{\xi}^{(m)}(\cdot)$ und einen Operator $DH_{\xi}^{\perp}(\cdot)$, so daß $DH_{\bar{\xi}}(\cdot) = DH_{\xi}^{(m)}(\cdot) + DH_{\xi}^{\perp}(\cdot)$ ist, wobei $DH_{\xi}^{\perp}(\cdot)$ eine hinreichend kleine Norm besitzt. Somit ist $DH_{\bar{\xi}}(\cdot)$ vollstetig, und für die Invertierbarkeit von $[I_{\xi} - DH_{\bar{\xi}}(\cdot)]$ ist hinreichend, daß

$$[I_{\xi}(\cdot) - DH_{\bar{\xi}}(\cdot)]\,\xi = 0 \tag{2.3}$$

nur triviale Lösungen besitzt.

Mit den berechneten Elementen $\frac{\partial \Phi_n}{\partial v_j}$ erhält man für (2.3):

1. *Gleichung:* $\lambda - \lambda + v_{m_0} = 0$,

k-te Gleichung $\left(k = 2(1)\,N + 1\right)$:

$$\lambda A_{0k} + \frac{\bar{\lambda}}{\pi}\int_0^{2\pi} \frac{\partial F_k}{\partial x_1}\,dt \cdot a_{01} + \cdots + \frac{\bar{\lambda}}{\pi}\int_0^{2\pi} \frac{\partial F_k}{\partial x_N}\,dt \cdot a_{0N}$$

$$+ \frac{\bar{\lambda}}{\pi}\int_0^{2\pi} \frac{\partial F_k}{\partial x_1}\cos t\,dt \cdot a_{11} + \cdots + \frac{\bar{\lambda}}{\pi}\int_0^{2\pi} \frac{\partial F_k}{\partial x_N}\sin t\,dt \cdot b_{1N} + \cdots$$

$$+ \frac{\bar{\lambda}}{\pi}\int_0^{2\pi} \frac{\partial F_k}{\partial x_N}\cos nt\,dt \cdot a_{nN} + \frac{\bar{\lambda}}{\pi}\int_0^{2\pi} \frac{\partial F_k}{\partial x_N}\sin nt\,dt \cdot b_{nN} + \cdots = 0,$$

die nächsten 2N Gleichungen (abwechselnd):

$$\lambda\,\frac{B_{1k}}{1} + \frac{\bar{\lambda}}{\pi}\int_0^{2\pi} \frac{\partial F_k}{\partial x_1}\,\frac{\sin t}{1}\,dt \cdot a_{01} + \cdots + \frac{\bar{\lambda}}{\pi}\int_0^{2\pi} \frac{\partial F_k}{\partial x_N}\,\frac{\sin t}{1}\,dt \cdot a_{0N}$$

$$+ a_{1k} + \frac{\bar{\lambda}}{\pi}\int_0^{2\pi} \frac{\partial F_k}{\partial x_1}\,\frac{\sin t}{1}\cos t\,dt \cdot a_{11} + \cdots + \frac{\bar{\lambda}}{\pi}\int_0^{2\pi} \frac{\partial F_k}{\partial x_N}\,\frac{\sin t}{1}\cos nt\,dt \cdot a_{nN} + \cdots = 0$$

bzw.

$$-\lambda\,\frac{A_{1k}}{1} - \frac{\bar{\lambda}}{\pi}\int_0^{2\pi} \frac{\partial F_k}{\partial x_1}\,\frac{\cos t}{1}\,dt \cdot a_{01} - \cdots - \frac{\bar{\lambda}}{\pi}\int_0^{2\pi} \frac{\partial F_k}{\partial x_1}\,\frac{\cos t}{1}\cos t\,dt \cdot a_{11}$$

$$+ b_{1k} - \frac{\bar{\lambda}}{\pi}\int_0^{2\pi} \frac{\partial F_k}{\partial x_1}\,\frac{\cos t}{1} \cdot \sin t\,dt \cdot b_{11} - \cdots - \frac{\bar{\lambda}}{\pi}\int_0^{2\pi} \frac{\partial F_k}{\partial x_N}\,\frac{\cos t}{1}\sin nt\,dt \cdot b_{nN} + \cdots = 0,$$

$1 + (2m + 1)N$*-te Gleichung:*

$$-\lambda \frac{A_{mN}}{m} - \frac{\bar{\lambda}}{\pi} \int_0^{2\pi} \frac{\partial F_N}{\partial x_1} \frac{\cos mt}{m} dt \cdot a_{01} - \cdots - \frac{\bar{\lambda}}{\pi} \int_0^{2\pi} \frac{\partial F_N}{\partial x_N} \frac{\cos mt}{m} \cdot a_{mN}$$

$$+ b_{mN} - \frac{\bar{\lambda}}{\pi} \int_0^{2\pi} \frac{\partial F_N}{\partial x_N} \frac{\cos mt}{m} \sin mt \, dt \cdot b_{mN} - \cdots = 0 \quad \text{usw.}$$

Dieses Gleichungssystem kann komprimiert geschrieben werden als

$$\begin{aligned} &(1) \quad v_{m_0} = 0, \\ &(2) \quad \lambda A_0 + F_*\{\bar{\lambda} DF_{F_*^{-1}\bar{v}}(F_*^{-1}v)\}_0 = 0, \\ &(3) \quad F_* \left\{ (F_*^{-1}v) - \frac{1}{\pi} \int_0^{2\pi} G(\cdot, s) \left(\lambda F(F_*^{-1}\bar{v}) + \bar{\lambda} DF_{F_*^{-1}\bar{v}}(F_*^{-1}v) \right) ds \right\}_{n>0} = 0. \end{aligned} \tag{2.4}$$

Geht man zur äquivalenten Integralgleichung über, dann erhält man

$$\begin{aligned} &(1) \quad \int_0^{2\pi} (\lambda F\bar{x} + \bar{\lambda} DF_{\bar{x}} x) \, ds = 0, \\ &(2) \quad y - \frac{1}{\pi} \int_0^{2\pi} G(\cdot, s) \, [\bar{\lambda} DF_{\bar{x}} x + \lambda F\bar{x}] \, ds = 0. \end{aligned} \tag{2.5}$$

Hierzu gehört aber das äquivalente Differentialgleichungssystem

$$\begin{aligned} &(1) \quad \dot{x} = \bar{\lambda} DF_{\bar{x}} x + \lambda F\bar{x}; \quad x(0) = x(2\pi), \\ &(2) \quad v_{m_0} = 0. \end{aligned} \tag{2.6}$$

Aus dem Lemma folgt $\lambda = 0$, $x = \varkappa F\bar{x}$. Die Gleichung $v_{m_0} = 0$ bedeutet aber

$$v_{m_0} = F_*(x)_{m_0} = F_*\{\varkappa F\bar{x}\}_{m_0} = 0,$$

so daß nach Voraussetzung $\varkappa = 0$ folgt, d. h. $x = 0$ und somit $v = F_*(x) = 0$. Somit hat die Gleichung $[I_\xi(\cdot) - DH_{\bar{\xi}}(\cdot)]\,\xi = 0$ nur die triviale Lösung $\xi = 0$, und $[I_\xi(\cdot) - DH_{\bar{\xi}}(\cdot)]^{-1}$ ist stetig. q. e. d.

Satz 6. *Es gelte* (a2) *bis* (d2), *und es existiere ein Index* k_0 *mit* $\left((F\bar{x})(0)\right)_{k_0} \neq 0$. *Dann existiert* $(I - DH_{s\bar{x}})^{-1}$ *und ist stetig, wobei* I *den identischen Operator in* $R^1 \times C^N[0, 2\pi] \times R^N$ *bezeichnet.*

Beweis. Unter den gemachten Voraussetzungen läßt sich die Vollstetigkeit von H_s zeigen (siehe [5, 6]). Somit ist wieder hinreichend, die triviale Lösbarkeit der Gleichung

$$(I - DH_{s\bar{x}})\, w = 0 \tag{2.7}$$

zu untersuchen. Explizit lautet (2.7)

$$\begin{pmatrix} \lambda \\ u \\ a \end{pmatrix} - \begin{pmatrix} 1 & \theta_N{}^{\mathrm{tr}} & -e_{k_0}^{\mathrm{tr}} \\ F\bar{x} & \bar{\lambda} DF_{\bar{x}} J & \bar{\lambda} DF_{\bar{x}} \\ \theta_N & J_{2\pi} & I_N x_N \end{pmatrix} \begin{pmatrix} \lambda \\ u \\ a \end{pmatrix} = 0. \tag{2.8}$$

Konstruiert man das äquivalente Differentialgleichungssystem, dann ergibt sich

$$\begin{aligned} &(1) \qquad x_{k_0}(0) = 0, \\ &(2) \qquad \dot{x} = \bar{\lambda} DF_{\bar{x}} x + \lambda F\bar{x}, \\ &(3) \qquad x(0) = x(2\pi). \end{aligned} \tag{2.9}$$

Mit dem Lemma folgt aus (2.9) (2), (3)

$$\lambda = 0, \quad x(t) = \varkappa(F\bar{x})(t).$$

Wegen Voraussetzung zum Satz muß $\varkappa = 0$ und somit wegen $x(t) = J_t u + a$ auch $u = 0$, $a = 0$ sein. q. e. d.

2.2. *Projektionsmethoden*

Nun können analog zum nichtautonomen Fall projizierte Gleichungen zur Approximation asymptotisch orbital stabiler Lösungen von (1.1), (1.2) betrachtet werden. Für (1.15) erhält man

$$\xi_m = P^{((2m+1)N+1)} H(\xi_m), \tag{2.10}$$

mit $\xi_m = P^{((2m+1)N+1)} \xi$.

Wegen Satz 5 fällt es nicht schwer, mit Hilfe der Untersuchungen für Projektionsverfahren aus [10] die Konvergenz der Lösungen von (2.10) für $m \to \infty$ nachzuweisen. Gut verwendbar sind dabei die Ergebnisse, die für den nichtautonomen Fall erzielt wurden (siehe [6]). (2.10) stellt ein nichtlineares Gleichungssystem für die Fourierkoeffizienten und die Schwingungsdauer dar. Es wurde iterativ mit einem regularisierten, gedämpften Newtonverfahren gelöst, wobei die Fourierkoeffizienten mit der schnellen Fouriertransformation berechnet werden.

Bei der Splineapproximation wird die projizierte Operatorgleichung dadurch erzeugt, daß der Projektionsoperator $P_s{}^{(m)}$ auf die zweite Komponente von (1.18) angewendet wird.

$$\begin{aligned} \lambda_m &= \lambda_m + d - a_{mk_0}, \\ u_m &= \lambda_m P_s{}^{(m)} F(J u_m + a_m), \\ a_m &= J_{2\pi} u_m + a_m. \end{aligned} \tag{2.11}$$

Für den Konvergenzbeweis wird mit der Aussage von Satz 6 auf die Untersuchungen im nichtautonomen Fall verwiesen (siehe [5, 6]). (2.11) wird mit Hilfe des Newtonverfahrens iterativ gelöst. Das Iterationsverfahren lautet

$$\begin{aligned}
&\Delta a_{m,k_0}^{(r+1)} = d - a_{m,k_0}^{(r)},\\
&-\Delta\lambda_m{}^{(r+1)} P_s{}^{(m)} F x_m{}^{(r)} + \Delta u_m{}^{(r+1)} - \lambda_m{}^{(r)} P_s{}^{(m)} D F_{x_m{}^{(r)}} (J \Delta u_m{}^{(r+1)} + \Delta a_m{}^{(r+1)})\\
&\qquad = \lambda_m{}^{(r)} P_s{}^{(m)} F x_m{}^{(r)} - u_m{}^{(r)},\\
&-J_{2\pi} \Delta u_m{}^{(r+1)} = J_{2\pi} u_m{}^{(r)}. \qquad (2.12)
\end{aligned}$$

Durch Ausnutzung der Interpolationseigenschaft des Operators $P_s{}^{(m)}$ und der exakten Auswertung der dann auftretenden bestimmten Integrale durch Quadraturformeln (u_m besteht stückweise aus Parabelbögen) erhält man ein lineares Gleichungssystem zur Bestimmung der Korrekturen $\Delta\lambda_m{}^{(r+1)} = \lambda_m{}^{(r+1)} - \lambda_m{}^{(r)}$, $\Delta u_m{}^{(r+1)} = u_m{}^{(r+1)} - u_m{}^{(r)}$, $\Delta a_m{}^{(r+1)} = a_m{}^{(r+1)} - a_m{}^{(r)}$ mit der Abkürzung $x_m{}^{(r)} = J u_m{}^{(r)} + a_m{}^{(r)}$.

3. Beispiele

Für die vorgestellten Verfahren wurden Programme erstellt, die die verschiedenen Algorithmen realisieren. Die Fouriermethoden wurden in ALGOL für den Rechenautomaten BESM-6 und die Splineapproximation in FORTRAN auf der ESER-1022 implementiert. Die nachfolgenden Beispiele zeigen einige Ergebnisse, die mit diesen Programmen erzielt worden sind.

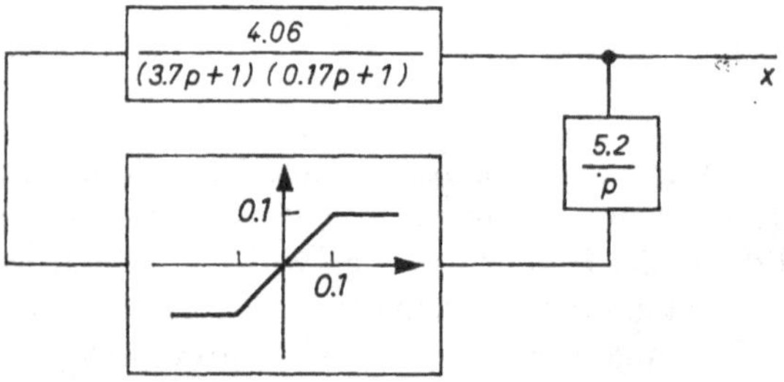

Abb. 2

1. Ausgehend von dem Regelkreis in Abb. 2 wurde die Differentialgleichung

$$\begin{aligned}
\dot{x}_1 &= 5.2 x_2\\
\dot{x}_2 &= x_3\\
\dot{x}_3 &= -5.9 x_3 - 1.6 x_2 - 6.45 \begin{cases} 0.1 \operatorname{sgn}(x_1) & \text{für} \quad |x_1| \geqq 0.1\\ x_1 & \text{für} \quad |x_1| < 0.1 \end{cases}
\end{aligned}$$

behandelt. Die Schwingungsdauer der periodischen Lösung wurde auf dem Analogrechner zu $T = 5.35$ bestimmt. Für eine Projektionsordnung $m = 9$ wurde mit den Fouriermethoden $T = 4.85$ berechnet.

2. Die Differentialgleichung

$$\dot{x}_1 = \frac{256}{64 + x_5^6} - x_1$$

$$\dot{x}_2 = x_1 - x_2$$

$$\dot{x}_3 = x_2 - x_3$$

$$\dot{x}_4 = x_3 - x_4$$

$$\dot{x}_5 = x_4 - x_5$$

stammt aus der Enzymgenetik. Die Existenz einer stabilen periodischen Lösung ist aufgrund der realen Existenz der modellierten Enzymkette bekannt.

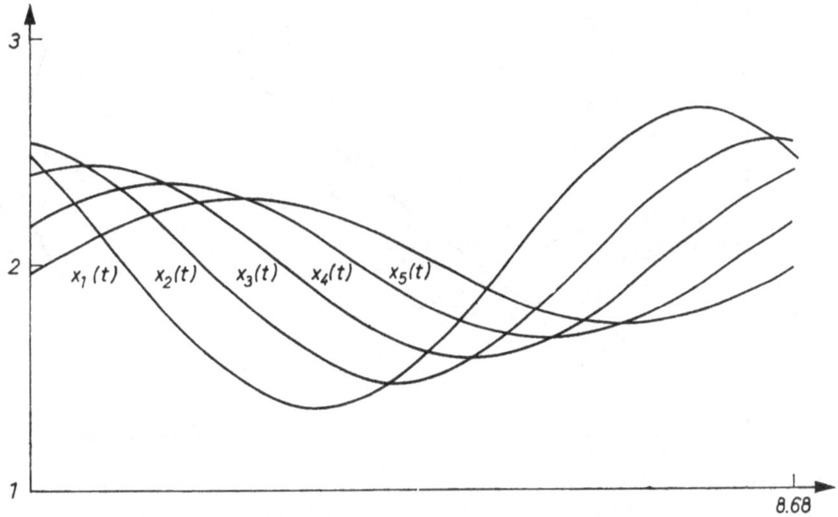

Abb. 3

Für die Projektionsordnung $m = 5$ wurde mit der Fouriermethode die Periodenlänge $T = 8.60$ und mit Hilfe der Splineapproximation $T = 8.678$ bestimmt. Abb. 3 zeigt die approximierten Lösungen, die mit beiden Verfahren in sehr guter Übereinstimmung berechnet wurden.

3. Als nächstes Beispiel wurde für bestimmte Parameter das Volterrasystem untersucht. Es beschreibt die Wechselwirkung zweier Bakterienstämme, wobei ein Bakterienstamm von der Vernichtung des anderen lebt, jedoch selbst dezimiert wird, wenn zuviel Nahrung verbraucht wurde. Die Differentialgleichung lautet

$$\dot{x}_1 = 1 - bx_1 - x_1 x_2^2,$$

$$\dot{x}_2 = a x_1 x_2^2 - a x_2.$$

Für verschiedene Parameterwerte a, b wurden die Lösungen berechnet. Die zugehörigen Schwingungsdauern sind in folgender Tabelle angegeben:

a	b	Spline	Fourier
1.1	0.0	6.625	6.55
1.03	0.05	7.56	7.4
0.99	0.075	8.194	8.1

Die außerordentlich große Parameterempfindlichkeit des Systems läßt sich ebenfalls gut erkennen. Die Abb. 4 zeigt den Lösungsverlauf von x_1 und x_2 für die Parameter $a = 1.03$ und $b = 0.05$.

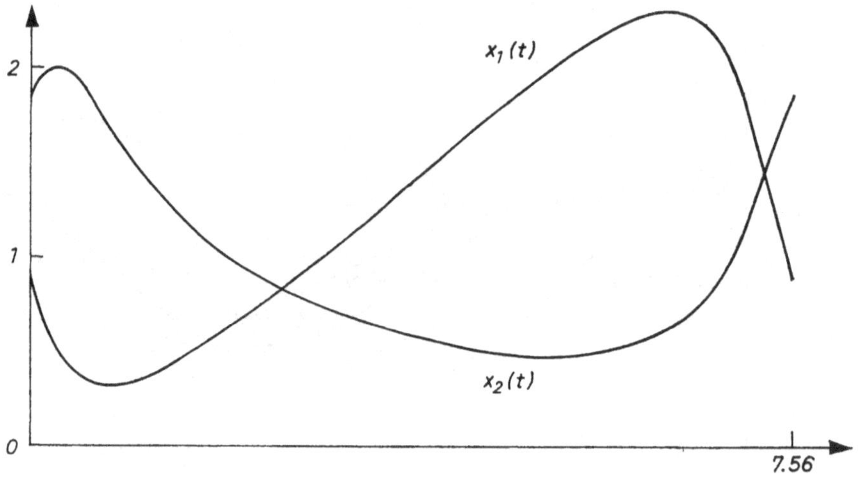

Abb. 4

Literatur

[1] CRONIN, J., Periodic solutions in n dimensions and Volterra equations, J. Diff. Equations **19** (1975), 278.
[2] HOFMANN, W., und H. VOSS, Shooting-Verfahren bei nichtlinearen, autonomen Schwingungen, Computing **17** (1976), 187—191.
[3] HOLLAND, D., Numerische Behandlung autonomer Schwingungen, Dissertation (A), Humboldt-Univ. Berlin 1977.
[4] KRASNOSJELSKIJ, M. A., Topologische Methoden in der Theorie nichtlinearer Integralgleichungen (russ.), Gostechisdat, Moskau 1956.
[5] LAMOUR, R., Spline-Approximation nichtlinearer Schwingungen, Dissertation (A), Humboldt-Univ. Berlin 1977.
[6] LAMOUR, R., und J. NIETZSCH, Numerische Behandlung nichtautonomer Schwingungsprobleme, Wiss. Z. Humboldt-Univ. (in Vorbereitung).

[7] Nietzsch, J., Numerische Behandlung nichtlinearer Schwingungsprobleme, Dissertation (B), Humboldt-Univ. Berlin 1977.
[8] Urabe, M., Nonlinear Autonomous Oscillations, Academic Press, New York 1967.
[9] Wainberg, M. M., und W. A. Trenogin, Theorie der Lösungsverzweigung bei nichtlinearen Gleichungen, Akademie-Verlag, Berlin 1973 (Übersetzung aus dem Russischen).
[10] Krasnoselski, M. A., u. a., Näherungsverfahren zur Lösung von Operatorgleichungen, Akademie-Verlag, Berlin 1973 (Übersetzung aus dem Russischen).

Manuskripteingang: 10. 3. 1978

VERFASSER:

Dr. rer. nat. Dorothea Holland, Zentrum für Rechentechnik der Akademie der Wissenschaften der DDR Berlin

Dr. sc. nat. Josef Nietzsch und Dr. rer. nat. René Lamour, Sektion Mathematik der Humboldt-Universität Berlin

Beiträge zur Numerischen Mathematik
9 (1981), 131–133

Rasterarithmetik in numerischen Verfahren

Immo O. Kerner

Die Realisierung numerischer Verfahren bedeutet immer den Einsatz einer sogenannten „Rasterarithmetik“ [4], d. h. einen Abgang vom Kontinuum eines analytischen bzw. funktionalanalytischen Zahlenraumes. Obwohl i. a. ein Raster als der Objektraum eines Computers ein gutes Modell für das Kontinuum darstellt, sind doch mitunter resultierende Ergebnisabweichungen erheblich und erstaunlich, solange man sich nicht genügend Klarheit über den Unterschied zwischen Kontinuumsarithmetik und Rasterarithmetik verschafft hat. Hilfsmittel und Methoden der Funktionalanalysis, obwohl diese essentiell für die numerische Mathematik sind, genügen nicht mehr allein zur Erklärung und Begründung gewisser praktischer numerischer Erscheinungen.

In [1] und der dort zitierten Dissertation hat W. Peters ein numerisches Verfahren ausführlich untersucht und ist dabei auf einige merkwürdige numerische Phänomene gestoßen. Er hat beispielsweise das lineare Gleichungssystem

$$\begin{aligned} 6x_1 \quad + x_2 &= 7, \\ 8x_i + 6x_{i+1} + x_{i+2} &= 15 \quad \text{mit} \quad i = 1(1)\,N-2, \\ 8x_{N-1} + 6x_N &= 14 \end{aligned} \tag{1}$$

(bei ihm ist $N = 84$) iterativ gelöst und dazu ein zehnstelliges dezimales Gleitkommaraster verwenden können. Man erkennt, daß die exakte Lösung des Systems

$$x_i = 1, \quad i = 1(1)\,N,$$

ist. Er erhält dies jedoch nur bis $i = 50$, und dann setzt ein alternierender ständig wachsender Fehler ein, der schließlich

$$x_{83} = 1{,}218750000 \quad \text{und} \quad x_{84} = 0{,}7083333333$$

liefert. Von diesen Werten löste sich die Iteration nicht mehr, so daß dies bezüglich der geforderten Genauigkeit (10^{-9}) als Fixpunkt im Raster angenommen werden darf. Auch bei anderen Iterationsstrategien läuft die Iteration in die Umgebung dieses Fixpunktes. Die Unterschiede bewegen sich bis $i = 50$ nur in der zehnten Stelle. Nach Prager-Öttli [3] ist diese Näherungslösung akzeptierbar, da für den Defekt r

komponentenweise

$$|r| \leqq 10^{-9}\,|1 + x| \leqq 85 \cdot 10^{-9}$$

gilt; angegeben ist als Norm des Defektvektors $4{,}41 \cdot 10^{-8}$.

Nun hat das System (1) eine bemerkenswerte Instabilität gegenüber Störungen der rechten Seite, worauf L. BERG (Rostock) hinwies. Lautet beispielsweise die erste Gleichung

$$6x_1 + x_2 = 7 + \varepsilon \tag{2}$$

und alle anderen bleiben unverändert, so ist die exakte Lösung

$$x_i = 1 - (-1)^i \frac{2^{N+1-i} - 1}{2^{N+1} - 1} 2^{2i-3}\varepsilon, \quad i = 1(1)\,N. \tag{3}$$

Während also die ersten Komponenten

$$x_1 = 1 + \varepsilon/4, \quad x_2 = 1 - \varepsilon/2, \quad x_3 = 1 + \varepsilon$$

relativ wenig Änderungen zeigen, weisen die letzten,

$$x_{83} = 1 + 3 \cdot 2^{78}\varepsilon, \quad x_{84} = 1 - 2^{80}\varepsilon,$$

einen ungeheuren Unterschied auf. Die numerische Lösung des gestörten Systems nach den Verfahren von W. PETERS ist jedoch nur wenig verschieden von der Lösung des ungestörten Systems. Die ersten Komponenten zeigen die erwarteten alternierenden Abweichungen, welche jedoch nur bis

$$x_{83} = 1{,}218, \quad x_{84} = 0{,}708$$

auflaufen. Auch diese Näherungslösung ist nach PRAGER-ÖTTLI für das gestörte System bei einem zehnstelligen Gleitkommaraster akzeptierbar.

Nimmt man $\varepsilon = 10^{-5}$ an und beachtet, daß 2^{80} eine 25stellige Dezimalzahl ist $(1{,}21 \cdot 10^{24})$, so entsteht bei zehnstelliger Rechnung beispielsweise in der letzten Gleichung ein Defekt

$$r_{84} = 5 \cdot 10^{10},$$

wenn man die exakte Lösung einsetzt, d. h. deren Darstellung im Raster verwendet. Das Kriterium von PRAGER-ÖTTLI läßt wie erwartet auch die Rasterdarstellung der exakten Lösung als akzeptierbar zu. „Benachbarte" Näherungslösungen (d. h., die Zweierpotenzen werden nicht auf zehn, sondern vielleicht nur auf sechs Stellen numerisch erhalten) lassen die Größenordnung des Defektes um die Anzahl der verlorenen genauen Stellen hochschnellen, d. h. etwa

$$r_{84} = 10^{14},$$

und dann ist eine solche Näherung nicht mehr akzeptierbar, obwohl sie noch sechs Stellen der exakten Lösung korrekt angibt. Die nach dem Verfahren von W. PETERS angebotene Näherung, die in den höheren Komponenten mit der exakten Lösung keine Ähnlichkeit mehr aufweist — die Größenordnung unterscheidet sich um 20 —, ist dagegen im Raster akzeptierbar.

Löst man das System (1,2) nach Gauß, und zwar formelmäßig, so erhält man beim Herstellen der Dreiecksgestalt in der Zeile $k = 1(1)\,N - 1$

$$\left(4 + \frac{2}{2^k - 1}\right) x_k + x_{k+1} = 5 + \frac{2 - (-1)^k\, 2^{2(k-1)}\varepsilon}{2^k - 1}. \tag{4}$$

Die letzte Zeile lautet

$$\left(4 + \frac{2}{2^N - 1}\right) x_N = 4 + \frac{2 - (-1)^N\, 2^{2(N-1)}\varepsilon}{2^N - 1}.$$

In einem zehnstelligen Rechenraster müssen dabei Fehler auftreten, sobald

$$2^k > 10^{10} \quad \text{oder} \quad k \geqq 33$$

wird. Auch wenn $\varepsilon = 0$ ist, wirkt das Raster von einer gewissen Stelle an durch Einbringen eines ε. Dies erklärt die aufgetretenen numerischen Erscheinungen, und auch an diesem Beispiel wird deutlich, daß bei der Beurteilung numerischer Verfahren nicht allein funktionalanalytische Methoden ausreichen. Das verwendete Raster ist maßgeblich beteiligt, und es muß mit in die Betrachtung einbezogen werden.

Literatur

[1] Peters, W., Lösung linearer Gleichungssysteme durch Projektion auf Schnitträume von Hyperebenen und Berechnung einer verallgemeinerten Inversen, Beiträge Numer. Math. 5 (1976), 129–146.

[2] Peters, W., Eigenschaften einer nach dem Projektionsverfahren auf Schnitträume von Hyperebenen berechneten verallgemeinerten Matrixinversen, Beiträge Numer. Math. 6 (1977), 127–132.

[3] Prager-Öttli, W., Compatibility of approximate solution of linear equations with given error bounds for coefficients and right hand sides, Numerische Mathematik 6 (1964), 405 bis 409.

[4] Ullrich, Ch., Rundungsinvariante Strukturen mit äußeren Verknüpfungen, Dissertation, Universität Karlsruhe 1972.

Manuskripteingang: 10. 3. 1978

VERFASSER:

Prof. Dr. sc. Immo O. Kerner, Sektion Mathematik/Geographie der Pädagogischen Hochschule „K. F. W. Wander“ Dresden

Beiträge zur Numerischen Mathematik
9 (1981), 135–145

Biquadratische Interpolations- und Volumenabgleichssplines

HOLGER METTKE

1. Einleitung

In der vorliegenden Arbeit werden die Ergebnisse von SCHMIDT/METTKE aus [2] über quadratische Interpolations- und Flächenabgleichssplines auf den Fall von Splines über zweidimensionale rechteckige Gebiete erweitert. Die biquadratische Splineinterpolation über Rechteckgebiete ist bereits in [5] von STEČKIN/SUBBOTIN untersucht worden. Bei ihrem Vorgehen wird das Splinenetz durch Halbierung aus dem Interpolationsgitter gewonnen. Für spezielle Randbedingungen an die Interpolationssplines, die derart sind, daß sich die entstehende Interpolationsaufgabe in das hier vorgestellte Konzept einordnen läßt, werden dort unter zusätzlichen asymptotischen Gleichmäßigkeitsforderungen an die Interpolationsgitter positive Konvergenzergebnisse hergeleitet.

Abweichend vom obigen Herangehen wird in dieser Arbeit das Interpolationsgitter aus dem Splinenetz gebildet. Dabei werden jedoch beliebige zum Splinenetz passende, also nicht nur durch Halbierung entstandene Interpolationsgitter zugelassen. Bei diesem Vorgehen ist es nun möglich, die eindeutige Existenz eines biquadratischen Interpolationssplines nachzuweisen, ohne zusätzliche Randbedingungen (wie etwa die Vorgabe von Ableitungswerten des Interpolationssplines auf dem Rand des Rechteckgebietes) stellen zu müssen. Gleichzeitig wird eine Berechnungsvorschrift für den Interpolationsspline hergeleitet. Für Funktionen aus $C^{(p,q)}$ $(0 \leqq p, q \leqq 2)$ wird die Konvergenz der biquadratischen Interpolationssplines nachgewiesen. Dabei erhält man die höchste Konvergenzordnung, wenn $p = q = 2$ ist. Lediglich für $p = 0$ oder $q = 0$ sind zum Konvergenznachweis zusätzliche Voraussetzungen erforderlich. Diese beziehen sich auf das Teilungsverhältnis zwischen Splinenetz und Interpolationsgitter.

Neben den Interpolationssplines werden biquadratische Volumenabgleichssplines untersucht. Bei ihnen kann Konvergenz für beliebige stetige Funktionen nachgewiesen werden, ohne zusätzliche Voraussetzungen an das Splinenetz stellen zu müssen. Darüber hinaus wird für biquadratische Volumenabgleichssplines eine Extremaleigenschaft hergeleitet, wie sie bereits von SCHOENBERG [3] auf anderem Wege für Splines, die in beiden Variablen periodisch sind, bewiesen wurde.

2. Bezeichnungen, Definitionen

Es bezeichne $B = [a, b] \times [c, d]$ ein Rechteckgebiet des R^2. Die Intervalle $[a, b]$ und $[c, d]$ seien durch Gitter

$$\pi_x\colon a = x_0 < x_1 < \cdots < x_{m-1} < x_m = b$$

der Feinheit $H = H(\pi_x) = \max\limits_{i=1(1)m} h_i$, $h_i = x_i - x_{i-1}$, und

$$\pi_y\colon c = y_0 < y_1 < \cdots < y_{n-1} < y_n = d$$

der Feinheit $K = K(\pi_y) = \max\limits_{j=1(1)n} k_j$, $k_j = y_j - y_{j-1}$, in m bzw. n Teilintervalle zerlegt. Über B werde durch

$$\pi = \{(x_i, y)\colon x_i \in \pi_x, c \leqq y \leqq d\} \cup \{(x, y_j)\colon y_j \in \pi_y, a \leqq x \leqq b\}$$

ein Splinenetz definiert. Dieses Netz π unterteilt B in Rechtecke

$$B_{ij} = [x_{i-1}, x_i] \times [y_{j-1}, y_j], \quad i = 1(1)\,m, \quad j = 1(1)\,n.$$

Sei weiterhin

$$\varkappa_x\colon a = u_0 < u_1 < \cdots < u_m < u_{m+1} = b$$

ein mit π_x verträgliches Gitter, d. h., es existieren $\alpha_i \in (0, 1)$, $i = 1(1)\,m$, so daß $u_i = \alpha_i x_{i-1} + (1 - \alpha_i)\, x_i$ gilt. Ebenso sei

$$\varkappa_y\colon c = v_0 < v_1 < \cdots < v_n < v_{n+1} = d$$

mit π_y verträglich, wobei β_j, $j = 1(1)\,n$, die Teilungsverhältnisse sein mögen. Dann heißt $\varkappa = \varkappa_x \times \varkappa_y$ ein mit π verträgliches Interpolationsgitter.

Eine Funktion $S \mid B \to R$ wird *biquadratischer Spline* zum Splinenetz π genannt, wenn

(i) $S \in C^{(1,1)}(B)$ und

(ii) S auf jedem Teilgebiet B_{ij}, $i = 1(1)\,m$, $j = 1(1)\,n$, mit einem biquadratischen Polynom übereinstimmt.

Der $(m + 2)\,(n + 2)$-dimensionale, lineare Raum $S_{2,2}(B, \pi)$ aller biquadratischen Splines über B zum Splinenetz π läßt sich als Tensorprodukt der beiden linearen Räume quadratischer Splines $S_2([a, b], \pi_x)$ und $S_2([c, d], \pi_y)$ darstellen; dies ist in [1] nachgewiesen worden und für das Folgende von Wichtigkeit.

Ist $f \mid B \to R$ eine vorgegebene Funktion, so heißt $S = S(f, \pi, \varkappa, \cdot, \cdot)$ *biquadratischer Interpolationsspline* zu f, wenn neben (i) und (ii) noch die Interpolationsbedingungen

(iii) $S(u_i, v_j) = f(u_i, v_j) =: f_{ij}$ für alle $(u_i, v_j) \in \varkappa$

erfüllt sind.

Schließlich wollen wir eine Funktion $T = T(f, \pi, \cdot, \cdot)$ *biquadratischen Volumenabgleichsspline* zu f nennen, wenn (i), (ii) und

(iii') $\iint\limits_{B_{ij}} T(x, y)\, dx\, dy = \iint\limits_{B_{ij}} f(x, y)\, dx\, dy =: H_{ij}, \quad i = 1(1)\,m, \quad j = 1(1)\,n,$

$$\text{(iv')}\qquad \int_{x_{i-1}}^{x_i} T(x, y_j)\,dx = \int_{x_{i-1}}^{x_i} f(x, y_j)\,dx, \quad i = 1(1)\,m, \quad j = 0, n,$$

$$\int_{y_{j-1}}^{y_j} T(x_i, y)\,dy = \int_{y_{j-1}}^{y_j} f(x_i, y)\,dy, \quad i = 0, m, \quad j = 1(1)\,n,$$

$$T(x_i, y_j) = f(x_i, y_j), \qquad i = 0, m, \quad j = 0, n$$

gelten.

3. Existenz, Eindeutigkeit, Berechnungsvorschrift

Durch die $(m + 2)$ $(n + 2)$ Interpolationsbedingungen (iii) werden die noch freien Parameter eines biquadratischen Splines aus $S_{2,2}(B, \pi)$ eindeutig festgelegt; dies ergibt der nachfolgende Satz.

Satz 1. *Es sei $f \mid B \to R$ eine gegebene Funktion, π ein Splinenetz und $\varkappa$ ein mit π verträgliches Interpolationsgitter. Dann existiert genau ein biquadratischer Interpolationsspline $S = S(f, \pi, \varkappa, \cdot, \cdot)$.*

Beweis. Aufgrund der Verträglichkeit von π und $\varkappa$ existieren nach [2], S. 354, die folgenden (eindimensionalen) quadratischen Interpolationssplines $\bar{s}_i$, $i = 0(1)m + 1$, und s_j, $j = 0(1)\,n + 1$, jeweils eindeutig:

$$\bar{s}_i(x) = s_i(\pi_x, \varkappa_x, x) \quad \text{mit} \quad \bar{s}_i(u_k) = \delta_{ik} \quad \text{für alle} \quad u_k \in \varkappa_x,$$

$$s_j(y) = s_j(\pi_y, \varkappa_y, y) \quad \text{mit} \quad s_j(v_k) = \delta_{jk} \quad \text{für alle} \quad v_k \in \varkappa_y.$$

Dann ist offensichtlich

$$S(x, y) = \sum_{i=0}^{m+1} \sum_{j=0}^{n+1} f_{ij} \bar{s}_i(x)\, s_j(y)$$

ein biquadratischer Spline zum Splinenetz π, der die Bedingungen (iii) erfüllt.

Angenommen, es existieren zwei derartige biquadratische Splines S_1 und S_2. Dann gilt für die Differenz $S_3 = S_1 - S_2$:

$$S_3(u_i, y) \equiv 0, \quad i = 0(1)\,m + 1 \quad \text{und} \quad S_3(x, v_j) \equiv 0, \quad j = 0(1)\,n + 1.$$

Anderenfalls würden eindimensionale Splines $S(x)$ bzw. $S(y)$ existieren, die an den Punkten u_i bzw. v_j Nullstellen besitzen, aber nicht identisch Null sind. Dies wäre aber ein Widerspruch zur Eindeutigkeit quadratischer Interpolationssplines ([2]). Der Nachweis, daß $S_3 \equiv 0$ auf jedem $Q_{ij} = [u_i, u_{i+1}] \times [v_j, v_{j+1}]$ und somit auf ganz B identisch Null ist, kann nun in elementarer Weise erbracht werden und wird deshalb hier nicht ausgeführt. q. e. d.

Eine einfache Vorschrift zur Berechnung des Interpolationssplines S erhält man folgendermaßen:

Für $j = 0(1)\, n + 1$ konstruiere man zunächst die quadratischen Interpolationssplines $s_j(x) = s_j(g, \pi_x, \varkappa_x, x)$ zur Funktion $g(x) = f(x, y_j)$. Diese Funktionen s_j existieren eindeutig und besitzen mit den Abkürzungen $M_{ij} = s_j'(x_i)$, $i = 0(1)\, m$, auf $[x_{i-1}, x_i]$ die Darstellung

$$s_j(x) = \left\{\frac{(x - x_{i-1})^2}{2h_i} - \frac{(1 - \alpha_i)^2\, h_i}{2}\right\} M_{ij} + \left\{\frac{\alpha_i^2 h_i}{2} - \frac{(x_i - x)^2}{2h_i}\right\} M_{i-1,j} + f_{ij}, \tag{1}$$

$i = 1(1)\, m$ (siehe [2], S. 354). Die noch unbekannten ersten Ableitungen M_{ij} lassen sich aus dem linearen Gleichungssystem (2)—(4) mit tridiagonaler, diagonaldominanter und von j unabhängiger Systemmatrix[1]) ermitteln:

$$\frac{1 - \alpha_1^2}{2}\, h_1 M_{0j} + \frac{(1 - \alpha_1)^2}{2}\, h_1 M_{1j} = f_{1j} - f_{0j}, \tag{2}$$

$$\frac{\alpha_i^2}{2}\, h_i M_{i-1,j} + \left\{\frac{2\alpha_i - \alpha_i^2}{2}\, h_i + \frac{1 - \alpha_{i+1}^2}{2}\, h_{i+1}\right\} M_{ij}$$

$$+ \frac{(1 - \alpha_{i+1})^2}{2}\, h_{i+1} M_{i+1,j} = f_{i+1,j} - f_{ij}, \quad i = 1(1)\, m - 1, \tag{3}$$

$$\frac{\alpha_m^2}{2}\, h_m M_{m-1,j} + \frac{2\alpha_m - \alpha_m^2}{2}\, h_m M_{mj} = f_{m+1,j} - f_{mj}. \tag{4}$$

Zu beliebigem, aber festem $x \in [a, b]$ sei nun $S(y) = S(x, y)$ derjenige quadratische Interpolationsspline zum Splinegitter π_y, der an den Punkten v_k von $\varkappa_y$ mit $s_k(x)$, $k = 0(1)\, n + 1$, übereinstimmt. $S(x, y)$ existiert wiederum eindeutig und besitzt in Analogie zu (1) auf dem Intervall $[y_{j-1}, y_j]$ die Darstellung

$$S(x, y) = \left\{\frac{(y - y_{j-1})^2}{2k_j} - \frac{(1 - \beta_j)^2\, k_j}{2}\right\} m_j(x)$$

$$+ \left\{\frac{\beta_j^2 k_j}{2} - \frac{(y_j - y)^2}{2k_j}\right\} m_{j-1}(x) + s_j(x) \tag{5}$$

für $j = 1(1)\, n$. Die ersten Ableitungen $m_j(x) = \dfrac{\partial}{\partial y} S(x, y)|_{y=y_j}$ werden dabei aus einem zu (2)—(4) entsprechenden Gleichungssystem berechnet, wobei die Systemmatrix

[1]) Die Unabhängigkeit von j ergibt sich deshalb, weil die Teilungsverhältnisse α_i unabhängig von y gewählt werden.

$$\mathfrak{A} = \begin{pmatrix} \frac{1-\beta_1^2}{2}k_1 & \frac{(1-\beta_1)^2}{2}k_1 & & & & 0 \\ \frac{\beta_1^2}{2}k_1 & \left\{\frac{2\beta_1-\beta_1^2}{2}k_1+\frac{1-\beta_2^2}{2}k_2\right\} & \frac{(1-\beta_2)^2}{2}k_2 & & & \\ & \cdot & \cdot & \cdot & & \\ & & \cdot & \cdot & \cdot & \\ & & & \cdot & \cdot & \cdot \\ 0 & & & \frac{\beta_{n-1}^2}{2}k_{n-1} & \left\{\frac{2\beta_{n-1}-\beta_{n-1}^2}{2}k_{n-1}+\frac{1-\beta_n^2}{2}k_n\right\} & \frac{(1-\beta_n)^2}{2}k_n \\ & & & & \frac{\beta_n^2}{2}k_n & \frac{2\beta_n-\beta_n^2}{2}k_n \end{pmatrix} \quad (6)$$

von x unabhängig ist. Unter Benutzung von (1) erhält man demzufolge für $x \in [x_{i-1}, x_i]$

$$\begin{pmatrix} m_0(x) \\ \vdots \\ m_n(x) \end{pmatrix} = \left\{ \frac{(x - x_{i-1})^2}{2h_i} - \frac{(1 - \alpha_i)^2 h_i}{2} \right\} \begin{pmatrix} G_{i0} \\ \vdots \\ G_{in} \end{pmatrix}$$

$$+ \left\{ \frac{\alpha_i^2 h_i}{2} - \frac{(x_i - x)^2}{2h_i} \right\} \begin{pmatrix} G_{i-1,0} \\ \vdots \\ G_{i-1,n} \end{pmatrix} + \begin{pmatrix} E_{i0} \\ \vdots \\ E_{in} \end{pmatrix}; \tag{7}$$

die Größen G_{ij} und E_{ij} ergeben sich als Lösung der Gleichungssysteme

$$\mathfrak{A} \cdot \begin{pmatrix} G_{i0} \\ \vdots \\ G_{in} \end{pmatrix} = \begin{pmatrix} M_{i1} - M_{i0} \\ \vdots \\ M_{i,n+1} - M_{in} \end{pmatrix} \quad \text{und} \quad \mathfrak{A} \cdot \begin{pmatrix} E_{i0} \\ \vdots \\ E_{in} \end{pmatrix} = \begin{pmatrix} f_{i1} - f_{i0} \\ \vdots \\ f_{i,n+1} - f_{in} \end{pmatrix},$$

$$i = 0(1)\,m. \tag{8}$$

Setzt man die entsprechenden Komponenten aus (7) in (5) ein, so führt dies schließlich zu folgender Berechnungsvorschrift von $S(x, y)$ auf B_{ij}:

$$S(x, y) = \left\{ \frac{(y - y_{j-1})^2}{2k_j} - \frac{(1 - \beta_j)^2 k_j}{2} \right\} \left\{ G_{ij} \left[\frac{(x - x_{i-1})^2}{2h_i} - \frac{(1 - \alpha_i)^2 h_i}{2} \right] \right.$$

$$\left. + G_{i-1,j} \left[\frac{\alpha_i^2 h_i}{2} - \frac{(x_i - x)^2}{2h_i} \right] + E_{ij} \right\} + \left\{ \frac{\beta_j^2 k_j}{2} - \frac{(y_j - y)^2}{2k_j} \right\}$$

$$\times \left\{ G_{i,j-1} \left[\frac{(x - x_{i-1})^2}{2h_i} - \frac{(1 - \alpha_i)^2 h_i}{2} \right] + G_{i-1,j-1} \left[\frac{\alpha_i^2 h_i}{2} - \frac{(x_i - x)^2}{2h_i} \right] + E_{i,j-1} \right\}$$

$$+ \left\{ \frac{(x - x_{i-1})^2}{2h_i} - \frac{(1 - \alpha_i)^2 h_i}{2} \right\} M_{ij} + \left\{ \frac{\alpha_i^2 h_i}{2} - \frac{(x_i - x)^2}{2h_i} \right\} M_{i-1,j} + f_{ij} \tag{9}$$

für $i = 1(1)\,m$, $j = 1(1)\,n$.

Zur Anwendung von (9) ist also die Lösung der Gleichungssysteme (2)—(4) und (8) erforderlich. Der Aufwand dafür ist jedoch gering, da sich die Systeme (2)—(4) und auch die aus (8) jeweils nur in den rechten Seiten voneinander unterscheiden. Deshalb läßt sich beispielsweise der in [4], S. 14—21, angegebene Lösungsalgorithmus günstig einsetzen.

Für biquadratische Volumenabgleichssplines ist ebenfalls die eindeutige Existenz nachweisbar:

Satz 1′. *Es sei $f \mid B \to R$ eine über B integrierbare Funktion und π ein Splinenetz über B. Dann existiert genau ein biquadratischer Volumenabgleichsspline $T = T(f, \pi, \cdot, \cdot)$.*

Beweis. Nach [2], S. 354/355, existieren die folgenden quadratischen Flächenabgleichssplines zum Splinegitter π_x jeweils eindeutig:

$$\bar{t}_{-2}(x), \quad \text{mit} \int_{x_{k-1}}^{x_k} \bar{t}_{-2}(x)\,dx = 0, \quad k = 1(1)\,m, \quad \bar{t}_{-2}(x_0) = 0, \quad \bar{t}_{-2}(x_m) = 1;$$

$$\bar{t}_{-1}(x), \quad \text{mit} \int_{x_{k-1}}^{x_k} \bar{t}_{-1}(x)\,dx = 0, \quad k = 1(1)\,m, \quad \bar{t}_{-1}(x_0) = 1, \quad \bar{t}_{-1}(x_m) = 0;$$

$$\bar{t}_0(x), \quad \text{mit} \int_{x_{k-1}}^{x_k} \bar{t}_0(x)\,dx = \int_{x_{k-1}}^{x_k} f(x, y_0)\,dx, \quad k = 1(1)\,m, \quad \bar{t}_0(x_0) = f(x_0, y_0), \quad \bar{t}_0(x_m) = 0;$$

$$\bar{t}_i(x), \quad \text{mit} \int_{x_{k-1}}^{x_k} \bar{t}_i(x)\,dx = \delta_{ik}, \quad k = 1(1)\,m, \quad \bar{t}_i(x_0) = \bar{t}_i(x_m) = 0, \quad i = 1(1)\,m;$$

$$\bar{t}_{m+1}(x), \quad \text{mit} \int_{x_{k-1}}^{x_k} \bar{t}_{m+1}(x)\,dx = \int_{x_{k-1}}^{x_k} f(x, y_n)\,dx, \quad k = 1(1)\,m, \quad \bar{t}_{m+1}(x_0) = 0,$$

$$\bar{t}_{m+1}(x_m) = f(x_m, y_n).$$

Ebenso ist die eindeutige Existenz der in analoger Weise definierten quadratischen Flächenabgleichssplines $t_j(y)$, $j = -2(1)\,n + 1$, zum Splinegitter π_y gesichert. Dann ist

$$T(x, y) = \sum_{i=1}^{m} \sum_{j=1}^{n} H_{ij} \bar{t}_i(x)\, t_j(y) + \bar{t}_{-1}(x)\, t_0(y) + \bar{t}_{-2}(x)\, t_{n+1}(y)$$
$$+ \bar{t}_0(x)\, t_{-1}(y) + \bar{t}_{m+1}(x)\, t_{-2}(y) \tag{10}$$

offensichtlich ein biquadratischer Volumenabgleichsspline zum Splinenetz π. Der Eindeutigkeitsnachweis ist auch hier elementar und wird deshalb nicht ausgeführt. q. e. d.

4. Konvergenz

Zu einer Funktion $f \in C(B)$ bezeichne

$$\|f\| = \max_{(x,y)\in B} |f(x, y)|$$

die Maximumnorm und

$$\omega_1(f, \bar{\delta}) = \sup_{c \le y \le d} \sup_{\substack{a \le x, x+\delta \le b \\ |\delta| < \bar{\delta}}} |f(x + \delta, y) - f(x, y)|, \quad 0 < \bar{\delta} \leqq b - a,$$

$$\omega_2(f, \bar{\varepsilon}) = \sup_{\substack{c \le y, y+\varepsilon \le d \\ |\varepsilon| < \bar{\varepsilon}}} \sup_{a \le x \le b} |f(x, y + \varepsilon) - f(x, y)|, \quad 0 < \bar{\varepsilon} \leqq d - c,$$

$$\omega(f, \bar{\delta}, \bar{\varepsilon}) = \sup_{\substack{c \le y, y+\varepsilon \le d \\ |\varepsilon| < \bar{\varepsilon}}} \sup_{\substack{a \le x, x+\delta \le b \\ |\delta| < \bar{\delta}}} |f(x + \delta, y + \varepsilon) - f(x, y + \varepsilon) + f(x + \delta, y) - f(x, y)|,$$

$$0 < \bar{\delta} \leqq b - a \quad \text{und} \quad 0 < \bar{\varepsilon} \leqq d - c,$$

Stetigkeitsmoduln.

Satz 2. *Es sei* $f \in C^{(p,q)}(B)$, $0 \leqq p,q \leqq 2$, π *ein Splinenetz über* B *und* $\varkappa$ *ein mit* π *verträgliches Interpolationsgitter. Für die Teilungsverhältnisse* α_i *und* β_j *mögen von* π *und* $\varkappa$ *unabhängige Schranken*

$$1 - \alpha \leqq \alpha_i \leqq \alpha, \quad i = 1(1)\,m \quad \textit{sowie}\ 1 - \beta \leqq \beta_j \leqq \beta, \quad j = 1(1)\,n,$$

existieren, wobei

$$\alpha \in \begin{cases} \left[1/2, \sqrt{2}/2\right), & \textit{falls} \quad p = 0, \\ [1/2, 1), & \textit{falls} \quad p = 1, 2, \end{cases}$$

und

$$\beta \in \begin{cases} \left[1/2, \sqrt{2}/2\right), & \textit{falls} \quad q = 0, \\ [1/2, 1), & \textit{falls} \quad q = 1, 2, \end{cases}$$

gelte. Dann besteht für den biquadratischen Interpolationsspline $S = S(f, \pi, \varkappa, \cdot, \cdot)$ *die Abschätzung*

$$\begin{aligned} \|f^{(\nu,\sigma)} - S^{(\nu,\sigma)}\| \leqq C_p\omega_1(f^{(p,\sigma)}, H)\, H^{p-\nu} + D_q\omega_2(f^{(\nu,q)}, K)\, K^{q-\sigma} \\ + C_pD_q\omega(f^{(p,q)}, H, K)\, H^{p-\nu}K^{q-\sigma} \end{aligned} \tag{11}$$

für $0 \leqq \nu \leqq \min(1, p)$, $0 \leqq \sigma \leqq \min(1, q)$ *und mit den Konstanten*

	$j = 0$	$j = 1$	$j = 2$
C_j	$1 + \dfrac{4(1-\alpha^2)}{(1-2\alpha^2)^2}$	$\dfrac{2-\alpha}{1-\alpha}$	$\dfrac{4+3\alpha}{4-4\alpha}$
D_j	$1 + \dfrac{4(1-\beta^2)}{(1-2\beta^2)^2}$	$\dfrac{2-\beta}{1-\beta}$	$\dfrac{4+3\beta}{4-4\beta}$

(12)

Beweis. Zu beliebigem $y \in [c, d]$ existiert eindeutig der quadratische Interpolationsspline $s(x) = s\big(f(\cdot, y), \pi_x, \varkappa_x, x\big)$. Unter Beachtung der Beziehung

$$\frac{\partial^\sigma}{\partial y^\sigma} s\big(f(\cdot, y), \pi_x, \varkappa_x, x\big) = s\big(f^{(0,\sigma)}(\cdot, y), \pi_x, \varkappa_x, x\big)$$

erhält man deshalb mit den Konvergenzaussagen aus [2] die Abschätzung

$$\begin{aligned} \left|f^{(\nu,\sigma)}(x, y) - s^{(\nu,\sigma)}\big(f(\cdot, y), \pi_x, \varkappa_x, x\big)\right| &= \left|\frac{\partial^\nu}{\partial x^\nu}\left[f^{(0,\sigma)}(x, y) - s\big(f^{(0,\sigma)}(\cdot, y), \pi_x, \varkappa_x, x\big)\right]\right| \\ &\leqq C_p\omega_1(f^{(p,\sigma)}, H)\, H^{p-\nu} \end{aligned}$$

für $0 \leqq \nu \leqq \min(1, p)$ und C_p gemäß (12). Aus der Eindeutigkeit von S und s folgt für $y = v_j$:

$$S(f, \pi, \varkappa, \cdot, v_j) - s\big(f(\cdot, v_j), \pi_x, \varkappa_x, \cdot\big) \equiv 0, \quad j = 0(1)\, n + 1, \tag{13}$$

woraus sich unmittelbar

$$\frac{\partial}{\partial x}\left[S(f, \pi, \varkappa, \cdot, v_j) - s\big(f(\cdot, v_j), \pi_x, \varkappa_x, \cdot\big)\right] \equiv 0, \quad j = 0(1)\, n + 1, \tag{14}$$

ableitet. Faßt man nun S als Funktion von y auf und sieht x als Parameter an, so ist S ein quadratischer Spline zum Splinegitter π_y, der wegen (13) an den Gitterpunkten $v_j \in \varkappa_y$ mit den Werten von s übereinstimmt. Die gleiche Beziehung besteht zwischen $S^{(1,0)}$ und $s^{(1,0)}$, wie man aus (14) erkennt. Folglich erhält man für $c \leqq y \leqq d$ unter nochmaliger Verwendung der Konvergenzaussagen aus [2]:

$$\begin{aligned}
|S^{(\nu,\sigma)}(f,\pi,\varkappa,x,y) - s^{(\nu,\sigma)}(f,\pi_x,\varkappa_x,x)| &= \left|\frac{\partial^\sigma}{\partial y^\sigma}\left[s^{(\nu,0)}(f,\pi_x,\varkappa_x,x) - S(s^{(\nu,0)},\pi_y,\varkappa_y,y)\right]\right| \\
&\leqq D_q\omega_2(s^{(\nu,q)},K)\,K^{q-\sigma} \\
&= D_q\omega_2\big(s^{(\nu,0)}(f^{(0,q)}(\cdot,y),\pi_x,\varkappa_x,\cdot),K\big)\,K^{q-\sigma}
\end{aligned}$$

für $0 \leqq \sigma \leqq \min(1,q)$ und D_q gemäß (12).

Nutzt man die Definition des Stetigkeitsmoduls aus, so läßt sich der letzte Term weiter umformen:

$$\begin{aligned}
&\omega_2\big(s^{(\nu,0)}(f^{(0,q)}(\cdot,y),\pi_x,\varkappa_x,\cdot),K\big) \\
&= \sup_{\substack{c\leqq y,y+\varepsilon\leqq d\\ \varepsilon\leqq K}} \left|s^{(\nu,0)}\big(f^{(0,q)}(\cdot,y+\varepsilon) - f^{(0,q)}(\cdot,y),\pi_x,\varkappa_x,\cdot\big)\right| \\
&\leqq \sup_{\substack{c\leqq y,y+\varepsilon\leqq d\\ \varepsilon\leqq K}} \left\{\left|\frac{\partial^\nu}{\partial x^\nu}\left[s\big(f^{(0,q)}(\cdot,y+\varepsilon) - f^{(0,q)}(\cdot,y),\pi_x,\varkappa_x,\cdot\big)\right.\right.\right. \\
&\qquad \left.\left. - \big(f^{(0,q)}(\cdot,y+\varepsilon) - f^{(0,q)}(\cdot,y)\big)\right]\right| + \left.|f^{(\nu,q)}(\cdot,y+\varepsilon) - f^{(\nu,q)}(\cdot,y)|\right\} \\
&\leqq C_p\omega_1\big(f^{(p,q)}(\cdot,y+\varepsilon) - f^{(p,q)}(\cdot,y),H\big)\,H^{p-\nu} + \omega_2(f^{(\nu,q)},K) \\
&\leqq C_p\omega(f^{(p,q)},H,K)\,H^{p-\nu} + \omega_2(f^{(\nu,q)},K).
\end{aligned}$$

Die Behauptung (11) ergibt sich nun sofort aus

$$\begin{aligned}
|f^{(\nu,\sigma)}(x,y) - S^{(\nu,\sigma)}(f,\pi,\varkappa,x,y)| &\leqq \left|f^{(\nu,\sigma)}(x,y) - s^{(\nu,\sigma)}\big(f(\cdot,y),\pi_x,\varkappa_x,x\big)\right| \\
&\quad + \left|s^{(\nu,\sigma)}\big(f(\cdot,y),\pi_x,\varkappa_x,x\big) - S^{(\nu,\sigma)}(f,\pi,\varkappa,x,y)\right|.
\end{aligned}$$

q. e. d.

Die Konvergenz bei biquadratischen Volumenabgleichssplines ist auf gleichem Wege nachweisbar, so daß hier nur das Ergebnis angeführt wird.

Satz 2'. *Es sei $f \in C^{(p,q)}(B)$, $0 \leqq p,q \leqq 2$, und π ein Splinenetz über B. Dann gilt für den biquadratischen Volumenabgleichsspline $T = T(f,\pi,\cdot,\cdot)$ zu f die Abschätzung*

$$\begin{aligned}
\|f^{(\nu,\sigma)} - T^{(\nu,\sigma)}\| &\leqq C_p\omega_1(f^{(p,\sigma)},H)\,H^{p-\nu} + C_q\omega_2(f^{(\nu,q)},K)\,K^{q-\sigma} \\
&\quad + C_pC_q\omega(f^{(p,q)},H,K)\,H^{p-\nu}K^{q-\sigma}, \qquad (15)
\end{aligned}$$

für $0 \leqq \nu \leqq \min(1,p)$, $0 \leqq \sigma \leqq \min(1,q)$ und mit den Konstanten

$$C_0 = 17, \quad C_1 = 4, \quad C_2 = 3.$$

5. Eine Extremaleigenschaft

Es sei π ein Splinenetz über B. Eine Funktion f erfüllt die *Volumenabgleichsbedingung*, wenn zu vorgegebenen rechten Seiten gilt:

$$\iint_{B_{ij}} f(x, y)\, dx\, dy = H_{ij}, \quad i = 1(1)\, m, \quad j = 1(1)\, n, \tag{16}$$

$$\int_{x_{i-1}}^{x_i} f(x, y_j)\, dx = C_{ij}, \quad i = 1(1)\, m, \quad j = 0, n, \tag{17}$$

$$\int_{y_{j-1}}^{y_j} f(x_i, y)\, dy = D_{ij}, \quad i = 0, m, \quad j = 1(1)\, n, \tag{18}$$

$$f(x_i, y_j) = F_{ij}, \quad i = 0, m, \quad j = 0, n. \tag{19}$$

Satz 3′. *Es bezeichne T den biquadratischen Spline zum Netz π, der die Volumenabgleichsbedingung* (16) *bis* (19) *erfüllt. Dann gilt*

$$\iint_B T_{xy}^2(x, y)\, dx\, dy \leqq \iint_B f_{xy}^2(x, y)\, dx\, dy \tag{20}$$

für jede Funktion $f \in C^{(1,1)}(B)$, sofern f ebenfalls den Bedingungen (16) *bis* (19) *genügt.*

Beweis. Wegen

$$0 \leqq \iint_B (f - T)_{xy}^2\, dx\, dy = \iint_B f_{xy}^2\, dx\, dy - \iint_B T_{xy}^2\, dx\, dy - 2 \iint_B (f_{xy} T_{xy} - T_{xy}^2)\, dx\, dy$$

ist der Nachweis erbracht, wenn das letzte Doppelintegral verschwindet. Partielle Integration des letzten Terms führt zu

$$\begin{aligned}
\iint_B (f_{xy} - T_{xy})\, T_{xy}\, dx\, dy &= \int_c^d \left(\sum_{i=0}^{m-1} \int_{x_i}^{x_{i+1}} (f_{xy} - T_{xy})\, T_{xy}\, dx \right) dy \\
&= \int_c^d \left(\sum_{i=0}^{m-1} \left\{ [(f_y - T_y)\, T_{xy}]_{x=x_i}^{x=x_{i+1}} - \int_{x_i}^{x_{i+1}} (f_y - T_y)\, T_{xxy}\, dx \right\} \right) dy \\
&= \int_c^d \big(\{f_y(b, y) - T_y(b, y)\}\, T_{xy}(b, y) \\
&\quad - \{f_y(a, y) - T_y(a, y)\}\, T_{xy}(a, y) \big)\, dy \\
&\quad - \int_c^d \left(\sum_{i=0}^{m-1} T_{xxy}(x_i +, y) \int_{x_i}^{x_{i+1}} \{f_y - T_y\}\, dx \right) dy \\
&= -\sum_{i=0}^{m-1} \left(\left[T_{xxy}(x_i +, y) \int_{x_i}^{x_{i+1}} \{f - T\}\, dx \right]_{y=c}^{y=d} \right. \\
&\quad \left. - \int_c^d \left(T_{xxyy}(x_i +, y) \int_{x_i}^{x_{i+1}} \{f - T\}\, dx \right) dy \right)
\end{aligned}$$

$$= -\sum_{i=0}^{m-1} \left(T_{xxy}(x_i +, d) \int_{x_i}^{x_{i+1}} \{f(x, d) - T(x, d)\}\, dx - T_{xxy}(x_i +, c) \int_{x_i}^{x_{i+1}} \{f(x, c) - T(x, c)\}\, dx \right) + \sum_{i=0}^{m-1} \sum_{j=0}^{n-1} T_{xxyy}(x_i +, y_j +) \int_{y_j}^{y_{j+1}} \int_{x_i}^{x_{i+1}} \{f - T\}\, dx\, dy = 0.$$

q. e. d.

Im übrigen bleibt die Aussage des Satzes 3′ erhalten, wenn man (19) durch

$$f_{xy}(x_i, y_j) = 0, \quad i = 0, m, \quad j = 0, n \tag{19'}$$

ersetzt; dies wird sofort aus dem Beweis des Satzes deutlich. Die eindeutige Lösbarkeit der Minimalaufgabe (20) kann nicht nachgewiesen werden. Es läßt sich lediglich zeigen, daß für zwei Lösungen T_1 und T_2 von (20) die Beziehung $T_1(x, y) = T_2(x, y) + g(x) + h(y)$ gilt, wobei g und h Funktionen mit der Eigenschaft $g(a) = g(b)$ und $h(c) = h(d)$ sind.

Literatur

[1] DeBoor, C., Appendix to 'Splines and histograms' by I. J. Schoenberg. In: ISNM, Bd. 21, Birkhäuser-Verlag, Basel und Stuttgart 1973, pp. 329—358.

[2] Schmidt, J. W., und H. Mettke, Konvergenz von quadratischen Interpolations- und Flächenabgleichssplines, Computing **19** (1978), 351—363.

[3] Schoenberg, I. J., Splines and histograms. In: ISNM, Bd. 21, Birkhäuser-Verlag, Basel und Stuttgart 1973, pp. 277—328.

[4] Späth, H., Spline-Algorithmen zur Konstruktion glatter Kurven und Flächen, Oldenbourg Verlag, München und Wien 1973.

[5] Стечкин, С. Б., и Ю. Н. Субботин, Сплайны в вычислительной математике, Издательство Наука, Москва 1976.

[6] Ahlberg, J. H., E. N. Nilson and J. L. Walsh, Extremal, orthogonality and convergence properties of multi-dimensional splines, J. Math. Anal. Appl. **12** (1965), 27—48.

[7] Carlson, R. E., and C. A. Hall, Bicubic spline interpolation in rectangular polygons, J. Approximation Theory **6** (1972), 366—377.

[8] Carlson, R. E., and C. A. Hall, Error bounds for bicubic spline interpolation, J. Approximation Theory **7** (1973), 41—47.

[9] DeBoor, C., Bicubic spline interpolation, J. Math. Phys. **41** (1962), 212—218.

[10] Hall, C. A., Natural cubic and bicubic spline interpolation, SIAM J. Numer. Anal. **10** (1973), 1055—1059.

[11] Завьялов, Ю. С., Интерполирование бикубическими многозвенниками, Вычисл. сист. **38** (1970), 74—101.

[12] Завьялов, Ю. С., Экстремальное свойство бикубических многозвенников и задача сглаживания, Вычисл. сист. **42** (1970), 109—158.

Manuskripteingang: 22. 1. 1979

VERFASSER:

Dr. rer. nat. Holger Mettke, Sektion Mathematik der Technischen Universität Dresden

Beiträge zur Numerischen Mathematik
9 (1981), 147–160

Ein implementierbares ableitungsfreies Verfahren zur Bestimmung von Rückkehrpunkten implizit definierter Raumkurven

Gerd Pönisch

A numerical method is presented for computing turning points of a one-dimensional curve defined as solution of a system of n nonlinear equations in $n + 1$ variables. The problem described is transformed into a regular nonlinear system of the dimension $n + 1$ the unique solution of which is the turning point to be found. The nonlinear system is solved by a Newton-type method. A special approximation to the Newton direction requiring only evaluations of function values is used. Under natural conditions the method is shown to converge superlinearly provided that certain discretization stepsizes are sufficiently small.

1. Einleitung

In zahlreichen praktischen Fragestellungen interessieren die Lösungen eines nichtlinearen Gleichungssystems

$$G(x, t) = 0 \tag{1.1}$$

von n Gleichungen in n Variablen $x = (x_1, \ldots, x_n)^{\mathsf{T}} \in R^n$, das zusätzlich von einem skalaren Parameter t abhängt. Es wird angenommen, daß die Gleichung (1.1) eine Raumkurve $\mathscr{R} := \{(x, t) \in R^n \times R^1 : G(x, t) = 0\}$ implizit definiert. Im allgemeinen kann $\mathscr{R}$ nicht in der nach x aufgelösten expliziten Form $\mathscr{R} = \{(x, t) \in R^n \times R^1 : x = z(t),\ t \in R^1\}$ mit einer Funktion $z: R^1 \to R^n$ dargestellt werden. Eine typische Situation wird in Abb. 1 demonstriert, wo für jedes $t \in (\underline{t}, \bar{t})$ drei verschiedene Lösungen von (1.1) existieren.

Wie eine Reihe von Publikationen ([12, 1, 9, 4, 11]) zeigt, hat die Berechnung der sogenannten Rückkehrpunkte $(\underline{x}, \underline{t})$ und $(\bar{x}, \bar{t})$ besondere Bedeutung. In den genannten Arbeiten sind mehr oder weniger heuristische Methoden zur Bestimmung solcher Punkte angegeben. Ein überlinear konvergentes, aber nicht implementierbares Verfahren wurde in [7] veröffentlicht, wo auch auf Zusammenhänge mit [12, 1, 9] und [3] eingegangen worden ist.

Der vorliegende Aufsatz stellt ein implementierbares und ableitungsfreies Verfahren zur Berechnung von Rückkehrpunkten vor, das durch vollständige Diskretisierung aus dem mit ersten Ableitungen von G arbeitenden, in [8] publizierten Verfahren entstanden ist.

Bevor in den nächsten beiden Abschnitten das Verfahren motiviert und dessen Durchführbarkeit und Konvergenz gezeigt werden, ist es erforderlich, die bisher verwendeten Begriffe zu präzisieren. Dazu wird das Paar $(x, t) \in R^n \times R^1$ zu dem Vektor $u := (x, t)^{\mathsf{T}} \in R^{n+1}$ zusammengefaßt und der Funktion $G\colon R^n \times R^1 \to R^n$ durch die Vorschrift $H(u) := G(x, t)$ für alle $u = (x, t)^{\mathsf{T}} \in D \subset R^{n+1}$ die Funktion $H\colon D \subset R^{n+1} \to R^n$ zugeordnet. Damit läßt sich (1.1) durch

$$H(u) = 0, \quad u \in D, \tag{1.2}$$

ersetzen, wobei D stets eine offene Teilmenge von R^{n+1} sei.

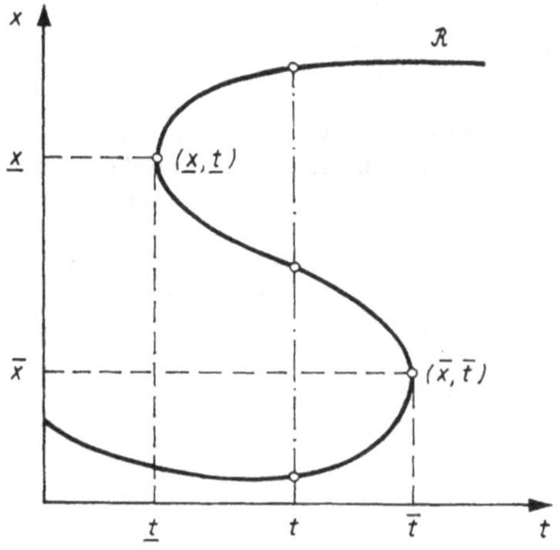

Abb. 1

Der Begriff Rückkehrpunkt stammt aus der Geometrie und steht im Zusammenhang mit einer Raumkurve. In der folgenden Definition wird ein analoger Begriff geprägt, der nur auf Voraussetzungen an H basiert, ohne daß die Existenz einer Raumkurve gesichert ist.

1.1. Definition. Ein Punkt $\bar{u} \in D$ wird als *rechtsseitiger Begrenzungspunkt* der Lösungsmenge von (1.2) in Richtung e^{n+1} bezeichnet, wenn $H(\bar{u}) = 0$ ist und ein $\delta > 0$ derart existiert, daß $S(\bar{u}, \delta) := \{u \in R^{n+1}\colon \|u - \bar{u}\| < \delta\} \subset D$ gilt und jedes $u \in L(\bar{u}, \delta) := \{u \in S(\bar{u}, \delta)\colon H(u) = 0\}$ der Bedingung

$$(u - \bar{u})^{\mathsf{T}} e^{n+1} \leqq 0 \tag{1.3}$$

genügt.[1])

Anschaulich gesehen liegen in einer Umgebung von $\bar{u}$ alle Lösungen von (1.2) „links" von der Hyperebene $\mathscr{H} := \{u \in R^{n+1}\colon (u - \bar{u})^{\mathsf{T}} e^{n+1} = 0\}$, d. h., $L(\bar{u}, \delta)$ wird von rechts durch $\mathscr{H}$ begrenzt.

Steht in (1.3) das „$\geqq$"-Zeichen, so spricht man analog von einem *linksseitigen Begrenzungspunkt*.

---

1) Mit $e^i \in R^{n+1}$ $(i = 1, \ldots, n + 1)$ werden die Koordinateneinheitsvektoren bezeichnet. Als $\|\cdot\|$ finden stets die euklidische Norm und die zugehörige Spektralnorm einer Matrix Verwendung.

Um Aussagen über die Lösungsmenge von (1.2) machen zu können, wird folgende Voraussetzung an H formuliert:

1.2. Definition. Die Abbildung $H: D \subset R^{n+1} \to R^n$ heißt im Punkt $u^0 \in D$ *schwach singulär*, wenn mit u^0 eine ganze Kugel $\bar{S}(u^0, \delta_0)$, $\delta_0 > 0$, in D enthalten ist, die Ableitung H' von H auf D existiert und neben $H(u^0) = 0$ noch

$$\operatorname{Rang}\left(H'(u^0)\right) = n \tag{1.4}$$

gilt.

Es läßt sich zeigen, daß die Lösungsmenge $L(\bar{u}, \delta)$ von (1.2) für eine in $\bar{u}$ schwach singuläre Funktion H und genügend kleines $\delta > 0$ als Raumkurve aufgefaßt werden kann. Ist $\bar{u}$ zudem ein Begrenzungspunkt, dann ist $\bar{u}$ auch ein Rückkehrpunkt von $L(\bar{u}, \delta)$. Weitere Betrachtungen hierzu sowie eine genaue Definition des Rückkehrpunktes findet man in [7]. Unter den im folgenden Abschnitt getroffenen Voraussetzungen fallen die beiden Begriffe zusammen.

2. Beschreibung des Verfahrens

Bevor der Algorithmus präzise angegeben wird, soll sein Prinzip motiviert werden. Dazu sei $\bar{u} \in D$ ein Begrenzungspunkt, in dem H schwach singulär ist. Wie man sich leicht überzeugt, gelten dann die Beziehungen

$$H(\bar{u}) = 0 \quad \text{und} \quad \bar{v}^{\mathsf{T}} e^{n+1} = 0, \tag{2.1}$$

wobei $\bar{v} \in R^{n+1}$ eine nichttriviale Lösung von $H'(\bar{u})\, v = 0$ ist. Mit einem fest gewählten Vektor $r \in W$,

$$W := \{r \in R^{n+1} : \|r\| = 1,\ r^{\mathsf{T}} \bar{v} \neq 0\} \tag{2.2}$$

und einem $\delta > 0$ wird die Abbildung $\varphi(\cdot, r): S(\bar{u}, \delta) \subset D \to R^1$ durch

$$\varphi(u, r) := (e^{n+1})^{\mathsf{T}} [B(u, r)]^{-1} e^{n+1}, \qquad B(u, r) := \begin{bmatrix} H'(u) \\ \hdashline r^{\mathsf{T}} \end{bmatrix} \tag{2.3}$$

definiert. Für hinreichend kleines $\delta = \delta(r) > 0$ folgt aus (1.4) und (2.2) die Regularität von $B(u, r)$ für alle $u \in S(\bar{u}, \delta)$. Da $\bar{u}$ aufgrund von (2.1) den Gleichungen

$$H(u) = 0 \quad \text{und} \quad \varphi(u, r) = 0 \tag{2.4}$$

genügt, bildet (2.4) den Ausgangspunkt für das im folgenden beschriebene Verfahren. Aus der Linearisierung von (2.4) in einem Punkt $u^k \in S(\bar{u}, \delta)$ ergibt sich

$$H(u^k) + H'(u^k)\,(u - u^k) = 0, \tag{2.5}$$

$$\varphi(u^k, r) + \varphi'(u^k, r)\,(u - u^k) = 0. \tag{2.6}$$

Die allgemeine Lösung der zu (2.5) gehörigen homogenen Gleichung ist von der Form $u = u^k + \lambda v^k$, $\lambda \in R^1$ beliebig, mit

$$v^k := \frac{1}{\gamma_k} [B(u^k, r)]^{-1} e^{n+1}, \qquad \gamma_k := \|[B(u^k, r)]^{-1} e^{n+1}\|.$$

Wird z. B. aus $H(u^k) + H'(u^k)\,s = 0$, $s^{\mathsf{T}} v^k = 0$ eine partikuläre Lösung s^k von (2.5) berechnet, kann durch Einsetzen von $u = u^k + s^k + \lambda v^k$ in (2.6) der Koeffizient λ_k so bestimmt werden, daß $u = u^k + s^k + \lambda_k v^k$ die Lösung des Systems (2.5), (2.6) ist (siehe Abb. 2).

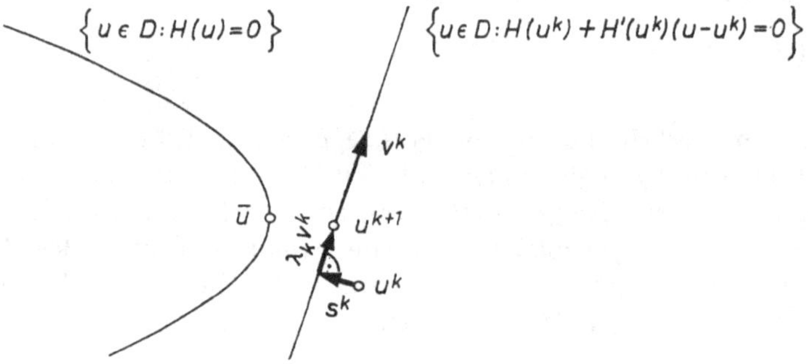

Abb. 2

Um ein ableitungsfreies Verfahren zu erhalten, werden die Ableitungen H' und φ' durch geeignete Approximationen ersetzt. Aufgrund der beschriebenen Vorgehensweise wird φ' nicht explizit benötigt, sondern nur $\varphi'(u^k, r)\,s^k$ und $\varphi'(u^k, r)\,v^k$, d. h.

$$-\gamma_k (e^{n+1})^{\mathsf{T}} [B(u^k, r)]^{-1} \begin{bmatrix} H''(u^k)\,v^k p \\ \hline 0 \end{bmatrix} \quad \text{für} \quad p = s^k \quad \text{und} \quad p = v^k. \tag{2.7}$$

Der nachfolgende Algorithmus arbeitet mit den Approximationen A_k für $H'(u^k)$ sowie a^k für $H''(u^k)\,v^k s^k$ und b^k für $H''(u^k)\,v^k v^k$, die später konkretisiert werden.

Aus Gründen der numerischen Stabilität ist es zweckmäßig, den Vektor r angepaßt zu wählen, so daß die Kondition der Matrix $B(u^k, r)$ möglichst klein wird. Die sich aus dem Lemma 3.3 in [5] ergebende obere Schranke für die Konditionszahl

$$\operatorname{cond}\big(B(u^k, r)\big) := \|B(u^k, r)\|\,\|[B(u^k, r)]^{-1}\|$$

$$\leqq \frac{\sqrt{2}}{|r^{\mathsf{T}} v^k|} \max\{\|H'(u^k)\|, 1\} \max\{\|H'(u^k)^{\mathsf{T}} [H'(u^k)\,H'(u^k)^{\mathsf{T}}]^{-1}\|, 1\}$$

für alle $r \in W$ zeigt, daß r möglichst dicht bei v^k liegen sollte. Die beste vor Ausführung des k-ten Iterationsschrittes verfügbare Näherung für v^k ist jedoch v^{k-1} mit $H'(u^{k-1})\,v^{k-1} = 0$, $\|v^{k-1}\| = 1$ (siehe [5, 3.4]), so daß sich die Festlegung $r = r^k := v^{k-1}$ anbietet. Damit ergibt sich der folgende Algorithmus:

2.1. Algorithmus.

0. *Wähle* $u^0 \in R^{n+1}$ *und* $r^0 \in R^{n+1}$ *mit* $\|r^0\| = 1$, *setze* $k := 0$.
1. *Berechne* $d^k \in R^{n+1}$ *aus* $A_k d = 0$, $d^{\mathsf{T}} r^k = 1$, *setze* $v^k := d^k/\|d^k\|$.
2. *Bestimme* $s^k \in R^{n+1}$ *aus* $H(u^k) + A_k s = 0$, $s^{\mathsf{T}} v^k = 0$.
3. *Berechne* $y^k, z^k \in R^{n+1}$ *aus* $A_k y = a^k$, $y^{\mathsf{T}} r^k = 0$ *bzw.* $A_k z = b^k$, $z^{\mathsf{T}} r^k = 0$.
4. *Setze* $\lambda_k := [(e^{n+1})^{\mathsf{T}} (v^k - y^k)]/[(e^{n+1})^{\mathsf{T}} z^k]$ *und* $u^{k+1} := u^k + s^k + \lambda_k v^k$.
5. *Setze* $r^{k+1} := v^k$, $k := k + 1$ *und gehe zu* 1.

Bei der numerischen Erprobung des Algorithmus 2.1 wurde

$$r^0 := \frac{1}{\sqrt{n}} (1, 1, \ldots, 1, 0)^{\mathsf{T}} \in R^{n+1}$$

verwendet, womit in allen Beispielen sich die Bedingung (2.2) erfüllen ließ.

Von den vier in jedem Iterationsschritt anfallenden linearen Gleichungssystemen besitzen drei dieselbe Koeffizientenmatrix $B(u^k, r^k)$, die also nur einmal faktorisiert werden muß. Die im Teilschritt 2 benötigte Zerlegung von $B(u^k, v^k)$ läßt sich mit relativ geringem Aufwand aus der Faktorisierung von $B(u^k, r^k)$ berechnen, siehe z. B. [2].

Im folgenden werden konkrete Realisierungen für die Approximationen a^k, b^k und A_k angegeben.

2.2. Aussage. *Auf der offenen Menge $D \subset R^{n+1}$ besitze $H: D \to R^n$ eine Lipschitz-stetige zweite Ableitung H'' mit der Konstanten $L_2 > 0$. Es sei $D_0 \subset D$ so gewählt, daß eine ganze ϱ_0-Umgebung $U(\varrho_0) := \{z := u + y : u \in D_0, \|y\| \leqq \varrho_0\}$ von D_0 in D enthalten ist. Ferner gelte $v, w \in R^{n+1}$, $\|v\| = \|w\| = 1$. Dann existiert ein $\varrho \in \left(0, \frac{\varrho_0}{2}\right]$ derart, daß*

$$q(u, \mu, \sigma, v, w) := \frac{1}{\mu_0} [H(u + \mu v) - H(u + \mu v - \sigma w) + H(u - \sigma w) - H(u)] \tag{2.8}$$

der Abschätzung

$$\|q(u, \mu, \sigma, v, w) - H''(u)\, vw\| \leqq \frac{1}{2} L_2(|\mu| + |\sigma|) \tag{2.9}$$

für alle $u \in D_0$ und alle μ, σ mit $0 < |\mu|, |\sigma| \leqq \varrho$ genügt.

Die Ungleichung (2.9) ergibt sich sofort durch Anwendung der Taylorformel mit Integralrestglied.

Mit Hilfe von vier zusätzlichen Funktionswerten können daher a^k und b^k entsprechend (2.8) nach der Vorschrift

$$a^k := \|s^k\|\, q\left(u^k, \mu_k, \sigma_k, v^k, \frac{s^k}{\|s^k\|}\right) \quad \text{bzw.} \quad b^k := q(u^k, \mu_k, \mu_k, v^k, v^k) \tag{2.10}$$

festgelegt werden. Anstelle von (2.8) sind auch andere Differenzenformeln von evtl. höherer Approximationsordnung zur Berechnung von a^k und b^k denkbar, die wegen ihres höheren Aufwandes hier nicht betrachtet werden sollen, zumal sie keine bedeutende Erhöhung der Konvergenzordnung des Verfahrens bewirken können.

Ähnlich dem diskretisierten Newton-Verfahren zur freien Minimierung einer reellen Funktion mehrerer Veränderlicher spielt beim vorliegenden Verfahren die Näherung A_k für $H'(u^k)$, die wesentlich in die Approximation von $\varphi(u^k, r^k)$ eingeht, eine entscheidende Rolle hinsichtlich des Konvergenzverhaltens des Algorithmus (siehe z. B. [10, 9.1]).

Im weiteren sollen nur die beiden folgenden Möglichkeiten zur Approximation von $H'(\cdot)$ diskutiert werden, wobei andere Varianten analog behandelt werden können.

2.3. Aussage. *Es besitze $H: D \to R^n$ auf der offenen Menge $D \subset R^{n+1}$ eine Lipschitz-stetige Ableitung H''. Weiter sei $D_0 \subset D$ so gewählt, daß eine ganze ϱ_0-Umgebung $U(\varrho_0)$ von D_0 in D enthalten ist. Dann gibt es ein $\varrho > 0$ derart, daß mit $D_h(\varrho) := \{h \in R^{n+1}: 0 < \|h\| \leqq \varrho\}$ gilt:*

(i) *Die durch*

$$\delta_e H(u, h)\, e^i := \frac{1}{h_i}\,[H(u) - H(u - h_i e^i)], \quad i = 1, \ldots, n+1,$$

für alle $u \in D_0$ und $h := (h_1, \ldots, h_{n+1})^{\mathsf{T}} \in D_h(\varrho)$ definierte Abbildung $\delta_e H: D_0 \times D_h(\varrho) \to \mathscr{L}(R^{n+1}, R^n)$ ist eine streng konsistente Approximation¹) für $H'(u)$, d. h., mit einer Konstanten $K_e > 0$ gilt die Ungleichung

$$\|\delta_e H(u, h) - H'(u)\| \leqq K_e \|h\| \quad \text{für alle} \quad (u, h) \in D_0 \times D_h(\varrho). \tag{2.11}$$

(ii) *Wird $\delta_z H: D_0 \times D_h(\varrho) \to \mathscr{L}(R^{n+1}, R^n)$ durch*

$$\delta_z H(u, h)\, e^i := \frac{1}{2h_i}\,[H(u + h_i e^i) - H(u - h_i e^i)], \quad i = 1, \ldots, n+1,$$

für $u \in D_0$ und $h \in D_h(\varrho)$ definiert, ist $\delta_z H(u, h)$ eine streng konsistente Approximation¹) der Ordnung 2 für $H'(u)$, d. h., mit einer Zahl $K_z > 0$ besteht die Abschätzung

$$\|\delta_z H(u, h) - H'(u)\| \leqq K_z \|h\|^2 \quad \text{für alle} \quad (u, h) \in D_0 \times D_h(\varrho). \tag{2.12}$$

Der Beweis dieser Aussage ist elementar und wird übergangen.

Die mit der Wahl der Diskretisierungsparameter $h^k \in R^{n+1}$, $\mu_k \in R^1$ und $\sigma_k \in R^1$ zusammenhängenden Fragen werden im Anschluß an den Konvergenzsatz diskutiert.

3. Zur Konvergenz des Algorithmus

Die Konvergenzanalyse des Algorithmus 2.1, wobei a^k und b^k speziell nach (2.10) gewählt werden, erfolgt unter den Voraussetzungen:

3.1. Voraussetzungen. *Es sei $D \subset R^{n+1}$ offen. Die Abbildung $H: D \to R^n$ besitze auf D eine mit der Konstanten $L_2 > 0$ Lipschitz-stetige zweite Ableitung H''. Im Punkt $\bar{u} \in D$ sei H schwach singulär, und die bis auf das Vorzeichen eindeutige Lösung $\bar{v} \in R^{n+1}$ der Aufgabe*

$$H'(\bar{u})\, v = 0, \quad \|v\| = 1 \tag{3.1}$$

genüge den Bedingungen

$$\bar{v}^{\mathsf{T}} e^{n+1} = 0 \tag{3.2}$$

---

¹) im Sinne von Definition 5.3.9 in [10]

sowie

$$\Theta := \left| (e^{n+1})^{\mathsf{T}} \begin{bmatrix} H'(\bar{u}) \\ \bar{v}^{\mathsf{T}} \end{bmatrix}^{-1} \begin{bmatrix} H''(\bar{u})\,\bar{v}\bar{v} \\ 0 \end{bmatrix} \right| > 0. \tag{3.3}$$

Diese Voraussetzungen implizieren die Existenz einer abgeschlossenen Kugel um $\bar{u}$, in der $\bar{u}$ der einzige Begrenzungspunkt ist. Die Eindeutigkeit von $\bar{u}$ resultiert im wesentlichen aus (3.3). Einen Beweis dazu findet man in [7].

Die Konvergenzuntersuchungen zum Algorithmus 2.1 basieren auf dem folgenden Lemma:

3.2. Lemma. *Es seien die Voraussetzungen* 3.1 *erfüllt. Dann gibt es ein* $\tau > 0$ *so, daß für alle* $u^k \in S := \bar{S}(\bar{u}, \tau)$ *und jeden Vektor* $r^k \in R^{n+1}$ *mit*

$$\|r^k\| = 1 \quad \text{und} \quad \|r^k - \bar{v}\| \leqq \tau \tag{3.4}$$

der Punkt u^{k+1} *nach den Teilschritten* 1 *bis* 4 *des Algorithmus* 2.1 *mit* a^k *und* b^k *nach* (2.10) *berechnet werden kann*[1]), *wenn die Diskretisierungsparameter* μ_k *und* σ_k *gemäß*

$$0 < |\mu_k|, |\sigma_k| \leqq \tau \tag{3.5}$$

und $A_k \in \mathscr{L}(R^{n+1}, R^n)$ *entsprechend*

$$\|A_k - H'(u^k)\| \leqq \tau^2 \tag{3.6}$$

gewählt werden. Überdies gilt mit einer Konstanten $M > 0$ *die Abschätzung*

$$\begin{aligned} \|u^{k+1} - \bar{u}\| \leqq M\big[\|u^k - \bar{u}\| \big(\|u^k - \bar{u}\| + |\mu_k| + |\sigma_k| + \|A_k - H'(u^k)\|\big) \\ + \|A_k - H'(u^k)\|\big] \leqq \tau. \end{aligned} \tag{3.7}$$

Bevor das Lemma bewiesen wird, werden einige Folgerungen für die beiden speziellen in Aussage 2.3 beschriebenen Approximationen für $H'(u^k)$ angegeben. Wie aus (3.6) ersichtlich ist, muß A_k eine hinreichend gute Näherung für $H'(u^k)$ sein. Das läßt sich für eine streng konsistente Approximation $A_k := \delta H(u^k, h^k)$ jedoch erreichen, wenn $\|h^k\|$ genügend klein gewählt wird.

3.3. Satz. *Die Voraussetzungen* 3.1 *seien erfüllt. Dann existiert ein* $\delta > 0$ *mit* $4M\delta < 1$ *derart, daß der Algorithmus* 2.1 *mit* $A_k := \delta_z H(u^k, h^k)$ *und* a^k, b^k *nach* (2.10) *für alle* $u^0 \in S := \bar{S}(\bar{u}, \delta)$ *und für jedes* $r^0 \in R^{n+1}$ *mit*

$$\|r^0\| = 1 \quad \text{und} \quad \|r^0 - \bar{v}\| \leqq \delta \tag{3.8}$$

unbeschränkt durchführbar ist und die Iterierten in S *verbleiben, falls in jedem Iterationsschritt*

$$h^k \in D_h(\delta) \quad \text{und} \quad 0 < |\mu_k|, |\sigma_k| \leqq \delta \tag{3.9}$$

gewählt werden. Dabei besteht die Abschätzung

$$\|u^{k+1} - \bar{u}\| \leqq M[\|u^k - \bar{u}\| (\|u^k - \bar{u}\| + |\mu_k| + |\sigma_k| + \|h^k\|) + K_z \|h^k\|^2], \tag{3.10}$$

$k = 0, 1, \ldots,$ *wobei* $K_z > 0$ *aus Aussage* 2.3 *stammt.*

---

[1]) Allgemein ist die Verwendung irgendeiner Approximation $q(u, \mu, \sigma, v, w)$ für $H''(u)\,vw$ in (2.10) möglich, die der Bedingung (2.9) genügt.

Beweis. Es mögen ϱ, K_z und τ, M die in Aussage 2.3 bzw. in Lemma 3.2 angegebene Bedeutung haben. Zu vorgegebenem $\varepsilon \in (0, 1)$ wird

$$0 < \delta \leqq \min \left\{\varrho, \tau, \frac{1}{K_z}, \frac{1}{8M}, \frac{1}{2MK_z}, \frac{\tau}{\sqrt{K_z}}, \frac{\varepsilon}{\alpha(L_1+1)}, \frac{(1-\varepsilon)\,\tau}{2\alpha^2(L_1+1)}, \frac{1-\varepsilon}{4\alpha^2(L_1+1)}\right\}$$

mit $\alpha := \|[B(\bar{u}, \bar{v})]^{-1}\|$ und mit der Lipschitz-Konstanten $L_1 > 0$ für H' gewählt.

Der Beweis erfolgt durch Induktion unter Verwendung von Lemma 3.2. Für $k = 0$ sind (3.4) und (3.5) nach Voraussetzung erfüllt, und (3.6) kann wie im Induktionsschritt nachgewiesen werden.

Es seien also $u^{k-1}, u^k \in S$, $h^k \in D_h(\delta)$ und $0 < |\mu_k|, |\sigma_k| \leqq \delta$. Dann gilt nach Aussage 2.3 die Ungleichung $\|A_k - H'(u^k)\| \leqq K_z\|h^k\|^2$, woraus (3.6) und $\|A_k - H'(u^k)\| \leqq \|h^k\|$ folgen. Aufgrund des Störungslemmas erhält man damit die Regularität der so definierten Matrix

$$\tilde{B}(u^{k-1}, \bar{v}) := \begin{bmatrix} A_{k-1} \\ \hline \bar{v}^{\mathsf{T}} \end{bmatrix} \quad \text{mit} \quad \|[\tilde{B}(u^{k-1}, \bar{v})]^{-1}\| \leqq \tilde{\beta} := \frac{\alpha}{1-\varepsilon}.$$

Folglich hat die Aufgabe $A_{k-1}r = 0$, $\|r\| = 1$, $\bar{v}^{\mathsf{T}}r > 0$ die eindeutige Lösung $r = r(u^{k-1})$, für die die Abschätzung

$$\|\bar{v} - r(u^{k-1})\| \leqq \gamma\delta \leqq \tau \quad \text{mit} \quad \gamma := 2\alpha\tilde{\beta}(L_1 + 1) \tag{3.11}$$

gilt, vgl. [5, 3.4]. Nach den Teilschritten 1 und 5 des Algorithmus ist $r(u^{k-1}) = r^k$, denn wäre $r(u^{k-1}) = -r^k$, so ergäbe sich mit $\bar{v}^{\mathsf{T}}r^{k-1} \geqq 1 - \gamma\delta \geqq \frac{1}{2}$ die widersprüchliche Ungleichung

$$\frac{1}{2} < \bar{v}^{\mathsf{T}}r^{k-1} + (r^k)^{\mathsf{T}}\, r^{k-1} = \left(\bar{v} - r(u^{k-1})\right)^{\mathsf{T}} r^{k-1} \leqq \gamma\delta \leqq \frac{1}{2}.$$

Aus (3.11) erhält man somit (3.4). Dann kann nach Lemma 3.2 die Iterierte u^{k+1} gebildet werden, und es gilt

$$\begin{aligned} \|u^{k+1} - \bar{u}\| &\leqq M[\|u^k - \bar{u}\|\,(\|u^k - \bar{u}\| + |\mu_k| + |\sigma_k| + \|h^k\|) + K_z\,\|h^k\|^2] \\ &\leqq M\delta[4\,\|u^k - \bar{u}\| + K_z\,\|h^k\|] \leqq \delta. \end{aligned}$$

Insgesamt ist damit die Folge $\{u^k\}$ wohldefiniert und liegt in S, woraus die Aussage des Satzes 3.3 folgt.

Wird im Algorithmus 2.1 für A_k die streng konsistente Approximation $\delta_e H(u^k, h^k)$ verwendet, so können zu Satz 3.3 analoge Aussagen bewiesen werden, wenn in (3.9) die Forderung an h^k durch $h^k \in D_h(\delta^2)$ ersetzt wird. Entsprechend (3.10) erhält man für ein gewisses $\delta > 0$ mit $4M\delta < 1$ und $K_e\delta \leqq 1$ die Abschätzung

$$\begin{aligned} &\|u^{k+1} - \bar{u}\| \leqq M[\|u^k - \bar{u}\|\,(\|u^k - \bar{u}\| + |\mu_k| + |\sigma_k| + K_e\,\|h^k\|) + K_e\,\|h^k\|], \\ &k = 0, 1, \ldots \end{aligned} \tag{3.12}$$

Ausgehend von (3.10) bzw. (3.12) können für spezielle Schrittweitenwahlen Aussagen über das Konvergenzverhalten der beiden hier näher betrachteten Varianten des Algorithmus 2.1 angegeben werden. Die Voraussetzungen des Satzes 3.3 werden dabei jeweils als erfüllt angenommen.

3.4. Folgerung. *Wenn zusätzlich*

$$\lim_{k\to\infty} \|h^k\| = 0 \tag{3.13}$$

gilt, konvergiert die vom Algorithmus sowohl mit $A_k := \delta_z H(u^k, h^k)$ *als auch mit* $\delta_e H(u^k, h^k)$ *erzeugte Folge* $\{u^k\}$ *gegen den Begrenzungspunkt* $\bar{u}$.

Aufgrund von Lemma 5.7.7 in [10] folgt die Konvergenz von $\{u^k\}$ gegen $\bar{u}$ sofort aus (3.11) bzw. (3.12).

Die Bedingung (3.13) zieht im allgemeinen keine überlineare Konvergenz der Folge $\{u^k\}$ nach sich. Um diese wünschenswerte Eigenschaft beweisen zu können, müssen zum einen die Vektorfolge $\{h^k\}$ hinreichend schnell gegen Null, zum anderen die Folgen $\{\mu_k\}$ und $\{\sigma_k\}$ überhaupt gegen Null streben.

In den nächsten beiden Folgerungen werden naheliegende Schrittweiten untersucht.

3.5. Folgerung. *Es werde der Algorithmus* 2.1 *mit* $A_k := \delta_z H(u^k, h^k)$ *und* a^k, b^k *nach* (2.10) *betrachtet. Außerdem seien* C_1 *und* C_2 *beliebige positive Konstanten. Dann gibt es ein* $\varepsilon \in (0, \delta]$ *so, daß für jedes* $u^0 \in \bar{S}(\bar{u}, \varepsilon)$ *und alle* $r^0 \in R^{n+1}$ *mit* (3.8) *die folgenden Aussagen gelten:*

(i) *Bei einer Schrittweitenwahl* $0 < \|h^k\|, |\mu_k|, |\sigma_k| \leqq C_1 \|H(u^k)\|$, $k = 0, 1, \ldots,$ *konvergiert das Verfahren mindestens Q-quadratisch gegen* $\bar{u}$.

(ii) *Das Verfahren mit den Schrittweiten* $0 < \|h^k\| \leqq C_1 \|H(u^k)\|$, $k = 0, 1, \ldots,$ *und* $0 < |\mu_k|, |\sigma_k| \leqq C_2 \|u^k - u^{k-1}\|$, $k = 1, 2, \ldots,$ *konvergiert Q-überlinear mit einer R-Ordnung von mindestens* $\frac{1}{2}\left(1 + \sqrt{5}\right)$ *gegen* $\bar{u}$, *wenn am Anfang* $0 < |\mu_0|, |\sigma_0| \leqq \delta$ *gilt.*

(iii) *Bei Verwendung von* $0 < \|h^k\|, |\mu_k|, |\sigma_k| \leqq C_2 \|u^k - u^{k-1}\|$, $k = 1, 2, \ldots,$ *konvergiert das Verfahren mit einer R-Ordnung von mindestens* $\sqrt{2}$ *gegen* $\bar{u}$, *wenn* $0 < \|h^0\|, |\mu_0|, |\sigma_0| \leqq \delta$ *erfüllt ist.*

Der Beweis dieser Folgerung ist leicht zu erbringen. Mit dem Lemma 3.2 zeigt man durch Induktion, daß die Forderungen (3.4), (3.5) und (3.6) für hinreichend kleines $\varepsilon > 0$ stets erfüllt sind. Aus (3.7) ergeben sich dann die obigen Konvergenzordnungen im Sinne von Ortega/Rheinboldt [6, 9.].

Die in Folgerung 3.5 angeführten Schrittweitenfestlegungen liefern im Falle von $A_k := \delta_e H(u^k, h^k)$ im allgemeinen nicht einmal die Durchführbarkeit des Algorithmus. Aufgrund der geringeren Ordnung der Approximation $\delta_e H(.,.)$ für $H'(.)$ müssen an die Folge $\{h^k\}$ stärkere Forderungen gestellt werden, um ähnliche Konvergenzaussagen zu erhalten.

3.6. Folgerung. *Speziell werde der Algorithmus* 2.1 *mit* $A_k := \delta_e H(u^k, h^k)$ *und* a^k, b^k *nach* (2.10) *betrachtet. Ferner seien* $C_3, C_4, \ldots, C_7$ *beliebige positive Zahlen. Dann* *existiert ein* $\varepsilon \in (0, \delta]$ *derart, daß für alle* $u^0 \in \bar{S}(\bar{u}, \varepsilon)$ *und für jedes* $r^0 \in R^{n+1}$ *mit* (3.8) *gilt:*

(i) *Falls die Schrittweiten gemäß* $0 < \|h^k\| \leqq C_3 \|H(u^k)\|^2$ *und*

$0 < |\mu_k|, |\sigma_k| \leqq C_4 \|H(u^k)\|, \quad k = 0, 1, \ldots,$

gewählt werden, konvergiert das Verfahren mindestens Q-quadratisch gegen $\bar{u}$.

(ii) *Im Falle von* $0 < \|h^k\| \leqq C_5 \|H(u^k)\| \, \|u^k - u^{k-1}\|$ *und*

$0 < |\mu_k|, |\sigma_k| \leqq C_6 \|u^k - u^{k-1}\|, \quad k = 1, 2, \ldots,$

konvergiert das Verfahren Q-überlinear mit einer R-Ordnung von mindestens $\frac{1}{2}\left(1 + \sqrt{5}\right)$ *gegen* $\bar{u}$, *wenn* $0 < \|h^0\|, |\mu_0|, |\sigma_0| \leqq \delta$ *gilt.*

(iii) *Wenn* $0 < \|h^k\| \leqq C_7 \|u^k - u^{k-1}\|^2$ *und* $0 < |\mu_k|, |\sigma_k| \leqq C_6 \|u^k - u^{k-1}\|$, $k = 1, 2, \ldots$, *gewählt werden, konvergiert das Verfahren mit einer R-Ordnung von mindestens* $\sqrt{2}$ *gegen* $\bar{u}$, *falls anfangs* $0 < \|h^0\|, |\mu_0|, |\sigma_0| \leqq \delta$ *erfüllt ist.*

Diese Aussagen können analog dem Beweis zur Folgerung 3.5 verifiziert werden.

Die Schrittweitenvektoren h^k werden hier natürlich schnell klein, was für eine numerische Realisierung dieses Verfahrens ungünstig ist. Bei der Bildung der Differenzenquotienten entsprechend (i) der Aussage 2.3 treten dann im Computer Auslöschungseffekte auf; aus diesen Gründen ist bei Rechnern mit kleiner Mantissenlänge $\delta_z H(.,.)$ der Approximation $\delta_e H(.,.)$ vorzuziehen. Allerdings erfordert die Berechnung von $\delta_z H(.,.)$ einen doppelt so hohen Aufwand von $2n$ Funktionswerten $H(.)$ gegenüber $\delta_e H(.,.)$.

Bei der Verwendung von $H(u^k)$ zur Schrittweitenwahl können Schwierigkeiten auftreten, wenn $H(u^k) = 0$ ist. Praktisch hat dieser Fall jedoch kaum Bedeutung. Die für praktische Rechnungen gut geeignete Schrittweitenfestlegung

$$0 < \|h^k\|, |\mu_k|, |\sigma_k| \leqq C_8(\|u^k\| + 10^{-\tau}), \quad k = 0, 1, \ldots, \tag{3.14}$$

mit $C_8 > 0$ und $\tau \in R^1$ läßt keine Aussagen über die Durchführbarkeit und Konvergenz der hier betrachteten Varianten des Algorithmus 2.1 zu. Eine Kombination von (3.14) mit den Schrittweiten aus Folgerung 3.5 bzw. 3.6 erscheint günstig.

Bezüglich numerischer Beispiele kann auf [8] verwiesen werden. Die Rechnung mit den hier diskutierten Verfahren verläuft ähnlich. Mit der in [8] angeführten Schrittweitenwahl konnte praktisch bei beiden Varianten des Algorithmus überlineare Konvergenz beobachtet werden. Im Mittel benötigten die hier vorgestellten Verfahren gegenüber dem in [8] zwei Iterationsschritte mehr, um dieselbe Genauigkeit von $\|H(u^k)\| + |(v^k)^T e^{n+1}| \leqq 10^{-m/2}$ zu erreichen, wobei m die Anzahl der dezimalen Mantissenstellen des Computers bezeichnet.

Abschließend soll der Beweis zum Lemma 3.2, das die wesentlichen Aussagen über den Algorithmus gestattet, erbracht werden. Dabei wird analog dem Beweis zum Satz 5.3.11 aus [10] verfahren.

Es sei $\tau_1 > 0$ der Radius der Kugel um $\bar{u}$, die mit einer ganzen ϱ_0-Umgebung $U(\varrho_0)$ ganz in D enthalten ist. Bei vorgegebenem $\varkappa \in (0, 1)$ wird

$$0 < \tau_2 \leqq \min\left\{1, \varrho_0, \tau_1, \frac{\varkappa}{\alpha(L_1+1)}, \frac{\varkappa(1-\varkappa)}{\alpha}, \frac{\Theta\varkappa(1-\varkappa)^2}{\alpha^3(2-\varkappa)(L_1+1)K_2}\right\}$$

gewählt, wobei $L_1 > 0$ die Lipschitz-Konstante von H' sowie $K_2 \geqq \|H''(u)\|$ für alle $u \in \bar{S}(\bar{u}, \tau_1)$ und $\alpha := \|[B(\bar{u}, \bar{v})]^{-1}\|$ ist. Weiter sei ein $r^k \in R^{n+1}$ mit

$$\|r^k\| = 1 \quad \text{und} \quad \|r^k - \bar{v}\| \leqq \tau_2 \tag{3.15}$$

gegeben. Unter Verwendung der Bezeichnungen aus Abschnitt 2 folgt nach dem Störungslemma [6, 2.3.2] aus der Regularität von $B(\bar{u}, \bar{v})$ die Existenz von $[B(u^k, r^k)]^{-1}$ mit

$$\|[B(u^k, r^k)]^{-1}\| \leqq \beta := \frac{\alpha}{1-\varkappa} \quad \text{für alle} \quad u^k \in S_2 := \bar{S}(\bar{u}, \tau_2). \tag{3.16}$$

Überdies ergibt sich ebenfalls nach dem Störungslemma die Regularität von $\tilde{B}(u^k, r^k)$ mit

$$\|[\tilde{B}(u^k, r^k)]^{-1}\| \leqq \tilde{\beta} := \frac{\beta}{1-\varkappa} \quad \text{für alle} \quad u^k \in S_2, \tag{3.17}$$

wenn $\|A_k - H'(u^k)\| \leqq \tau_2$ für jedes $u^k \in S_2$ gilt. Die Differenzierbarkeit von $B(u, r^k)$ bezüglich u in S_2 impliziert die Existenz der ersten Ableitung

$$\varphi'(u, r^k) = -(e^{n+1})^{\mathsf{T}} [B(u, r^k)]^{-1} B'(u, r^k) [B(u, r^k)]^{-1} e^{n+1}$$

der in (2.3) erklärten Abbildung $\varphi(u, r^k)$ für alle $u \in S_2$, wobei $B'(u, r^k)$ die Ableitung von $B(u, r^k)$ nach u symbolisiert; siehe [10, Ü2.2.8]. Unter Berücksichtigung von (3.3), (3.15) und (3.16) erhält man

$$|\varphi'(\bar{u}, r^k)\, \bar{v}| \geqq (1-x)\, \Theta \tag{3.18}$$

und $\|\varphi'(u, r^k) - \varphi'(y, r^k)\| \leqq L_\varphi \|u - y\|$ für alle $u, y \in S_2$ mit $L_\varphi := \beta^2(L_2 + 2L_1K_2\beta)$.

Zur Weiterführung des Beweises wird die Abbildung $T(\cdot, r^k)\colon S_2 \to L(R^{n+1})$ durch die Vorschrift $T(u, r^k) := \begin{bmatrix} H'(u) \\ \hdashline \varphi(u, r^k)^{\mathsf{T}} \end{bmatrix}$, $u \in S_2$, definiert. Nach Voraussetzung ist die Funktion T nach u auf S_2 differenzierbar. Mit $L := L_1 + L_\varphi$ gilt

$$\|T'(u, r^k) - T'(y, r^k)\| \leqq L \|u - y\| \quad \text{für alle} \quad u, y \in S_2.$$

Aus (3.18) folgt nach dem Lemma 3.3 in [5] die Existenz von $[T'(\bar{u}, r^k)]^{-1}$ mit

$$\|[T'(\bar{u}, r^k)]^{-1}\| \leqq \vartheta := \frac{\sqrt{2}}{(1-\varkappa)\,\Theta} \max\{1, \|H'(\bar{u})^{\mathsf{T}} [H'(\bar{u})\, H'(\bar{u})^{\mathsf{T}}]^{-1}\|\}. \tag{3.19}$$

Mit den eben eingeführten Bezeichnungen ist die Aufgabe

$$T(u^k, r^k) + T'(u^k, r^k)(u - u^k) = 0, \quad u^k \in S_2,$$

den Gleichungen (2.5), (2.6) äquivalent. Entsprechend Algorithmus 2.1 wird das diskretisierte Problem

$$\tilde{T}(u^k, r^k) + \delta T(u^k, r^k, \mu_k, \sigma_k)\,(u - u^k) = 0, \quad u^k \in S_2, \tag{3.20}$$

betrachtet, wobei folgende Abkürzungen verwendet worden sind:

$$\tilde{T}(u^k, r^k) := \begin{bmatrix} H(u^k) \\ \hdashline \tilde{\varphi}(u^k, r^k) \end{bmatrix}, \quad \tilde{\varphi}(u^k, r^k) := e^{\mathsf{T}}[\tilde{B}(u^k, r^k)]^{-1}\, e, \quad e := e^{n+1},$$

$$\delta T(u^k, r^k, \mu_k, \sigma_k) := \begin{bmatrix} A_k \\ \hdashline \delta\varphi_k \end{bmatrix}, \quad \delta\varphi_k := -e^{\mathsf{T}}[\tilde{B}(u^k, r^k)]^{-1} \begin{bmatrix} \delta^2 H(u^k, \mu_k, \sigma_k) \\ \hdashline 0^{\mathsf{T}} \end{bmatrix} [B(u^k, r^k)]^{-1} e.$$

Dabei bezeichnet $\delta^2 H(u, \mu, \sigma)$ die Approximation für $H''(u)$ gemäß (2.8). Die Äquivalenz des k-ten Schrittes des Algorithmus 2.1 und (3.20) bestätigt man leicht. Um die Durchführbarkeit dieses Schrittes zeigen zu können, wird die Regularität von $\delta T(u^k, r^k, \mu_k, \sigma_k)$ nachgewiesen. Zu vorgegebenem $\varepsilon \in (0, 1)$ sei

$$0 < \tau \leqq \min\left\{\tau_2, \frac{\varepsilon}{\vartheta(L + M_1 + 2M_2)}, \frac{1}{5M}\right\}$$

gewählt, wobei

$$M_1 := 1 + \beta\bar{\beta}(\beta + \bar{\beta})\,K_2, \quad M_2 := \bar{\beta}^2(n^2 - 1)\,L_2$$

und

$$M := \frac{\vartheta}{1 - \varepsilon}\left(M_1 + M_2 + 2\beta\bar{\beta} + \frac{1}{2}\,L\right)$$

ist.

Im folgenden seien $u^k \in S := \bar{S}(\bar{u}, \tau)$ und μ_k, σ_k nach (3.5) sowie A_k gemäß (3.6) gewählt. Nach dem Teilschritt 2 des Algorithmus gilt für $w^k := \frac{s^k}{\|s^k\|}$ die Beziehung $(v^k)^{\mathsf{T}}\, w^k = 0$. Nun werden $g^1 := v^k$ und $g^2 := w^k$ gesetzt und die Vektoren $g^3, g^4, \ldots, g^{n+1} \in R^{n+1}$ so festgelegt, daß $g^1, \ldots, g^{n+1}$ eine orthonormierte Basis des R^{n+1} bilden. Außerdem sei $l_1 := \mu_k$, $l_2 := \sigma_k$ und $l := (l_1, \ldots, l_{n+1})^{\mathsf{T}} \in R^{n+1}$, $0 < l_i \leqq \max\{|\mu_k|, |\sigma_k|\}$, $i = 3, 4, \ldots, n + 1$. Für zwei beliebige Vektoren $x, z \in R^{n+1}$ mit $x = \sum_{i=1}^{n+1} \xi_i g^i$ und $z = \sum_{j=1}^{n+1} \zeta_j g^j$ ergibt sich dann für $\delta^2 H(u^k, \mu_k, \sigma_k)\, xz$ nach (2.8) die Abschätzung

$$\begin{aligned} \|\delta^2 H(u^k, \mu_k, \sigma_k)\, xz - H''(u^k)\, xz\| &\leqq \sum_{i=1}^{n+1} \sum_{j=1}^{n+1} |\xi_i| \cdot |\zeta_j| \cdot \|q(u^k, l_i, l_j, g^i, g^j) - H''(u^k)\, g^i g^j\| \\ &\leqq \sum_{i=1}^{n+1} \sum_{j=1}^{n+1} \|\xi\| \cdot \|\zeta\|\, \frac{1}{2}\, L_2(|l_i| + |l_j|) \\ &\leqq L_2(n - 1)\,(n + 1)\,(|\mu_k| + |\sigma_k|)\, \|x\| \cdot \|z\|, \end{aligned}$$

woraus

$$\|\delta^2 H(u^k, \mu_k, \sigma_k) - H''(u^k)\| \leqq L_2(n^2 - 1)\,(|\mu_k| + |\sigma_k|)$$

folgt. Überdies gilt mit (3.16) und (3.17) die Ungleichung

$$\begin{aligned}\|\delta T(u^k, r^k, \mu_k, \sigma_k) - T'(u^k, r^k)\| &\leqq \|A_k - H'(u^k)\| + \|\delta\varphi_k - \varphi'(u^k, r^k)\| \\ &\leqq M_1 \|A_k - H'(u^k)\| + M_2(|\mu_k| + |\sigma_k|).\end{aligned}$$

Nach dem Störungslemma [6, 2.3.2] existiert dann die Inverse $[\delta T(u^k, r^k, \mu_k, \sigma_k)]^{-1}$ mit $\|[\delta T(u^k, r^k, \mu_k, \sigma_k)]^{-1}\| \leqq \tilde{\vartheta} := \frac{\vartheta}{1-\varepsilon}$. Daher kann $u^{k+1} := u$ aus (3.20) gebildet werden, und es gilt

$$\begin{aligned}\|u^{k+1} - \bar{u}\| &\leqq \|u^k - \bar{u} - [\delta T(u^k, r^k, \mu_k, \sigma_k)]^{-1} \tilde{T}(u^k, r^k)\| \\ &\leqq \tilde{\vartheta} \{\|\delta T(u^k, r^k, \mu_k, \sigma_k) - T'(u^k, r^k)\| \|u^k - \bar{u}\| \\ &\quad + \|T(u^k, r^k) - \tilde{T}(u^k, r^k)\| + \|T'(u^k, r^k)(u^k - \bar{u}) - T(u^k, r^k)\|\} \\ &\leqq M[\|u^k - \bar{u}\| \left(\|u^k - \bar{u}\| + |\mu_k| + |\sigma_k| + \|A_k - H'(u^k)\|\right) \\ &\quad + \|A_k - H'(u^k)\|] \leqq \tau.\end{aligned}$$

Somit sind alle Aussagen von Lemma 3.2 bewiesen.

Für wertvolle Hinweise bei der Anfertigung dieser Arbeit dankt der Verfasser herzlich Herrn Prof. Dr. sc. nat. H. Schwetlick.

Literatur

[1] Chua, L. O., and A. Ushida, A switching-parameter algorithm for finding multiple solutions of nonlinear resistive circuits, IEEE Trans. Circuit Theory and Applications **4** (1976), 215–239.
[2] Gill, P. E., G. H. Golub, W. Murray and M. A. Saunders, Methods for modifying matrix factorizations, Math. Comp. **28** (1974), 505–535.
[3] Haselgrove, C., Solutions of nonlinear equations and of differential equations with two-point boundary conditions, Comput. J. **4** (1961), 255–259.
[4] Kubicek, M., Dependence of solution of nonlinear systems on a parameter, ACM Trans. on Math. Software **2** (1976), 95–107.
[5] Menzel, R., und H. Schwetlick, Zur Lösung parameterabhängiger nichtlinearer Gleichungen mit singulären Jacobi-Matrizen, Numer. Math. **30** (1978), 65–79.
[6] Ortega, J. M., and W. C. Rheinboldt, Iterative Solution of Nonlinear Equations in Several Variables, Academic Press, New York–London 1970.
[7] Pönisch, G., und H. Schwetlick, Ein lokal überlinear konvergentes Verfahren zur Bestimmung von Rückkehrpunkten implizit definierter Raumkurven, Preprint TU Dresden, 07-30-77 (1977).
[8] Pönisch, G., and H. Schwetlick, Computing turning points of curves defined by a system of nonlinear equations (to appear in Computing).
[9] Riks, E., The application of Newton's method to the problem of elastic stability, J. Appl. Mech. Techn. Phys. **39** (1972), 1060–1065.

[10] SCHWETLICK, H., Numerische Lösung nichtlinearer Gleichungen, VEB Deutscher Verlag der Wissenschaften, Berlin/R. Oldenbourg Verlag, München—Wien 1979.
[11] SEYDEL, R., Numerische Berechnung von Verzweigungen bei gewöhnlichen Differentialgleichungen, Preprint TU München, TUM-MATH-7736 (1977).
[12] SIMPSON, R. B., A method for the numerical determination of bifurcation states of nonlinear systems of equations, SIAM J. Numer. Anal. **12** (1975), 439—451.

Manuskripteingang: 8. 12. 1978

VERFASSER:
Dr. GERD PÖNISCH, Sektion Mathematik der Technischen Universität Dresden

Beiträge zur Numerischen Mathematik
9 (1981), 161–174

Eine stetige Monte-Carlo-Methode zum Lösen von Randwertaufgaben für lineare elliptische Differentialgleichungen zweiter Ordnung

HANS-EBERHARD SCHOLZ

1. Einleitung

Zum Lösen der ersten Randwertaufgabe (RWA) für die Laplace-Gleichung in einem beschränkten Gebiet $G \subset R^n$ mit hinreichend glattem Rand ∂G

$$\Delta u(x) = \sum_{i=1}^{n} \frac{\partial^2 u(x)}{\partial x_i^2} = 0, \quad x \in G, \tag{1.1}$$

$$u(x) = f(x), \quad x \in \partial G, \tag{1.2}$$

veröffentlichte 1956 M. E. MULLER in der Arbeit [24] eine neue Monte-Carlo-Methode (MCM):

Ist die Lösung $u(x)$ im Punkt $x \in G$ gesucht, so wird die größte noch ganz in G liegende Kugel um x konstruiert, und aus der auf der Oberfläche dieser Kugel gleichverteilten Punktmenge wird mit Hilfe von Zufallszahlen ein Punkt x_1 bestimmt. Um x_1 wird wieder die größte noch ganz in G liegende Kugel konstruiert, aus der auf der Oberfläche dieser Kugel gleichverteilten Punktmenge wird ein Punkt x_2 bestimmt, usw. Mit der Wahrscheinlichkeit eins konvergiert eine solche als Pfad bezeichnete Punktefolge gegen einen Punkt aus ∂G. Gelangt man also in eine hinreichend kleine Umgebung des Randes ∂G, so wird der Pfad abgebrochen. Ist $x_r \in \partial G$ ein Punkt, der dem letzten Punkt des Pfades am nächsten liegt, so berechnet man den Wert $f(x_r)$. Es werden hinreichend viele solcher Pfade realisiert, das arithmetische Mittel aus den auf diese Weise erhaltenen Werten der Randfunktion f liefert eine Näherung für die Lösung der RWA an der Stelle x. Gegen ∂G konvergierende Pfade kann man natürlich auch konstruieren, wenn man um die Punkte der Pfade nicht Kugeln, sondern gewisse andere Gebiete konstruiert, und die neuen Punkte auf den Oberflächen dieser Gebiete bestimmt. Die Punkte kann man jetzt allerdings nicht mehr mit Hilfe der Gleichverteilung realisieren.

In der Arbeit [18] wurde diese MCM zum Lösen von Anfangs-Randwertaufgaben für parabolische Differentialgleichungen der Form

$$\frac{\partial u(x, t)}{\partial t} = \Delta u(x, t) + q$$

erweitert. In jüngerer Zeit wurden vor allem von sowjetischen und italienischen Mathematikern Arbeiten zu dieser MCM veröffentlicht. In den Arbeiten [12, 13, 14,

21, 22] und in [9, 2, 6, 7] werden solche MCM zum Lösen der ersten RWA zu Differentialgleichungen der Form

$$\Delta u(x) + c \cdot u(x) = g(x),$$

wo c eine Konstante ist, untersucht und numerisch getestet. In den Arbeiten [17, 1, 23] und [22] werden solche MCM zum Lösen von RWA zu polyharmonischen Differentialgleichungen, in [5] wird die Mullersche MCM zum Lösen der ersten RWA für die Wellengleichung

$$\frac{\partial^2 u(x, t)}{\partial t^2} = \Delta u(x, t) + f(x, t)$$

und ebenfalls in [22] wird diese MCM auch zum Lösen der ersten RWA für nichtlineare Differentialgleichungen der Form

$$\Delta u = f(x, u)$$

angewendet. Das von MULLER vorgeschlagene Verfahren, bzw. verschiedene Modifikationen dieses Verfahrens, wurden damit bis hierher ausschließlich für Differentialgleichungen betrachtet, die eng an den Laplace-Operator gebunden sind.

MULLER bezeichnete diese MCM als stetige MCM (*continuous Monte Carlo method*), in [18] und [19] wurde der Begriff fließende Zufallswege (*floating random walks*) verwendet. In den sowjetischen Veröffentlichungen wird dieses Verfahren als Irrfahrten auf Sphären (*блуждания по сферам*) bezeichnet.

Der Vorteil der stetigen MCM gegenüber der gewöhnlichen MCM, bei welcher die Pfade auf einem Quadrat- oder Rechteckgitter realisiert werden, besteht darin, daß man meist relativ wenig Schritte benötigt, um in eine hinreichend kleine Umgebung des Randes von G oder nach ∂G selbst zu gelangen. In den Arbeiten [18], [8] und [27] wurde diese MCM mit der gewöhnlichen MCM verglichen. Bei den gerechneten Beispielen zeigte sich, daß man für die stetige MCM, bei vergleichbarem Fehler, im Durchschnitt bedeutend weniger Rechenzeit benötigte. In [18] und [19] wurde gezeigt, daß man die stetige MCM auch bei relativ kompliziert gestalteten Gebieten vorteilhaft anwenden kann. Es ist daher wünschenswert zu untersuchen, ob und wie ein Verfahren der stetigen MCM auch zum Lösen von RWA zu allgemeineren Differentialgleichungen verwendet werden kann.

In der Arbeit [3] wurde erstmals ein Verfahren der stetigen MCM für die erste RWA zur Differentialgleichung

$$\sum_{i,j=1}^{2} a_{ij} \frac{\partial^2 u(x)}{\partial x_i \, \partial x_j} + \sum_{i=1}^{2} b_i \frac{\partial u(x)}{\partial x_i} = 0,$$

wo die a_{ij}, b_i $(i, j = 1, 2)$ Konstante sind, angegeben. Dieses Verfahren läßt sich allerdings nicht zum Lösen von RWA für Differentialgleichungen, bei welchen die Koeffizienten vor den Ableitungen Funktionen von x sind, anwenden. In der vorliegenden Arbeit wird eine stetige MCM zum Lösen der ersten RWA für elliptische Differentialgleichungen der Form

$$\sum_{i,j=1}^{n} a_{ij}(x) \frac{\partial^2 u(x)}{\partial x_i \, \partial x_j} + \sum_{i=1}^{n} b_i(x) \frac{\partial u(x)}{\partial x_i} = 0$$

angegeben.

2. Die Lösung elliptischer Randwertaufgaben durch Diffusionsprozesse

Das hier beschriebene Monte-Carlo-Verfahren beruht auf dem engen Zusammenhang zwischen gewissen stochastischen Prozessen, den Diffusionsprozessen und den Lösungen elliptischer RWA. Die benötigten Aussagen über diesen Zusammenhang möchte ich hier aufführen. Die Sätze 2.1 bis 2.3 kann man z. B. aus [11] entnehmen.

Im R^n sei der lineare Differentialoperator

$$Lu(x) \equiv \sum_{i,j=1}^{n} a_{ij}(x) \frac{\partial^2 u(x)}{\partial x_i \, \partial x_j} + \sum_{i=1}^{n} b_i(x) \frac{\partial u(x)}{\partial x_i} \tag{2.1}$$

gegeben, so daß die Koeffizienten $a_{ij}(x)$ und $b_i(x)$ den folgenden Bedingungen genügen mögen:

(2.A) *Die Funktionen $a_{ij}(x)$, $b_i(x)$ $(i, j = 1, \ldots, n)$ sind beschränkt und erfüllen eine Hölderbedingung für $x \in R^n$.*

(2.B) *Es existiert eine Konstante $c > 0$, so daß für alle $x \in R^n$ und alle n-Tupel reeller Zahlen $(h_1, \ldots, h_n)$*

$$\sum_{i,j=1}^{n} a_{ij}(x)\, h_i h_j \geqq c \sum_{i=1}^{n} h_i^2 .$$

Für solche Differentialoperatoren gilt:

Satz 2.1. *Genügen die Koeffizienten des durch* (2.1) *definierten Differentialoperators L den Bedingungen* (2.A), (2.B), *so existiert im Zustandsraum $(R^n, \mathfrak{B}^n)$ ($\mathfrak{B}^n$ bezeichnet die σ-Algebra der Borelschen Teilmengen des R^n) ein nicht abbrechender Diffusionsprozeß $(x_t) = (x_t, \Omega, \mathfrak{M}, p_x)$ mit dem Differentialgenerator L.*

Ein Diffusionsprozeß, dessen Differentialgenerator (man vgl. z. B. [11, I, S. 154]) die Bedingungen (2.A), (2.B) erfüllt, wird als nicht abbrechender *kanonischer Diffusionsprozeß* bezeichnet und ist insbesondere ein stetiger strenger Markoff-Prozeß.

Satz 2.2. *Ist (x_t) ein kanonischer Diffusionsprozeß, $G \subset R^n$ ein Gebiet mit kompaktem Abschluß und bezeichnet τ die erste Austrittszeit des Prozesses aus G, so gilt*

$$p_x(\tau = \infty) = 0$$

für alle $x \in G$.

Satz 2.3. *Es sei (x_t) ein kanonischer Diffusionsprozeß mit dem Differentialgenerator L, $G \subset R^n$ sei ein beschränktes Gebiet mit regulärem Rand ∂G und τ bezeichne die erste Austrittszeit des Prozesses (x_t) aus G. Ist f eine stetige Funktion auf ∂G, so gilt: Die Funktion*

$$u(x) = \int_{\Omega} f\big(x_\tau(\omega)\big)\, p_x(d\omega) \tag{2.2}$$

ist zweimal stetig differenzierbar in G und ist die eindeutige Lösung der RWA

$$Lu(x) = 0, \quad x \in G, \tag{2.3}$$

$$u(x) = f(x), \quad x \in \partial G. \tag{2.4}$$

In [11, II] werden Bedingungen angegeben, wann Randpunkte eines offenen Gebietes regulär für einen kanonischen Diffusionsprozeß sind. Alle Punkte, die von außen durch einen offenen Kegel berührt werden können, sind z. B. regulär.

Für die Herleitung des Monte-Carlo-Verfahrens ist es günstig, wenn man die im Satz 2.3 angegebene Lösung der RWA (2.3), (2.4), ähnlich wie in [24] die Lösung der RWA (1.1), (1.2), noch anders darstellt:

Satz 2.4. *Ist τ wieder die erste Austrittszeit des Prozesses (x_t) aus G, so definiert die Funktion*

$$P(x, B, G) = p_x(x_\tau \in B), \quad B \in \mathfrak{B}^n \cap \partial G,$$

ein Maß auf der σ-Algebra $\mathfrak{B}^n \cap \partial G = \{B \in \mathfrak{B}^n : B \subset \partial G\}$, und die Funktion

$$u(x) = \int_{\partial G} f(y)\, P(x, dy, G)$$

ist die zweimal stetig differenzierbare Lösung der RWA (2.3), (2.4).

Beweis. Es sei $\Omega_\tau := \{\tau < \infty\}$, $\mathfrak{M}_\tau := \mathfrak{M} \cap \Omega_\tau = \{M \in \mathfrak{M} : M \subset \Omega_\tau\}$. Wegen Satz 2.2 kann man die Lösung der RWA (2.3), (2.4) damit als

$$u(x) = \int_{\Omega_\tau} f\big(x_\tau(\omega)\big)\, p_x(d\omega) \tag{2.5}$$

schreiben.

Ein kanonischer Diffusionsprozeß ist als strenger Markoff-Prozeß insbesondere meßbar (man vgl. z. B. [11, I, S. 99]). Da die erste Austrittszeit τ eine Zufallszeit ist, definiert x_τ nach der Eigenschaft 3.17.A aus [11, I, S. 98] eine meßbare Abbildung von $(\Omega_\tau, \mathfrak{M}_\tau)$ in $(R^n, \mathfrak{B}^n)$. Für alle $\omega \in \Omega_\tau$ gilt $x_\tau(\omega) \in \partial G$, und wegen $\partial G \in \mathfrak{B}^n$ definiert deshalb x_τ auch eine meßbare Abbildung von $(\Omega_\tau, \mathfrak{M}_\tau)$ in $(\partial G, \mathfrak{B}^n \cap \partial G)$. Die Behauptung dieses Satzes ergibt sich damit aus (2.5) und aus dem Lemma 1.6 aus [10, S. 7]. Q. e. d.

Das Maß $P(x, B, G)$ heißt *Randverteilung* des Prozesses (x_t) bezüglich des Gebietes G. Durch dieses Maß wird die Wahrscheinlichkeit ausgedrückt, daß ein in $x \in G$ startender Pfad $\big(x_t(\omega)\big)$ des Prozesses (x_t) die Menge $B \subset \partial G$ erreicht, ohne vorher $\partial G - B$ zu erreichen. Zu den Randverteilungen kanonischer Diffusionsprozesse gilt der folgende, in [25] erstmals angegebene Satz:

Satz 2.5. *Die Randverteilung $P(x, B, G)$ eines nicht abbrechenden kanonischen Diffusionsprozesses (x_t) mit dem Differentialgenerator L ist die zweimal stetig differenzierbare Lösung der RWA*

$$Lu(x) = 0, \quad x \in G,$$

$$u(x) = \begin{cases} 1, & x \in B \subset \partial G, \\ 0, & x \in \partial G - B. \end{cases}$$

Den hier dargestellten Zusammenhang zwischen elliptischen RWA und Diffusionsprozessen nutzt man aus, um solche RWA näherungsweise zu lösen. Mit einer großen Anzahl von Realisierungen der Zufallsgröße $f(x_\tau)$ kann man nämlich den Erwartungswert (2.2) durch das arithmetische Mittel dieser Realisierungen approximieren. Es gibt eine umfangreiche Literatur, in welcher Verfahren zur Simulation von Diffusionsprozessen auf Analog- bzw. Hybridrechnern beschrieben werden (man vgl. z. B. [4] oder [15]). Auf Digitalrechnern kann man die Pfade von Diffusionsprozessen z. B. durch Irrfahrten auf einem Quadrat- oder Rechengitter (gewöhnliche MCM) oder durch die näherungsweise Lösung von stochastischen Differentialgleichungen (man vgl. z. B. [16]) annähern. Diese Verfahren approximieren die Pfade des Diffusionsprozesses um so besser, je kleiner man die Schrittweite wählt. Bei Verkleinerung der Schrittweise wächst natürlich der Rechenaufwand. Das hier dargestellte Verfahren ist wie das in [24] angegebene Verfahren so, daß die Schritte bei der Approximation eines Pfades nicht möglichst klein gewählt werden müssen. In der Regel wählt man die Schritte immer möglichst groß, um schnell zum Rand ∂G zu gelangen.

Bemerkung. Die Bedingungen (2.A), (2.B) sind sehr einschränkend, da ihre Gültigkeit für den ganzen R^n gefordert wird. Wie man sehen wird, sind für die weiteren Betrachtungen die Werte der Koeffizienten jedoch nur für $x \in G$ entscheidend, so daß es genügt, folgendes zu fordern:

(2.C) *Die Funktionen* $a_{ij}(x)$, $b_i(x)$ $(i, j = 1, \ldots, n)$ *genügen in* G *den Bedingungen* (2.A), (2.B) *und lassen sich über* G *hinaus zu* $a_{ij}'(x)$, $b_i'(x)$ *fortsetzen, so daß diese Funktionen die Bedingungen* (2.A), (2.B) *erfüllen.*

3. Die Lösung elliptischer Randwertaufgaben durch Prozesse der ersten Durchstoßpunkte

3.1. *Der Prozeß der ersten Durchstoßpunkte zu einem kanonischen Diffusionsprozeß*

Wie in [24] für den Brown-Wiener-Prozeß (das ist der zum Laplace-Operator gehörende Diffusionsprozeß) kann man mit Hilfe von zulässigen Gebieten für jeden nichtabbrechenden kanonischen Diffusionsprozeß Prozesse der ersten Durchstoßpunkte konstruieren.

Definition 3.1. Ein Gebiet $G(y)$ heißt *zulässig* bezüglich $y \in G$, wenn die folgenden Bedingungen erfüllt sind:

(3.A) Es gilt $y \in G(y)$ und $G(y) \subset G$.

(3.B) Die abgeschlossene Hülle von $G(y)$ ist kompakt.

(3.C) Der Rand $\partial G(y)$ von $G(y)$ ist regulär.

(3.D) Es gilt $\inf \{\|x - y\| : x \in \partial G(y)\} > a \cdot \inf \{\|y - z\| : z \in \partial G\}$ mit $a > 0$ und unabhängig von y.

Hier garantiert die Bedingung (3.B), daß die erste Austrittszeit eines kanonischen Diffusionsprozesses (x_t) aus dem Gebiet $G(y)$ fast sicher endlich ist (Satz 2.2). Die Bedingung (3.C) sichert, daß man die Randverteilung des Prozesses (x_t) bezüglich $G(y)$, wie im Satz 2.5 angegeben, als Lösung einer speziellen RWA angeben kann.

Die Bedingung (3.D) ist nötig, damit sich die zulässigen Gebiete nicht auf einen inneren Punkt von G zusammenziehen können.

Es sei jetzt $(x_t) = (x_t, \Omega, \mathfrak{M}, p_x)$ ein nicht abbrechender kanonischer Diffusionsprozeß im Zustandsraum $(R^n, \mathfrak{B}^n)$ mit den in $x \in G$ startenden Pfaden $(x_t(\omega))$.

Definition 3.2. Die Folge $(x_i(\omega))$ heißt *Folge erster Durchstoßpunkte* zum Pfad $(x_t(\omega))$ im Gebiet G, wenn die Punkte $x_i(\omega)$ folgendermaßen bestimmt werden:

(1) $x_0(\omega) = x \in G$.

(2) Gilt $x_i(\omega) \notin G$ $(i = 1, 2, \ldots)$, so bricht die Folge $(x_i(\omega))$ ab, sonst weiter bei (3).

(3) Zum Punkt $x_i(\omega)$ $(i = 1, 2, \ldots)$ wird ein zulässiges Gebiet $G_i(\omega) := G(x_i(\omega))$ gewählt; $\tau_{i+1}(\omega)$ bezeichne die erste Austrittszeit nach der Zeit $\tau_i(\omega)$ für den Pfad $(x_t(\omega))$ aus $G_i(\omega)$ (es wird $\tau_0 = 0$ gesetzt).

(4) Man setzt $x_{i+1}(\omega) := x_{\tau_{i+1}}(\omega)$, wenn $\tau_{i+1}(\omega) < \infty$, sonst gleich weiter bei (5).

(5) Gilt $\tau_{i+1}(\omega) = \infty$ für ein $i = 0, 1, \ldots$, so bricht die Folge $(x_i(\omega))$ ab, sonst weiter bei (2).

Die Funktionen $\tau_i(\omega)$ sind die *ersten Durchstoßzeiten*, und die Punkte $x_i(\omega)$ heißen die *ersten Durchstoßpunkte* des Pfades $(x_t(\omega))$ bezüglich der zulässigen Gebiete $G_i(\omega)$.

Definition 3.3. Die Gesamtheit aller nach Definition 3.2 konstruierbaren Folgen erster Durchstoßpunkte zu den Pfaden des Diffusionsprozesses (x_t) heißt *Prozeß der ersten Durchstoßpunkte* zum Prozeß (x_t) im Gebiet G.

Den Prozeß der ersten Durchstoßpunkte wollen wir mit (x_i) bezeichnen. Setzt man $\zeta(\omega) := \inf \{i : x_i(\omega) \notin (x_i(\omega))\}$ und $\mathfrak{M}_i := \mathfrak{M}\tau_i$, so wurde in [28] gezeigt, daß $(x_i) = (x_i, \zeta, \Omega, \mathfrak{M}, \mathfrak{M}_i, p_x)$ ein im allgemeinen abbrechender Markoff-Prozeß ist.

Für beliebige $j \geqq 0$, $B \in \mathfrak{B}^n$ bezeichne

$$P'(j, y, B) := p_y(x_j \in B)$$

die *Übergangsfunktion des Prozesses* (x_i). Nach der Definition 3.2 gilt für alle $y \in G$, $B \in \mathfrak{B}^n$

$$P'(1, y, B) = p_y(x_\tau \in B \cap \partial G(y)) = P(y, B \cap \partial G(y), G(y)).$$

Aus dem Satz 2.5 erhält man deshalb sofort die

Folgerung 3.1. *Ist L der den Bedingungen* (2.A), (2.B) *oder der Bedingung* (2.C) *genügende Differentialgenerator des Prozesses (x_t), so gilt: Für alle $y \in G$, $B \in \mathfrak{B}^n$ ist die einstufige Übergangsfunktion $P'(1, y, B)$ des zu (x_t) gehörenden Prozesses der ersten Durchstoßpunkte (x_i) die eindeutige, zweimal stetig differenzierbare Lösung der RWA*

$$Lu(x) = 0, \quad x \in G(y), \tag{3.1}$$

$$u(x) = \begin{cases} 1, & x \in B \cap \partial G(y); \\ 0, & x \in \partial G(y) - B \cap \partial G(y), \end{cases} \tag{3.2}$$

an der Stelle $x = y$.

3.2. *Die Lösung der Randwertaufgabe durch den Prozeß der ersten Durchstoßpunkte*

Wie in [24] gilt:

Satz 3.1. *Verläßt der Pfad $\big(x_t(\omega)\big)$ des Prozesses (x_t) das Gebiet G in einem Randpunkt $x_\tau(\omega)$ nach endlicher Zeit zum ersten Mal, so erreicht die zu diesem Pfad gehörende Folge der ersten Durchstoßpunkte $\big(x_i(\omega)\big)$ den Punkt $x_\tau(\omega)$ nach endlicher Zeit oder aber konvergiert gegen diesen Punkt.*

Zum Beweis dieses Satzes kann man aus [24] den Beweis zum Satz 3.6 fast wörtlich übernehmen, denn dort wird nur benötigt, daß die Pfade des Prozesses stetig sind und daß der Rand des Gebietes in endlicher Zeit erreicht wird. (x_t) ist aber als Diffusionsprozeß insbesondere ein stetiger Prozeß, und der Rand sollte nach Voraussetzung in endlicher Zeit erreicht werden.

Aus diesem Satz 3.1 und aus dem Satz 2.2 erhält man sofort die

Folgerung 3.2. *p_x-fast alle Folgen erster Durchstoßpunkte konvergieren gegen ∂G.*

Für jede gegen einen Punkt aus ∂G konvergierende Folge erster Durchstoßpunkte wollen wir jetzt diesen Punkt, gegen den die Folge $\big(x_i(\omega)\big)$ konvergiert, mit $x_\sigma(\omega)$ bezeichnen.

Satz 3.2. *Für jedes $B \in \mathfrak{B}^n \cap \partial G$ gilt $\{x_\sigma \in B\} \in \mathfrak{M}$.*

Beweis. Nach Satz 3.1 gilt

$$\{x_\sigma \in B\} = \{x_\tau \in B, \tau < \infty\} \cup \{x_\sigma \in B, \tau = \infty\}.$$

Für die erste Antrittszeit τ gilt natürlich $\{x_\tau \in B, \tau < \infty\} \in \mathfrak{M}$ (man vgl. z. B. den Beweis zum Satz 2.4). Nach Satz 3.1 gilt weiter $\emptyset \subset \{x_\sigma \in B, \tau = \infty\} \subset \{\tau = \infty\}$, nach Satz 2.2 gilt dazu $p_x(\emptyset) = p_x(\tau = \infty) = 0$. Da man nach [11, I, S. 162] und [11, I, S. 87] aber voraussetzen kann, daß $\mathfrak{M}$ vollständig bezüglich der Maße p_x ist, gilt $\{x_\sigma \in B, \tau = \infty\} \in \mathfrak{M}$, also auch $\{x_\sigma \in B\} \in \mathfrak{M}$. Q. e. d.

Die Funktion

$$P'(x, B, G) := p_x(x_\sigma \in B), \quad B \in \mathfrak{B}^n \cap \partial G,$$

heißt die *Randverteilung des Prozesses* (x_i) bezüglich des Gebietes G.

Folgerung 3.3. *Die Prozesse (x_t) und (x_i) haben die gleiche Randverteilung bezüglich G.*

Beweis. Wie im Beweis zum Satz 3.2 gilt

$$\{x_\sigma \in B\} = \{x_\sigma \in B, \tau < \infty\} \cup \{x_\sigma \in B, \tau = \infty\}$$

mit $p_x(x_\sigma \in B, \tau = \infty) = 0$, so daß

$$P'(x, B, G) = p_x(x_\sigma \in B) = p_x(x_\tau \in B) = P(x, B, G). \qquad \text{Q. e. d.}$$

Aus der Folgerung 3.3 und aus dem Satz 2.4 erhält man sofort die

Folgerung 3.4. *Ist G ein beschränktes Gebiet mit regulärem Rand ∂G und ist f eine stetige Funktion auf ∂G, so gilt: Die Funktion*

$$u(x) = \int_{\partial G} f(y)\, P'(x, dy, G) = \int_{\partial G} f(y)\, P(x, dx, G)$$

ist die zweimal stetig differenzierbare Lösung der RWA (2.3), (2.4).

Durch einen Prozeß der ersten Durchstoßpunkte kann man also, genau wie durch den Diffusionsprozeß, die Lösung der RWA (2.3), (2.4) erhalten. Wenn man eine hinreichend große Anzahl in $x \in G$ startender Folgen erster Durchstoßpunkte $\big(x_i(\omega_j)\big)$ $(j = 1, 2, \ldots, m)$ konstruiert und mit Hilfe der in die Randbedingung (2.4) eingehenden Funktion f die Werte $f_j := f\big(x_\sigma(\omega_j)\big)$ berechnet, so liefert das arithmetische Mittel

$$\frac{1}{m} \sum_{j=1}^{m} f_j$$

eine Näherung für den Erwartungswert der Größe $f(x_\sigma)$, nach Folgerung 3.4 damit eine Näherung für die Lösung der RWA an der Stelle x.

4. Die Lösung elliptischer Randwertaufgaben durch die näherungsweise Realisierung von Folgen erster Durchstoßpunkte

4.1. *Der Algorithmus zur näherungsweisen Lösung elliptischer Randwertaufgaben*

Ob eine Folge erster Durchstoßpunkte nach endlich vielen Schritten den Rand ∂G des betrachteten Gebietes erreicht oder aber gegen einen Punkt aus ∂G konvergiert, hängt natürlich von ∂G und von der entsprechenden Wahl der zulässigen Gebiete ab. Wird z. B. ein im R^2 liegendes Gebiet G durch Geradenstücke begrenzt und kann man als zulässige Gebiete Quadrate so wählen, daß immer eine Quadratseite in ∂G liegt, so wird eine Folge erster Durchstoßpunkte ∂G nach endlich vielen Schritten erreichen. Im allgemeinen wird man die zulässigen Gebiete aber nicht so wählen können, daß man nach endlich vielen Schritten nach ∂G gelangt. Da man mittels eines Digitalrechners aber nur endliche Prozesse realisieren kann, müssen die gegen ∂G konvergierenden Folgen erster Durchstoßpunkte nach endlich vielen Schritten in einer hinreichend kleinen Umgebung von ∂G abgebrochen werden. Bezeichnet $G_\varepsilon := \bigcup_{y \in \partial G} \{x \in R^n : \|x - y\| < \varepsilon\}$ eine solche hinreichend kleine Umgebung von ∂G, so kann man die RWA (2.3), (2.4), nach den Untersuchungen im Abschnitt 3, nach folgendem Algorithmus lösen:

(1) Den Punkt $x \in G$, wo $u(x)$ gesucht ist, und die Anzahl m der zu realisierenden Pfade festlegen.

(2) $j := 0$.

(3) $y := x$, $j := j + 1$.

(4) Zulässiges Gebiet $G(y)$ zu y bestimmen.

(5) Übergangsfunktion $P'(1, y, B)$ als Lösung der RWA (3.1), (3.2) bestimmen.

(6) Den neuen Punkt z mit Hilfe von Zufallszahlen bezüglich der Übergangsfunktion $P'(1, y, B)$ auf $\partial G(y)$ bestimmen.

(7) $y := z$.

(8) Gilt $y \in G_\varepsilon$ oder $y \in \partial G$, so weiter bei (9), sonst weiter bei (4).

(9) Einen Punkt $y_\sigma \in \partial G$, so daß $\|y_\tau - y\| = \inf \{\|y - z\| : z \in \partial G\}$ ist, bestimmen; $f_j := f(y_\sigma)$.

(10) Gilt $j = m$, dann weiter bei (11), sonst weiter bei (3).

(11) $u(x) \approx \frac{1}{m} \sum_{j=1}^{m} f_j$.

Realisiert man eine Folge erster Durchstoßpunkte, dann wählt man die zulässigen Gebiete natürlich so, daß man diese zulässigen Gebiete und die Übergangsfunktionen zu diesen Gebieten mit möglichst geringem Aufwand angeben kann und daß man möglichst schnell nach G_ε oder ∂G gelangt. Als zulässiges Gebiet zu einem Punkt y wählt man meist die größte noch ganz in G liegende Kugel um den Mittelpunkt y oder wie in [20] den größten noch ganz in G liegenden Würfel um den Mittelpunkt y.

Das Bestimmen der zulässigen Gebiete und der Test, ob sich ein erster Durchstoßpunkt schon in G_ε befindet, ist natürlich von der betrachteten Differentialgleichung unabhängig, so daß man die gleichen Methoden wie bei dem von Muller vorgeschlagenen Verfahren anwenden und die Ergebnisse und Erfahrungen dieses oft untersuchten Verfahrens verwenden kann. In [6] wurden z. B. Untersuchungen zu diesen Problemen veröffentlicht. Anders ist es mit dem Bestimmen der Übergangsfunktionen und der Wahl der ersten Durchstoßpunkte bezüglich dieser Übergangsfunktionen. Die Übergangsfunktionen sind ja die Lösungen spezieller RWA zur betrachteten Differentialgleichung. Wenn man z. B. Kugeln als zulässige Gebiete wählt, dann liegen die Durchstoßpunkte nicht mehr, wie bei dem von Muller vorgeschlagenen Verfahren für die Laplace-Gleichung, gleichverteilt auf den Rändern der zulässigen Gebiete.

Für den Fehler, der dadurch entsteht, daß die Pfade in der Regel vorzeitig in einer ε-Umgebung G_ε des Randes ∂G abgebrochen werden, wird in [28] eine Abschätzung angegeben.

4.2. *Eine Möglichkeit, die Übergangsfunktionen und die Durchstoßpunkte für Kugeln als zulässige Gebiete näherungsweise zu bestimmen*

Für jedes $y \in G$ sei jetzt das zulässige Gebiet $G(y)$ eine Kugel mit dem Radius $R(y)$ um den Mittelpunkt y. Um die Übergangsfunktion zum Punkt y und dem zulässigen Gebiet $G(y)$ zu bestimmen, d. h. zum Lösen der RWA (3.1), (3.2), wird zunächst das Koordinatensystem durch Verschiebungen parallel zu den Koordinatenachsen so transformiert, daß der Ursprung des Koordinatensystems in y liegt. Die neuen Koordinaten werden mit $x_1', \ldots, x_n'$, der transformierte Differentialoperator aus der Gleichung (3.1) werde mit L' bezeichnet. r, φ mit $r \geqq 0$, $\varphi = (\varphi_1, \ldots, \varphi_{n-1})$, $0 \leqq \varphi_1 < 2\pi$, $0 \leqq \varphi_k \leqq \pi$ $(k = 2, \ldots, n-1)$ seien die zu $x_1', \ldots, x_n'$ gehörenden

Polarkoordinaten. Die Übergangsfunktion wird jetzt durch ein Interpolationspolynom approximiert, indem die Oberfläche jedes zulässigen Gebietes $G(y)$ in $2n_1^{n-1}$ gegenseitig disjunkte Flächenstücke

$$F_i(y) := \left\{x \in \partial G(y) : \frac{\pi}{n_1} \cdot (i_k - 1) \leqq \varphi_k < \frac{\pi}{n_1} \cdot i_k,\ k = 1, \ldots, n-1\right\}$$

mit $i := (i_1, \ldots, i_{n-1})$, $1 \leqq i_1 \leqq 2n_1$, $1 \leqq i_k \leqq n_1$ $(k = 2, \ldots, n-1)$ eingeteilt und die RWA

$$L'u(x') = 0, \quad x \in G(y), \tag{4.1}$$

$$u(x') = \begin{cases} 1, & x' \in F_i(y), \\ 0, & x' \in \partial G(y) - F_i(y), \end{cases} \tag{4.2}$$

für bestimmte Indizes i an der Stelle $x' = 0'$ gelöst wird ($0'$ bezeichnet den Ursprung des Koordinatensystems $x_1', \ldots, x_n'$). Mit einem Transformationsverfahren für Zufallszahlen kann man dann, mittels im Intervall $(0, 1)$ gleichverteilter Zufallszahlen, den auf $\partial G(y)$ liegenden Durchstoßpunkt, z. B. als Mittelpunkt eines dieser Flächenstücke, bestimmen. Für die Transformation der Zufallszahlen kann eine in [26] veröffentlichte ALGOL-Prozedur verwendet werden. Für den Fall $n_1 = 2^k$ wurde in [28] eine effektive Variante für diese Prozedur angegeben.

Zum Lösen bzw. näherungsweisen Lösen der RWA (4.1), (4.2) gibt es die verschiedensten numerischen Verfahren. Da diese RWA aber bei jedem Schritt jedes Pfades gelöst werden muß, darf das verwendete Lösungsverfahren natürlich nicht zu aufwendig sein. Zum anderen sollte es so sein, daß ein einmal aufgestelltes Rechnerprogramm auch ohne große Änderungen zum Lösen anderer RWA der Form (2.3), (2.4) verwendet werden kann. Im Rahmen der Arbeit [28] wurde dazu das Differenzenverfahren getestet:

Die Funktion $u_0(x', i)$ sei für $x' \in G(y)$ zweimal stetig differenzierbar und erfülle außerdem die Randbedingung (4.2). Mit $v(x') = u(x') - u_0(x', i)$ wird die RWA (4.1), (4.2) zunächst auf die Form

$$L'v(x') = -L'u_0(x', i), \quad x' \in G(y), \tag{4.3}$$

$$v(x') = 0, \quad x' \in \partial G(y), \tag{4.4}$$

transformiert. Jedes zulässige Gebiet $G(y)$ mit dem Rand $\partial G(y)$ wird jetzt durch ein Rastergebiet $G_h(y)$ mit dem Rand $\partial G_h(y)$ ersetzt, etwa durch ein quadratisches Gitter mit der Maschenweite h. Um das Rechnerprogramm zu vereinfachen, sollen dabei die Rastergebiete $G_h(y)$, unabhängig von der Lage von $G(y)$ in G und unabhängig vom Radius $R(y)$, immer aus n_2 Punkten $y^{(j)}$ $(j = 1, 2, \ldots, n_2)$ bestehen. Diese Punkte $y^{(j)} \in G_h(y)$ mögen die Polarkoordinaten $y^{(j)} = \left(c^{(j)} \cdot R(y), \varphi^{(j)}\right)$ haben, es gelte außerdem $0' \in G_h(y)$. Jedem der Punkte $y^{(j)}$ wird ein zu L' gehörender linearer Differenzenoperator L_h' zugeordnet, so daß man eine zu (4.3), (4.4) gehörende diskrete RWA

$$L_n'v(x') = -L'u_0(x', i), \quad x' \in G_h(y), \tag{4.5}$$

$$v(x') = 0, \quad x' \in \partial G_h(y), \tag{4.6}$$

erhält. Für die Funktion $u_0(x', i)$ wurde die Lösung der RWA

$$\sum_{k=1}^{n} \frac{\partial^2 u(x')}{\partial x_k'^2} = 0, \quad x \in G(y),$$

$$u(x') = \begin{cases} 1, & x' \in F_i(y), \\ 0, & x' \in \partial G(y) - F_i(y), \end{cases}$$

gewählt. Die Lösung dieser RWA kann man durch das Poissonsche Integral

$$u_0(x', i) = \frac{1}{\omega_n \cdot R(y)} \int_{F_i(y)} \frac{R(y)^2 - \|x'\|^2}{\|x' - z'\|^n} \, dO_{z'}$$

(ω_n bezeichnet die Oberfläche der n-dimensionalen Einheitskugel) angeben. Zum Lösen der RWA (4.5), (4.6) muß der Ausdruck $L'u_0(x', i)$ in den Punkten des Rastergebietes $G_h(y)$ berechnet werden. Wenn man die Rasterpunkte $y^{(j)}$ $(j = 1, \ldots, n_2)$ jetzt wie oben angegeben wählt, zeigt es sich, daß man die Funktion u_0 und die Ableitungen von u_0 in den Rasterpunkten in der folgenden Form darstellen kann:

$$u_0(y^{(j)}, i) = v_0(c^{(j)}, \varphi^{(j)}, i), \quad \left.\frac{\partial u_0(x', i)}{\partial x_k'}\right|_{x'=y^{(j)}} = R(y)^{-1} \, v_k(c^{(j)}, \varphi^{(j)}, i),$$

$$\left.\frac{\partial^2 u_0(x', i)}{\partial x_k' \, \partial x_l'}\right|_{x'=x^{(j)}} = R(y)^{-2} \, v_{kl}(c^{(j)}, \varphi^{(j)}, i).$$

Man kann damit für alle $j = 1, \ldots, n_2$ und alle in Frage kommenden Multiindizes i die Werte der Funktionen v_0 und v_{kl} $(k, l = 1, \ldots, n)$ vorher berechnen und in Feldern abspeichern. Für die verschiedenen Gebiete $G(y)$ brauchen damit nicht mehr jedesmal die numerisch doch ziemlich aufwendigen Formeln für u_0 und deren Ableitungen berechnet zu werden.

5. Testergebnisse und Vergleich des Verfahrens mit der gewöhnlichen Monte-Carlo-Methode

Im Rahmen der Arbeit [28] wurde die hier dargestellte stetige MCM für eine Reihe von RWA im R^2 getestet und mit der gewöhnlichen MCM, bei welcher die Pfade unter Zugrundelegung eines Quadratgitters durchgeführt wurden, verglichen. Zu diesem Zweck wurden für beide Verfahren FORTRAN-Programme geschrieben und auf einem Digitalrechner des Typs CDC 3300 gerechnet.

Die Lösungen der RWA wurden für die Gebiete

$$G_1 := \{(x, y)\colon 0{,}001 < x < 1{,}0;\, 0{,}001 < y < 1{,}0\},$$

$$G_2 := \{(x, y)\colon 0{,}001 < x < 2{,}0;\, 0{,}001 < y < 2{,}0\}$$

(damit für die Beispielaufgaben die Bedingung (2.B) erfüllt ist, wurden für die

Variablen x und y als untere Grenzen nicht Null gewählt) in den Punkten

$$P_1 = (0{,}2; 0{,}7), \quad P_2 = (0{,}5; 0{,}4), \quad P_3 = (0{,}7; 0{,}7),$$

$$P_4 = (0{,}6; 1{,}3), \quad P_5 = (1{,}0; 0{,}9), \quad P_6 = (1{,}7; 1{,}5)$$

berechnet. Bei der stetigen MCM wurden dabei immer die größten, noch ganz im betrachteten Gebiet liegenden Kreise um die Punkte der Pfade als zulässige Gebiete gewählt. Zum Bestimmen der Übergangsfunktionen wurden die Ränder dieser Kreise immer in acht gleichgroße gegenseitig disjunkte Bogenstücke eingeteilt, und der Differentialoperator aus der RWA (4.3), (4.4) wurde durch einen einzigen Differenzenstern approximiert.

Um die Lösung in einem Punkt zu bestimmen, wurden bei der stetigen und bei der gewöhnlichen MCM 3000 Pfade realisiert, die in den Tabellen angegebene Zeit ist immer die Rechenzeit für drei Punkte. Damit man die Genauigkeit der Rechnungen abschätzen kann, wurden die Beispiele so gewählt, daß die in die Randbedingungen eingehenden Funktionen gleichzeitig die exakten Lösungen für die entsprechenden RWA sind.

Wir wollen hier noch die folgenden Abkürzungen und Bezeichnungen verwenden:

SMCM: mit der stetigen MCM errechnete Werte,
GMCM: mit der gewöhnlichen MCM errechnete Werte,
ra: Abbruchgrenze für die stetige MCM,
h: Schrittweite für die gewöhnliche MCM,
s: durchschnittliche Anzahl der Schritte pro Pfad.

Für die Ableitungen wurden die Bezeichnungen u_x, u_y, ..., u_{yy} verwendet.

Beispiel 1.

$$(x+1)^2 u_{xx} + \sqrt{10+xy}\, u_{yy} + (x+1)\, y^5 u_x - (y^5 - 1)\, u_y = 0 \text{ in } G_1,$$

$$u(x, y) = \ln(x+1) + y \text{ auf } \partial G_1.$$

Die Rechnungen wurden für die Punkte P_1, P_2, P_3, wo die exakten Lösungen

$$u(P_1) = 0{,}882322, \quad u(P_2) = 0{,}805465, \quad u(P_3) = 1{,}230628$$

lauten, durchgeführt. Für die stetige MCM wurde $ra = 0{,}02$ gewählt, bei der gewöhnlichen MCM wurde mit der Schrittweite $h = 0{,}1$ gerechnet.

Methode	Punkt	MCM-Lösung	rel. Fehler	s	Zeit
SMCM	P_1	0,88096	0,15%	5,2	
	P_2	0,80723	0,22%	5,0	
	P_3	1,23267	0,17%	4,5	2′22″
GMCM	P_1	0,87540	0,79%	18,5	
	P_2	0,80827	0,35%	28,7	
	P_3	1,23053	0,01%	21,3	7′29″

Beispiel 2.

$$\ln(xy + 10) \cdot u_{xx} + (x^3 + y^2) \cdot u_{yy} - xy^2 \cdot u_x - x^3 \cdot u_y = 0 \text{ in } G_2,$$

$$u(x, y) = \frac{x}{10} e^y \text{ auf } G_2.$$

Die Rechnungen werden für die Punkte P_4, P_5, P_6, wo die exakten Lösungen

$$u(P_4) = 0{,}220158, \quad u(P_5) = 0{,}245960, \quad u(P_6) = 0{,}761887$$

lauten, durchgeführt. Für die stetige MCM wurde $ra = 0{,}01$ gewählt, bei der gewöhnlichen MCM wurde mit der Schrittweite $h = 0{,}2$ gerechnet.

Methode	Punkt	MCM-Lösung	rel. Fehler	s	Zeit
SMCM	P_4	0,21991	0,11%	7,6	
	P_5	0,24530	0,27%	9,7	
	P_6	0,76849	0,87%	10,4	4′40″
GMCM	P_4	0,21315	3,18%	20,7	
	P_5	0,25206	2,48%	28,6	
	P_6	0,75975	0,28%	10,6	6′21″

Literatur

[1] Aggarwala, B. D., On a Monte-Carlo-Method for rectlinear plates, ZAMM **54** (1974) 194—196.

[2] Archetti, F., e M. Bozzini, Passeggiate a caso nel continuo per operatori ellitici a simmetria non circolare, Instituto Lombardo (Rend. SC.) A **106** (1972), 930—938.

[3] Archetti, F., Distribuzione di probabilita di prima intersezione per processi stocastici, Instituto Lomardo (Rend. Sc.) A **107** (1973), 666—671.

[4] Bekey, G., and W. Karplus, Hybrid Computation, John Wiley & Sons, New York—London—Toronto 1968.

[5] Весоловская, А. З., О решении первой краевой задачи для вольного уравнения методом Монте-Карло. В сб. „Методы Монте-Карло в вычисл. мат. и мат. физ." Новосибирск 1974, стр. 128—135.

[6] Bozzini, M., Techniche Monte Carlo per particolari contorni in problemi di tipo ellitico, Instituto Lombardo (Rend. Sc.) A **106** (1972), 47—59.

[7] Bozzini, M., Metodi Monte Carlo per il problema di Dirichlet in spazi a piu dimensioni, Instituto Lombardo (Rend. Sc.) A **107** (1973), 654—665.

[8] Cugiani, M., A. Liverani e G. Regoliosi, Processi di simmetrizzazione nelle applicazioni Monte Carlo al problema di Dirichlet, Atti Sem. Mat. e Fis. Modena **17** (1968), 142—159.

[9] Cugiani, M., e M. T. Bozzini, Metodi Monte Carlo per problemi di tipo ellittico, Atti Sem. Mat. Fis. Univ. Modena **19** (1970), 354—370.

[10] Dynkin, E. B., Die Grundlagen der Theorie der Markoffschen Prozesse, Springer-Verlag, Berlin—Göttingen—Heidelberg 1961 (Übersetzung aus dem Russischen).

[11] Dynkin, E. B., Markov processes, Vol. I, II, Springer-Verlag, Berlin—Göttingen—Heidelberg 1965 (Übersetzung aus dem Russischen).

[12] Елепов, Б. С., и Г. А. Михайлов, О решении задачи дирихле для уравнения $\Delta u - cu = -g$ моделированием ,,блужданий по сферам", Ж. вычисл. матем. и матем. физ. **9** (1969), 647—654.
[13] Елепов, Б. С., и Г. А. Михайлов, Алгоритм ,,блуждания по сферам" для уравнения $\Delta u - cu = -g$, Докл. АН СССР **212** (1973), 15—19.
[14] Елепов, Б. С., и Г. А. Михайлов, Использование фундаментальных решений эллиптических уравнений для построения алгоритмов метода Монте-Карло, Ж. вычисл. матем. и матем. физ. **14** (1974), 728—736.
[15] Fahrmeir, L., Schwache Konvergenz von Wahrscheinlichkeitsmaßen und ein hybrides Monte-Carlo-Verfahren für lineare Randwertaufgaben, Dissertation, München 1972.
[16] Fahrmeir, L., Approximation von stochastischen Differentialgleichungen auf Digital- und Hybridrechnern, Computing **16** (1976), 359—371.
[17] Gopalsamy, K., and B. D. Aggarwala, On a Monte Carlo Method for biharmonic boundary value problems, ZAMM **53** (1973), 293—298.
[18] Haji-Sheikh, A., and E. M. Sparrow, The floating random walk and its application to Monte Carlo solutions of heat equations, J. SIAM Appl. Math. **14** (1966), 370—389.
[19] Haji-Sheikh, A., and E. M. Sparrow, The solution of heat conduction problems by probability methods, J. Heat Transfer, Trans. ASME, C **81**, No. 2 (1967), 121—131.
[20] Hoshiano, S., and K. Ichida, Solution of partial differential equations by a modified random walk, Numer. Math. **18** (1971), 61—72.
[21] Кронберг, А. А., Модификация метода Монте-Карло для решения задачи Дирихле для уравнения Гельмгольца. В сб. ,,Методы Монте-Карло и их применение", ,,Наука", Новосибирск 1971, стр. 90—91.
[22] Кронберг, А. А., Решение линейных и нелинейных уравнений эллиптического типа методом Монте-Карло. В сб. ,,Числ. методы мех. сплош. сред.". Т. 7, 2, Новосибирск 1976, стр. 60—74.
[23] Кронберг, А. А., К решению двух краевых задач методом Монте-Карло, Ж. вычисл. матем. и матем. физ. **16** (1976), 162—169.
[24] Muller, M. E., Some continuous Monte Carlo methods for the Dirichlet problem, Ann. Math. Statist. **27** (1956), 569—589.
[25] Petrowsky, I., Über das Irrfahrtproblem, Math. Ann. **109** (1934), 425—444.
[26] Schincke, E., und J. Höpfner, Erzeugung von Pseudozufallszahlenfolgen mit stückweise polygonaler Verteilung, Computing **9** (1972), 63—68.
[27] Scholz, H.-E., Über Monte-Carlo-Methoden für Randwertprobleme homogener elliptischer Differentialgleichungen, Diplom-Arbeit, Univ. Halle—Wittenberg 1971.
[28] Scholz, H.-E., Eine stetige Monte-Carlo-Methode zum Lösen der ersten Randwertaufgabe für elliptische Differentialgleichungen, Dissertation, Univ. Halle—Wittenberg 1977.

Manuskripteingang: 21. 7. 1978

VERFASSER:

Dr. rer. nat. Hans-Eberhard Scholz, Sektion Mathematik der Martin-Luther-Universität Halle—Wittenberg

Beiträge zur Numerischen Mathematik
9 (1981), 175–184

Некоторые новые апостериорные оценки для обыкновенной краевой задачи 2-го порядка

Наталия А. Смолянская

В предыдущих статьях [1, 2], написанных автором совместно с Самокишем Б. А., была дана принципиальная схема построения апостериорных оценок решения краевых задач разностным методом. Были рассмотрены 2 различных варианта схемы, различающихся выбором пространств восполнений и норм, операций восполнений.

В этой работе рассматриваются еще четыре разных пространства восполнений с различными нормировками.

Рассматривается I краевая задача для уравнения 2-го порядка

$$Kx \equiv x'' + p(t)\,x' + q(t)\,x = y(t), \tag{0.1}$$

$$x(0) = 0, \quad x(1) = 0, \tag{0.2}$$

и простейшая разностная схема для нее

$$\bar{K}\bar{x} \equiv \frac{x_{k+1} - 2x_k + x_{k-1}}{h^2} + p_k\,\frac{x_{k+1} - x_{k-1}}{2h} + q_k x_k = y_k. \tag{0.3}$$

I. Третий вариант восполнения

A. Конструкция пространств восполнений

В качестве X выберем пространство функций из $C^1[0, 1]$, удовлетворяющих краевым условиям (0.2), с нормой

$$\|x\| = \max_t |x'(t)|.$$

Тогда Y — пространство обобщенных функций с нормой

$$\|y\| = \max_t \left| \int_{+0}^{t} y(\xi)\,d\xi - \int_0^1 \int_{+0}^{\eta} y(\xi)\,d\xi\,dy \right|.$$

Эту же самую норму можно записать иначе:

$$\|y\| = \max_t |z'(t)|, \qquad z'' = y, \quad z(0) = z(1) = 0, \tag{1.1}$$

или

$$\|y\| = \max_t \left| \int_0^1 K'_{0t}(t, s)\, y(s)\, ds \right|,$$

где $K_0(t, s)$ функция Грина оператора x'' при условиях (0.2). За $\tilde{X}$ выбирается пространство кусочно-линейных, непрерывных функций, обращающихся в ноль на концах промежутка [0, 1],

$$\|\tilde{x}\| = \max_t |\tilde{x}'(t)|.$$

$\overline{X}$ — обычное сеточное пространство ординат приближенного решения в узлах сетки $\{x_k\}_{k=1}^{n-1}$, причем $x_0 = x_n = 0$. Размерность его равна $n - 1$. Норма выбирается согласованной с нормой в X:

$$\|\bar{x}\| = \max_k h^{-1} |x_{k+1} - x_k|.$$

Пусть операция ψ ставит в соответствие элементу $\bar{x} \in \overline{X}$ элемент $\tilde{x} \in \tilde{X}$ такой, что $\tilde{x}(t_k) = x_k$. Тогда $\tilde{x} = C_k\xi + D_k$, $\xi = t - t_k$, $t \in [t_k, t_{k+1}]$, где

$$C_k = h^{-1}(x_{k+1} - x_k), \quad D_k = x_k;$$

$$\tilde{x}'' = \sum_{k=1}^{n-1} (C_k - C_{k-1})\, \delta(t - t_k) = h^{-1} \sum_{k=1}^{n-1} \Delta^2 x_{k-1}\, \delta(t - t_k).$$

Элемент пространства $\tilde{Y}$ является комбинацией δ-функций, сосредоточенных в точках сетки, а операция ψ_1 действует по формуле

$$\tilde{y} = \psi_1 y = h \sum_{k=1}^{n-1} y_k\, \delta(t - t_k), \tag{1.2}$$

где $\bar{y} = \{y_k\}_{k=1}^{n-1}$, при этом выполнено условие точной аппроксимации главной части оператора K. Норма в $\tilde{Y}$ индуцируется нормировкой в Y.

B. *Оценки* μ, μ_1, ψ, ψ_1

Выберем в качестве Φ — снос с усреднением на сетку с последующим δ-образным восполнением:

$$\Phi y = \sum_{k=1}^{n-1} c_k(y)\, \delta(t - t_k), \quad c_k(y) = \int_{t_k - \frac{h}{2}}^{t_k + \frac{h}{2}} y(\xi)\, d\xi.$$

Вычисления дают для постоянной μ из условия I (см. статью [1], (0.3)):

$$\mu = \frac{h}{8} \left\{ \max |p'| + \frac{1}{2} \max |q'| + \max |q| \right\}.$$

Далее, пусть $y = Tx = px' + qx$, а $x_1 = K_0{}^{-1} y$. Возьмем за $\tilde{x}_1$ такую кусочно-линейную функцию, что $\tilde{x}_1{}'$ на каждом интервале сетки равен среднему значению

x_1'. Тогда $|x_1' - \bar{x}_1'| \leqq \frac{h}{2} \max |x_1''|$, и для μ_1 из условия II (см. статью [1], (0.4)) получается выражение

$$\mu_1 = \frac{h}{2}\left(\max |p| + \frac{1}{2}\max |q|\right).$$

Далее оцениваются $\|K\| = 1 + \frac{1}{2}\max |p| + \frac{1}{6}\max |q|$ и $\|\Phi\| = 1$.

Введем

$$\|\bar{y}\| = \max_{0 \leqq k \leqq n-1} h \left|\sum_{i=1}^{k} y_i - h \sum_{k=1}^{n-1} \sum_{i=1}^{k} y_i\right|, \tag{1.3}$$

считая $\sum_{i=1}^{0} y_i = 0$, тогда $\|\psi\| = 1$, $\|\psi_1^{-1}\| = 1$.

C. *Оценка оператора, обратного к разностному*

Для завершения схемы необходимо еще описать способ получения оценки для $\|\bar{K}^{-1}\|$. Этот способ принципиально не отличается от описанного в статье [2].

Основное отличие заключается в том, что теперь правые части нашего разностного уравнения $\bar{K}\bar{x} = \bar{y}$ более сложным образом входят в выражение нормы:

$$\|\bar{y}\| = \max_{0 \leqq k \leqq n-1} h \left|\sum_{i=1}^{k} y_i - h \sum_{k=1}^{n-1} \sum_{i=1}^{k} y_i\right| = \max_{0 \leqq k \leqq n-1} |f_k|$$

где обозначено

$$f_k = h \sum_{i=1}^{k} y_i - h^2 \sum_{k=1}^{n-1} \sum_{i=1}^{k} y_i, \quad f_0 = -h^2 \sum_{k=1}^{n-1} \sum_{i=1}^{k} y_i.$$

Тогда $y_k = \frac{f_k - f_{k-1}}{h}$. Для оценки $\|\bar{K}^{-1}\|$ нужно оценить $\max \frac{|x_k - x_{k-1}|}{h}$ из системы (0.3) при условии, что $|f_k| \leqq 1$. Приведем окончательные расчетные формулы, по которым получается оценка

$$\|\bar{K}^{-1}\| \leqq h^{-2} \max_k \left\{\left|\frac{\varphi_{k+1}(1 - \alpha_{k+1}) + \lambda_k(\sigma_k - 1)}{1 - \alpha_{k+1}\sigma_k}\right| + m_{k+1}\left|\frac{1 - \alpha_{k+1}}{1 - \alpha_{k+1}\sigma_k}\right| + l_k \left|\frac{\sigma_k - 1}{1 - \alpha_{k+1}\sigma_k}\right|\right\}, \tag{1.4}$$

где α_i, λ_i — коэффициенты прогоночного соотношения, получаемого при прогонке слева направо:

$$x_k = \alpha_{k+1} x_{k+1} + \frac{1}{h} \lambda_k f_k + \gamma_k, \tag{1.5}$$

l_k — оценка свободного члена: $|\gamma_k| \leqq l_k$; σ_i, φ_i — соответственно коэффициенты прогоночного соотношения, получаемого справа налево:

$$x_{k+1} = \sigma_k x_k + \frac{1}{h} \varphi_{k+1} f_k + r_{k+1}, \tag{1.6}$$

m_k — оценка свободного члена: $|r_k| \leqq m_k$. Все эти величны вычисляются по реккурентным формулам типа прогоночных. Оценка для $\|\bar{K}^{-1}\|$ точная, а способ ее получения экономичный, т. е. требует $O(h^{-1})$ операций.

II. Четвертый вариант восполнения

А. *Конструкция пространств* $\tilde{X}$, $\tilde{Y}$

В качестве X выберем пространство функций из $C^1[0, 1]$, удовлетворяющих краевым условиям (0.2), с нормой

$$\|x\| = \max_t |x'(t) - x'(0)|. \tag{2.1}$$

Тогда Y — пространство обобщенных функций с нормой

$$\|y\| = \max_t \left| \int_0^t y(\tau)\, d\tau \right|. \tag{2.2}$$

В качестве $\tilde{X}$ выбираем пространство функций, являющихся квадратичными полиномами на каждом интервале сетки, линейных на $[t_0, t_1]$, обращающихся в 0 на концах отрезка $[0, 1]$ и непрерывных вместе с I-ой производной:

$$\tilde{x}(t) = B_k\xi^2 + C_k\xi + D_k, \quad \xi = t - t_k, \quad t \in [t_k, t_{k+1}]. \tag{2.3}$$

Условия непрерывности дают:

$$B_k h^2 + C_k h + D_k = D_{k+1}, \quad 2B_k h + C_k = C_{k+1}. \tag{2.4}$$

Операция ψ сопоставляет сеточной функции $\bar{x} = \{x_k\}$ функцию $\tilde{x} \in \tilde{X}$, принимающую на сетке значения x_k:

$$\tilde{x}(t_k) = D_k = x_k. \tag{2.5}$$

Здесь, как и в первых двух вариантах, удобно ввести параметры восполнения z_k. Положим

$$z_k = \tilde{x}'(t_k) - \tilde{x}'(0) = C_k - C_0, \tag{2.6}$$

тогда

$$\|\tilde{x}\| = \max |z_k|. \tag{2.7}$$

При этом $z_0 = z_1 = 0$; независимыми параметрами являются $z_2, \ldots, z_n$. Из (2.4), (2.5) можно найти выражения коэффициентов и всех нужных величин через параметры восполнения; в частности

$$\tilde{x}''(t_k + 0) = 2B_k = \frac{z_{k+1} - z_k}{h}, \tag{2.8}$$

$$\frac{1}{h^2}\,\Delta^2\tilde{x}(t_{k-1}) = \frac{1}{h^2}\,\Delta^2 D_{k-1} = \frac{z_{k+1} - z_{k-1}}{2h}. \tag{2.9}$$

Пространство $\tilde{Y}$ состоит из кусочно-постоянных функций, равных нулю на $[t_0, t_1)$. Операция ψ_1, как всегда, вычисляется из условия точной аппроксимации главной части уравнения. Чтобы его использовать, приравняем левые части равенств (2.8) и (2.9) величинам $\tilde{y}(t_k + 0)$, y_k соответственно и исключим z_k. Это дает:

$$\tilde{y}(t) = 2(y_k - y_{k-1} + y_{k-2} - \cdots \pm y_1), \quad t \in [t_k, t_{k+1}). \tag{2.10}$$

B. *Оценки постоянных μ, μ_1 и норм восполнений*

За Φ выбираем снос с кусочно-постоянным восполнением вида

$$\Phi y(t) = h^{-1} \int_{t_k}^{t_{k+1}} y(\xi)\, d\xi \quad \text{для} \quad t \in [t_k, t_{k+1}),$$

$$\Phi y(t) = 0 \quad \text{в} \quad [t_0, t_1).$$

Для μ из условия I получаем выражение

$$\mu = h \left[\max |p| + \left(\frac{1}{2} + \frac{h}{3} \right) \max |p'| + \frac{1}{2} \max |q'| + \frac{h}{2} \max |q| \right].$$

Возьмем $\tilde{y}$ такой, чтобы $\int_0^t \tilde{y}(\xi)\, d\xi$ совпадал в $\{t_k\}$ с $\int_0^t Tx(\xi)\, d\xi$. Тогда имеем задачу аппроксимации непрерывной функции кусочнолинейной, непрерывной функцией, такой, которая равна нулю на $[t_0, t_1)$. Для условия II получается выражение

$$\mu_1 = \frac{9}{8} h\, (2 \max |p| + \max |q|).$$

Далее оцениваем

$$\|K\| \leqq 1 + 2 \max |p| + \max |q|, \quad \|\Phi\| = 1.$$

Норму в $\overline{X}$ выбираем так, чтобы ψ была изометричной. Норма в $\overline{Y}$ такая:

$$\|\overline{y}\| = \max_k \left| h \sum_{i=1}^{k} y_i \right|.$$

Тогда $\|\psi_1^{-1}\| = 1$.

C. *Оценка для разностного оператора*

Чтобы оценить $\|\overline{K}^{-1}\|$, необходимо оценить, согласно (2.7), формы z_k. Согласно (2.5) и (2.9):

$$z_k = \frac{2}{h} (x_k - 2x_{k-1} + 2x_{k-2} - \cdots - 2x_1 + x_0) \qquad \text{при } k \text{ четном},$$

$$z_k = \frac{2}{h} (x_k - 2x_{k-1} + 2x_{k-2} - \cdots - 2x_2 + x_1) \qquad \text{при } k \text{ нечетном}.$$

Эти выражения нужно оценить через $\|\bar{y}\| = \max\limits_k \left| h \sum\limits_{i=1}^{k} y_i \right|$. Здесь y_i правые части, а x_k — решение разностного уравнения (0.3). Обозначим $\sum\limits_{i=1}^{k} y_i = f_k$, так что

$$y_1 = f_1, \quad y_k = f_k - f_{k-1}, \quad k = 2, \dots, n-1.$$

Ясно, что и здесь, как в III варианте, удобно использовать трехчленное разложение в формулах прогонки вида (1.5), (1.6). Путь получения точных оценок таков: сперва исключим в z_k одно за другим x_i, $i = 1, \dots, k-1$, пользуясь формулами прогонки слева вида (1.5), а x_k можно исключить, пользуясь формулой (1.6). Тогда получим выражение вида

$$A_1\gamma_1 + A_2\gamma_2 + \dots + A_k\gamma_k + B_k r_k + C_k f_k.$$

Чтобы получить точную оценку, надо теперь, используя рекуррентные прогоночные соотношения для γ_i через γ_{i-1} и f_i, исключить последовательно $\gamma_k, \gamma_{k-1}, \dots, \gamma_1$ и оценить полученные выражения через f_i. Для r_k можно воспользоваться рекуррентной оценкой, вытекающей из рекуррентной формулы для γ_k. Так как всего нужно оценивать $n-1$ форму, изложенный способ оценки требует $O(h^{-2})$ операций. Более экономичного способа оценки $\|\bar{K}^{-1}\|$ для этого варианта придумать не удалось.

III. Пятый вариант восполнения

A. *Конструкция пространств функций восполнения*

Пусть $X = C^0[0, 1]$: $x(0) = x(1) = 0$ и $\|x\| = \max |x(t)|$. Тогда Y — пространство обобщенных функций:

$$\|y\| = \max_t \left| \int_0^1 K_0(s, t)\, y(s)\, ds \right|.$$

Пусть $\tilde{X}$ — пространство кусочнолинейных, непрерывных, обращающихся на концах промежутка [0, 1] в ноль, функций,

$$\|\tilde{x}\|_{\tilde{X}} = \max_t |\tilde{x}(t)|.$$

Пусть операция ψ ставит в соответствие элементу $\bar{x} \in \bar{X}$ его кусочно-линейное восполнение, $\|\bar{x}\| = \max |x_k|$. Элемент пространства $\tilde{Y}$ является комбинацией δ-функций, сосредоточенных в точках сетки, а операция ψ_1 действует по формуле

$$\tilde{y} = h \sum_{k=1}^{n-1} y_k \delta(t - t_k);$$

при этом выполнено условие точной аппроксимации главной части. Норма в $\tilde{Y}$ индуцируется нормой в Y.

B. *Оценки постоянных* μ, μ_1

Проектор Φ выбираем здесь с помощью функционалов:

$$f_k(t) = \frac{1}{h}(h - |t - t_k|)_+ = \begin{cases} \frac{\xi}{h}, & \xi = t - t_{k-1}, t \in [t_{k-1}, t_k], \\ -\frac{\xi}{h} + 1, & \xi = t - t_k, t \in [t_k, t_{k+1}], \\ 0 \text{ вне } [t_{k-1}, t_{k+1}], \end{cases}$$

$$\Phi y = \sum_{k=1}^{n-1} a_k(y)\,\delta(t - t_k), \quad a_k(y) = \int_0^1 f_k(t)\,y(t)\,dt.$$

Тогда μ из условия I имеет вид:

$$\mu = h\left[\left(\frac{7}{12} + \frac{h}{6}\right)\max|p'| + \frac{5}{12}\max|p''| + \frac{1}{3}\max|q| + \left(\frac{1}{3} + \frac{h}{3}\right)\max|q'|\right].$$

Пусть $y = Tx$, пусть далее $x_1 = K_0^{-1}y$, а $\tilde{x}_1(t)$ — линейный интерполяционный многочлен на каждом $[t_k, t_{k-1}]$. Тогда $|x_1 - \tilde{x}_1| \leqq \frac{h}{2}\max|x_1'|$ и для μ_1 из условия II получается

$$\mu_1 = \frac{h}{2}\left\{2\max|p| + \frac{1}{2}(\max|p'| + \max|q|)\right\}.$$

Далее,

$$\|K\| \leqq 1 + \frac{1}{2}\max|p| + \frac{1}{8}(\max|p'| + \max|q|).$$

Если ввести сеточные нормы

$$\|\overline{x}\| = \max_k |x_k|, \quad \|\overline{y}\| = \max_k |z_k|,$$

где $\Delta^2 z_{k-1} = y_k$, $z_0 = z_n = 0$, то

$$\|\psi\| = 1, \quad \|\psi_1^{-1}\| = 1, \quad \|\Phi\| = 1.$$

C. *Оценка оператора, обратного к разностному*

Так как в этом варианте правые части разностного уравнения зависят от трех компонент нормы:

$$y_k = z_{k+1} - 2z_k + z_{k-1},$$

то в формулах прогонки делаем четырехчленное разложение.

Окончательная формула для оценки $\|\bar{K}^{-1}\|$ имеет вид

$$\|\bar{K}^{-1}\| \leqq \frac{1}{h^2 Q_k} \{|a_k\mu_{k-1} + b_k\varphi_{k+1} + 2| + |1 - b_k r_{k+1}| + |1 - a_k\gamma_{k-1}| + |a_k|\, l_{k-1} + |b_k|\, m_{k+1}\},$$

где a_k, b_k, c_k — коэффициенты разностного уравнения

$$a_k x_{k+1} - c_k x_k + b_k x_{k-1} = y_k,$$

$$Q_k = a_k \alpha_k - c_k + b_k \psi_k,$$

$\alpha_k, \gamma_k, \mu_k$ — коэффициенты прогоночного соотношения, получаемого при прогонке слева направо:

$$x_k = \alpha_{k+1} x_{k+1} + \gamma_k z_k + \mu_k z_{k+1} + \lambda_k,$$

l_k — оценка свободного члена: $|\lambda_k| \leqq l_k$; ψ_k, r_k, φ_k — коэффициенты прогоночного соотношения, получаемого при прогонке справа налево:

$$x_{k+1} = \psi_k x_k + r_{k+1} z_{k+1} + \varphi_{k+1} z_k + \sigma_{k+1},$$

m_k — оценка свободного члена: $|\sigma_k| \leqq m_k$. Оценка $\|\bar{K}^{-1}\|$ точная, способ ее получения экономичный.

IV. Шестой вариант

A. *Конструкция пространств операций восполнения*

Пусть $X = C^0[0, 1]$, $x(0) = x(1) = 0$ с нормой

$$\|x\| = \max_t |x(t)|.$$

Y тогда пространство обобщенных функций с нормой

$$\|y\| = \max_t \left| \int_0^1 K_0(s, t)\, y(s)\, ds \right|.$$

$\tilde{X}$ — пространство кусочнопостоянных функций, обращающихся в ноль в промежутке $[t_0, t_1)$. Пусть операция ψ ставит в соответствие элементу $\bar{x} \in \bar{X}$ элемент $\tilde{x} \in \tilde{X}$ такой, что

$$\tilde{x}(t_k) = x_k, \quad t \in [t_k, t_{k+1});$$

$$\bar{x} = \{x_k\}, \quad x_0 = x_n = 0, \quad \|\bar{x}\| = \max_k |x_k|.$$

Элемент пространства $\tilde{Y}$ является комбинацией δ'-функций, сосредоточенных в точках сетки, а операция ψ_1 действует по формуле

$$\tilde{y} = -h^2 \sum_{k=1}^{n-1} y_k \left(\sum_{i=1}^{k} \delta'(t - t_i) - kh \sum_{i=1}^{n} \delta'(t - t_i) \right).$$

При этом выполнено условие точной аппроксимации главной части уравнения (0.1), (0.2).

Норма в $\tilde{Y}$ индуцируется нормой в Y.

B. *Оценки постоянных* μ, μ_1

Проектор Φ строим с помощью функционалов:

$$f_k(t) = \begin{cases} \dfrac{\xi^2}{2h}, & \xi = t - t_{k-1}, \quad t \in [t_{k-1}, t_k), \\ -\dfrac{\xi^2}{h} + \xi + \dfrac{h}{2}, & \xi = t - t_k, \quad t \in [t_k, t_{k+1}), \\ \dfrac{\xi^2}{2h} - \xi + \dfrac{h}{2}, & \xi = t - t_{k+1}, \quad t \in [t_{k+1}, t_{k+2}), \\ 0 \text{ вне } [t_{k-1}, t_{k+2}), \end{cases}$$

$$\Phi y = -\sum_{k=1}^{n-1} c_k(y) \left(\sum_{i=1}^{k} \delta'(t - t_i) - kh \sum_{i=1}^{n} \delta'(t - t_i) \right)$$

где

$$c_k(y) = \int_0^1 f_k(t)\, y(t)\, dt.$$

Тогда μ из условия I имеет вид

$$\mu = \frac{h}{4} \left(\frac{1}{4} \max |p''| + \max |p'| + \left(1 + \frac{5}{3} h^3\right) \max |q'| \right) + \frac{h^2}{6} \max |q|.$$

Пусть далее $y = Tx$, а $x_1 = K_0^{-1} y$, пусть $\tilde{x}_1(t)$ — наилучшая кусочнопостоянная аппроксимация $x_1(t)$. Возьмем за $\tilde{y} = K_0 \tilde{x}_1$, тогда для μ_1 из условия II получим

$$\mu_1 = h \left\{ 2 \max |p| + \frac{1}{2} (\max |p'| + \max |q|) \right\}.$$

Остальные оценки те же, что и в варианте V.

В приложениях часто нужно оценивать решение или погрешность приближенного решения, причем выбор нормы не произволен, а продиктован внешними обстоятельствами. Для таких случаев полезно иметь обширный набор оценок в различных нормах; этой цели и служит настоящая статья.

В заключении автор выраждает глубокую благодарность своему руководителю — доценту Ленинградского Государственного Университета им. А. А. Жданова — Б. А. Самокишу.

Литература

[1] Б. А. Самокиш и Н. А. Смолянская, Об апостериорных оценках решений краевых задач, I. О приложении общей теории приближенных методов анализа к получению апостериорных оценок решений краевых задач, Рук. деп. в ВИНИТИ, № 1113, 1976 г.
[2] Б. А. Самокиш и Н. А. Смолянская, Об апостериорных оценках решений краевых задач, II. Численная апостериорная оценка обратного оператора для обыкновенного дифференциального уравнения 2-го порядка, Рук. деп. в ВИНИТИ, № 1122, 1976 г.

Manuskripteingang: 15. 12. 1978

VERFASSER:
Natalija A. Smoljanskaja, Sektion Mathematik der Humboldt-Universität Berlin

Beiträge zur Numerischen Mathematik
9 (1981), 185–193

Methode der harmonischen Approximation

Wolfgang Sprössig

0. Einführung

Sei $G \subset \mathbf{R}^n$ ein beschränktes Gebiet, $\partial G = \Gamma$ eine stückweise glatte Ljapunoff-Fläche, $\overline{G} = G \cup \Gamma$. Mit $\{D_i\}_{i=1}^n$ bezeichnen wir eine Familie orthogonaler Matrizen der Ordnung k ($k \geqq n$), deren Elemente die Zahlen 0, 1 oder -1 sein können und paarweise die Eigenschaft

$$D_i{}^*D_j + D_j{}^*D_i = 0, \quad i \neq j,$$

besitzen. Wir bilden

$$D(a) = \sum_{i=1}^{n} a_i D_i. \tag{1}$$

Ersetzen wir in (1) a durch den formalen Vektor $\nabla = \left(\frac{\partial}{\partial p_1}, \ldots, \frac{\partial}{\partial p_n}\right)$, so erhalten wir eine Verallgemeinerung des bekannten Nablaoperators (Bezeichnung: $D(\nabla)$). Das Gleichungssystem

$$D(\nabla)\, u = 0 \tag{2}$$

stellt eine Verallgemeinerung der komplexen Cauchy-Riemannschen Differentialgleichungen dar. Realisierungen sind die bekannten Systeme von Moisil-Theodorescu [1] und Fueter [3, 12].

Wir ersetzen in (1) a durch die Vektoren $\Theta = -\frac{(n-2)(p-q)}{|p-q|}$ und $\alpha = (\alpha_1, \ldots, \alpha_n)$, den Vektor der Richtungskosinusse der äußeren Normalen an Γ. Der Operator $\mathring{S}_\Gamma$, der durch die Gleichung

$$(\mathring{S}_\Gamma u)(p) = \frac{1}{|S_1|} \int_\Gamma \frac{D^*(\Theta)\, D(\alpha)}{|p-q|^{n-1}}\, u(q)\, d\Gamma_q, \quad p \in G \cup (\mathbf{R}^n \setminus \overline{G}),$$

definiert ist, stellt ein Analogon zum Cauchyschen singulären Operator in der komplexen Ebene dar (vgl. [5]).

Aus den verallgemeinerten Randwertformeln von Plemelj-Sochotzki [5] folgt

$$\lim_{\substack{p' \to p \\ p' \in G}} (\mathring{S}_\Gamma u)(p') = (Pu)(p),$$

wobei $(Pu)(p) = \left(\frac{u + S_\Gamma u}{2}\right)(p)$ mit

$$(S_\Gamma u)(p) = \frac{2}{|S_1|} \int\limits_\Gamma \frac{D^*(\Theta)\, D(\alpha)}{|p-q|^{n-1}} u(q)\, d\Gamma_q, \quad p \in \Gamma,$$

ist. Ersetzen wir D durch D^*, so entstehen die Operatoren $\mathring{S}_\Gamma{}^*$ und $S_\Gamma{}^*$.

1. Aufgabenstellung

Wir bezeichnen mit $C(\overline{G})$ den Raum der n-komponentigen auf $\overline{G}$ definierten und stetigen Vektorfunktionen. Es sei $f(u, p)$ eine auf $C(\overline{G}) \times \overline{G}$ definierte, bezüglich beider Veränderlichen stetige, im allgemeinen nichtlineare Operatorfunktion mit Werten im Raum $C(\overline{G})$, wobei die Ungleichung

$$\|f(u, p)\|_{C(\overline{G})} \leqq M, \quad M = \text{const} > 0, \tag{3}$$

erfüllt wird. Ferner sei g eine auf Γ definierte Vektorfunktion der Klasse $H^\alpha(\Gamma) \cap \operatorname{Im} P$, $0 < \alpha \leqq 1$. Wir betrachten folgende Randwertaufgabe:

$$D(\nabla)\, u = f(u, p) \quad \text{in } G, \tag{4}$$

$$Pu = g \qquad \text{auf } \Gamma. \tag{5}$$

Die Lösbarkeit der Aufgabe (4)—(5) wurde unter zusätzlichen Bedingungen in [8] untersucht. Die näherungsweise Lösung soll im Falle der Lösbarkeit durch stückweise harmonische Vektorfunktionen erhalten werden.

2. Einige Hilfssätze

Es sei G' ein Teilgebiet von G mit $\overline{G}' \subset G$, $0 \in G'$, $\partial G' = \Gamma_1$. Ferner setzen wir $G_0 = G \setminus \overline{G}'$.

Hilfssatz 1. *Es sei $u \in C(\overline{G}) \cap C^1(G)$, dann gilt für $p \in G_0$ die Formel*

$$u(p) = (\mathring{S}_\Gamma u)(p) - (\mathring{S}_{\Gamma_1} u)(p) + \big(T_{G_0} D(\nabla)\, u\big)(p) \tag{6}$$

mit

$$(T_G v)(p) = \frac{1}{|S_1|} \int\limits_G \frac{D^*(\Theta)}{|p-q|^{n-1}} v(q)\, dG_q.$$

Beweis. Aus der verallgemeinerten Formel von Borel-Pompeiu [5] folgt für $p \in G$

$$u(p) = (\mathring{S}_\Gamma u)(p) + \big(T_G D(\nabla)\, u\big)(p). \tag{7}$$

Andererseits gilt für $p \notin \overline{G}'$

$$0 = (\mathring{S}_{\Gamma_1} u)(p) + \big(T_{G'} D(\nabla)\, u\big)(p). \tag{8}$$

Aus (7) und (8) folgt unmittelbar (6).

Hilfssatz 2. *Es sei $g \in C(\Gamma)$. Dann gilt die Formel*

$$(\mathring{S}_{\Gamma_1} \mathring{S}_\Gamma g)(p) = 0, \quad p \in G_0.$$

Beweis. Wegen $p \in G_0$ gilt offenbar $p \notin \overline{G}'$. Somit folgt aus (8)

$$(\mathring{S}_{\Gamma_1} \mathring{S}_\Gamma g)(p) = -T_{G'} D(\nabla)\, (\mathring{S}_\Gamma g)(p).$$

Da $D(\nabla)\,(\mathring{S}_\Gamma g)(p) = 0$ für $p \in G$ ist, wie man leicht nachrechnet, und $\ker T_{G'} = \{0\}$ ist, gilt die Behauptung.

Hilfssatz 3. *Es sei Γ_1 eine zu Γ im Abstand $d < 1$ parallele Fläche. $u \in C(G_0)$. Dann gilt die Abschätzung*

$$\|T\|_{C(G_0)} \leqq \max\left\{\sqrt{n}, \frac{a}{\sqrt{n}}\right\} \sqrt[n]{d}\,.$$

Hierbei ist

$$a = \sum_{i=0}^{n-1} \frac{1}{|S_1|} \int_{S_1} r^i(\Theta)\, r_1^{n-1-i}(\Theta)\, d\Theta,$$

und die Funktionen $r_1(\Theta)$ bzw. $r(\Theta)$ beschreiben die Flächen Γ_1 bzw. Γ.

Beweis. Wir schätzen wie folgt ab:

$$\|T_{G_0} u\|_{C(G_0)} \leqq \max_{p \in G_0} \frac{\sqrt{n}}{|S_1|} \int_{G_0} \frac{1}{|p-q|^{n-1}}\, dG_{0q} \|u\|_{C(G_0)}.$$

Mit der Zerlegung des Gebietes G_0 in die Teilmengen

$$G_1 = \{q \in G_0 \colon |p-q| \leqq d\},$$

$$G_2 = \left\{q \in G_0 \colon d < |p-q| < \sqrt[n]{d}\right\},$$

$$G_3 = \left\{q \in G_0 \colon |p-q| \geqq \sqrt[n]{d}\right\}$$

erhalten wir auch eine Zerlegung des Integrals

$$I_0 = \frac{1}{|S_1|} \int_{G_0} \frac{1}{|p-q|^{n-1}}\, dG_{0q}$$

in die Gebietsintegrale

$$I_k = \frac{1}{|S_1|} \int_{G_k} \frac{1}{|p-q|^{n-1}}\, dG_{kq}, \quad k = 1, 2, 3;$$

also $I_0 = I_1 + I_2 + I_3$. Diese Integrale genügen den Abschätzungen

$$|I_1| \leqq d, \quad |I_2| \leqq \sqrt[n]{d}, \quad |I_3| \leqq \frac{|G_0|}{|S_1|} \frac{\sqrt[n]{d}}{d},$$

wobei für $|G_0|$ weiter gilt

$$|G_0| = \int\limits_{S_1} d\Theta \int\limits_{r_1(\Theta)}^{r(\Theta)} \varrho^{n-1}\, d\varrho = \frac{d}{n} \sum_{i=0}^{n-1} \int\limits_{S_1} r^i(\Theta)\, r_1^{\,n-1-i}(\Theta)\, d\Theta = \frac{d|S_1|\, a}{n},$$

mithin

$$|I_0| \leqq \max\left\{1, \frac{a}{n}\right\} \sqrt[n]{d}\,.$$

3. Darlegung der Methode

Satz 1. *Es seien Γ und Γ_1 Parallelflächen im Abstand d ($d \ll 1$). Falls die Vektorfunktionen $g, f(g, p)$ zu $H^\alpha(\Gamma)$, $0 < \alpha \leqq 1$, gehören, stellt die harmonische Vektorfunktion*

$$\tilde{u} = \mathring{S}_\Gamma g + T_{G_0} \mathring{S}_\Gamma f(g, .)$$

eine Näherungslösung dar, die der gleichmäßigen Abschätzung

$$\|u^* - \tilde{u}\|_{C(\bar{G}_0)} \leqq K \sqrt[n]{d}\,, \tag{9}$$

$K = (1 + \|P_\Gamma\| + \|P_{\Gamma_1}\|)\, M \max\left\{\sqrt{n}\ \frac{a}{\sqrt{n}}\right\}$, *genügt. u^* bezeichnet die exakte Lösung.*

Beweis. Die Anwendung der Hilfssätze 1 und 2 liefert die Darstellung

$$u^* - \tilde{u} = T_{G_0}[f(u^*, .) - \mathring{S}_\Gamma f(g, .)] + \mathring{S}_{\Gamma_1}(\mathring{S}_\Gamma g - u^*)\,. \tag{10}$$

Aus (10) erhalten wir unter Benutzung der in [6] gezeigten Identität

$$\mathring{S}_{\Gamma_1} T_{G'} u = 0 \quad \text{in } G'$$

die Beziehung

$$u^* - \tilde{u} = T_{G_0}[f(u^*, .) - \mathring{S}_\Gamma f(g, .)] + \mathring{S}_{\Gamma_1} T_{G_0} f(u^*, .)\,.$$

Unter Verwendung weiterer Ergebnisse aus [5] und [6] (verallgemeinerte Formel von Plemelj-Sochotzki, verallgemeinertes Maximumprinzip, Satz 3 aus [6]) gelangen wir zur Abschätzung

$$\|u^* - \tilde{u}\|_{C(\bar{G}_0)} \leqq \|T_{G_0}\|\, [\|f(u^*, .)\| + \|P_\Gamma\| \cdot \|f(g, .)\| + \|P_{\Gamma_1}\| \cdot \|f(u^*, .)\|]\,.$$

Aus (3) und Hilfssatz 3 erhalten wir die gewünschte Ungleichung.

Der Nachweis, daß $\tilde{u}$ eine harmonische Vektorfunktion ist, folgt aus der verallgemeinerten Cauchyschen Integralformel [5] und der Identität

$$\big(D(\nabla)\, T_G u\big)(p) = u(p), \quad p \in G.$$

Bemerkung 1. Aus (9) ist ersichtlich, daß die Güte der Approximation wesentlich vom Abstand der Parallelflächen Γ und Γ_1 abhängt. Die Vektorfunktion $\tilde{u}$ ist somit nur in einer gewissen Umgebung des Randes Γ eine hinreichend genaue Approximation für die exakte Lösung u^* der Randwertaufgabe (4)—(5).

Da die im Satz 1 dargestellte Methode nur für genügend kleines d genau genug ist, wird eine Zerlegung des Gebietes G wie folgt vorgenommen:

Es sei Γ_1 eine zu $\Gamma = \Gamma_0$ im Abstand d ($d \ll 1$) parallel liegende Fläche in G. Das von Γ_0 und Γ_1 umschlossene Gebiet hatten wir mit G_0 bezeichnet. In das Restgebiet G' wird, falls d nicht zu groß ist, parallel zu Γ_1 im Abstand d eine Fläche Γ_2 gelegt, wobei Γ_1 und Γ_2 das schalenförmige Gebiet G_1 umschließen. Diesen Prozeß der Abspaltung äußerer Schalen wiederholt man solange, bis das Restgebiet zu klein für eine weitere Abspaltung ist. Es entsteht somit eine endliche Folge ineinandergeschachtelter Parallelflächen $\Gamma = \Gamma_0, \Gamma_1, \ldots, \Gamma_{k(d)}$, die sich als Ränder der Schalen $G_0, G_1, \ldots, G_{k-1}$ bzw. des Restgebietes G_k erweisen. Auf den abgeschlossenen Teilgebieten $\overline{G}_l, l = 0, 1, \ldots, k$, werden wir die Lösung durch harmonische Vektorfunktionen annähern.

Satz 2. *Es seien* $g, f(g, p) \in H^\alpha(\Gamma)$, $0 < \alpha \leqq 1$. *In den abgeschlossenen Gebieten* $\overline{G}_0, \ldots, \overline{G}_k$ *sind die harmonischen Vektorfunktionen*

$$\tilde{u}_0 = \mathring{S}_{\Gamma_0} g + T_{G_0} \mathring{S}^*_{\Gamma_0} f(g, .),$$
$$\tilde{u}_k = \mathring{S}_{\Gamma_k} \tilde{u}_{k-1} + T_{G_k} \mathring{S}^*_{\Gamma_k} f(\tilde{u}_{k-1}, .)$$

näherungsweise Lösungen der Aufgabe (4)—(5). *Dabei gelten die Fehlerabschätzungen*

$$\|u^* - \tilde{u}_i\|_{C(\overline{G}_i)} \leqq K_i \sqrt[n]{d}, \quad i = 0, 1, \ldots, k, \tag{11}$$

mit $K_i = 2M \max\left\{\sqrt{n}, \dfrac{a_{i-1}}{\sqrt{n}}\right\}(1 + \|P_i\| + \|P_{i+1}\|)$ *und* $a_i = \sum\limits_{j=0}^{n-1} \dfrac{1}{|S_1|} \int\limits_{S_1} r_i^{\,j}(\Theta)\, r_{i+1}^{n-1-j}(\Theta)\, d\Theta$,
wobei die Funktionen $r_i(\Theta)$ *die Flächen* Γ_i *beschreiben.*

Beweis. Sei $i \in \{0, 1, \ldots, k\}$. Die exakte Lösung der Randwertaufgabe (4)—(5) u^* kann, wie aus Hilfssatz 1 folgt, in der Form

$$u^* = \mathring{S}_{\Gamma_i} u^* - \mathring{S}_{\Gamma_{i+1}} u^* + T_{G_i} f(u^*, .)$$

dargestellt werden. Hieraus und aus (10) gewinnt man unmittelbar

$$u^* - \tilde{u}_i = \mathring{S}_{\Gamma_i} u^* - \mathring{S}_{\Gamma_{i+1}} u^* - \mathring{S}_{\Gamma_i} \tilde{u}_{i-1} + T_{G_i}\big(f(u^*, .) - \mathring{S}_{\Gamma_i} f(\tilde{u}_{i-1}, .)\big). \tag{12}$$

Da für Punkte aus $\overline{G}_i$ zusätzlich die Formeln

$$\begin{aligned} u^* &= \mathring{S}_{\Gamma_i} u^* + T_{G_i'} f(u^*, .),\\ u^* &= \mathring{S}_{\Gamma_{i-1}} u^* + T_{G'_{i-1}} f(u^*, .),\\ \tilde{u}_{i-1} &= \mathring{S}_{\Gamma_i} \tilde{u}_{i-1} + T_{G_i'} f(\tilde{u}_{i-1}, .) \end{aligned} \tag{13}$$

mit $G_l' = \bigcup_{j=l}^{k} G_j$ gelten, erhält man leicht aus (11) und (12)

$$u^* - \tilde{u}_i = [\mathring{S}_{\Gamma_i} T_{G_{i-1}} - \mathring{S}_{\Gamma_{i+1}} T_{G_i} + T_{G_i}] f(u^*, .)$$
$$- [\mathring{S}_{\Gamma_i} T_{G_{i-1}} - T_{G_i} \mathring{S}_{\Gamma_i}] f(u^*, .)$$

und somit aus den verallgemeinerten Formeln von Plemelj-Sochotzki sowie dem Maximumprinzip die Abschätzung (11).

Bemerkung 2. Die Voraussetzung, daß $\Gamma_0, \Gamma_1, \ldots, \Gamma_k$ Parallelflächen im gleichen Abstand d sind, ist nicht wesentlich. Es müssen lediglich zwischen den Flächen Γ_j, $j = 0, 1, \ldots, k - 1$, gewisse Abstände d_j definiert sein, und verschiedene Γ_j dürfen sich nicht berühren. Die Definition der Abstände d_j kann beispielsweise nach [2] erfolgen.

Bemerkung 3. Die numerische Auswertung der Integraloperatoren $\mathring{S}_\Gamma$ und T_G wurde in [7] durch Quadraturformeln vorgenommen. Für genügend glatte Funktionen wurden Fehlerabschätzungen angegeben. Eine rechentechnische Realisierung ist in [10] enthalten. In [11] findet man eine numerische und rechentechnische Behandlung des Operators T_G mit Hilfe der Monte-Carlo-Methode.

4. Verallgemeinerung

Seien $u = (u_1, \ldots, u_m)$, $f = (f_1, \ldots, f_m)$ und $g = (g_1, \ldots, g_m)$ nm-komponentige Vektorfunktionen, wobei die Komponenten u_j, f_j, g_j n-komponentige Vektorfunktionen sind. Die Anwendung der Operatoren $D(\nabla)$, T_G und $\mathring{S}_\Gamma$ soll auf die Vektorfunktionen u, f und g komponentenweise erfolgen. Dann erhalten alle in dieser Arbeit gemachten Aussagen ihre volle Gültigkeit, insbesondere die Sätze 1 und 2 für Systeme der Form

$$D(\nabla)\, u = f(u, .) \quad \text{in } G,$$
$$Pu = g \quad \text{auf } \Gamma.$$

Die in jeder Schicht harmonischen Näherungslösungen lauten dann entsprechend

$$\begin{aligned} \tilde{u}_0 &= \mathring{S}_{\Gamma_0} g + T_{G_0} \mathring{S}_{\Gamma_0} f(g, .), \\ &\cdots\cdots\cdots\cdots \\ \tilde{u}_k &= \mathring{S}_{\Gamma_k} \tilde{u}_{k-1} + T_{G_k} \mathring{S}_{\Gamma_k} f(\tilde{u}_{k-1}, .). \end{aligned} \tag{14}$$

5. Anwendung auf Randwertaufgaben für partielle Differentialgleichungen höherer Ordnung

Sei $G \subset R^3$ ein beschränktes Gebiet, das obigen Ansprüchen genügt. Mit „$\circ$" wollen wir die Quaternionenmultiplikation bezeichnen. Wir betrachten folgende Randwertaufgabe:

$$\nabla^m \circ v = f(p, v, \nabla \circ v, \ldots, \nabla^{m-1} \circ v) \quad \text{in } G, \tag{15}$$

$$P\nabla^{l-1} v = g_l, \quad l = 1, 2, \ldots, m, \quad \text{auf } \Gamma. \tag{16}$$

Die Vektorfunktionen f, g_l $(l = 1, \ldots, m)$ sind vorgegeben, während die Vektorfunktion v gesucht wird. Hierbei soll gelten: $\nabla^1 \equiv \nabla \circ \nabla^{i-1} \equiv \nabla^{i-1} \circ \nabla$. Wir setzen $v = u_1$, $\nabla \circ v = u_2, \ldots, \nabla^{m-1} \circ v = u_m$. Dadurch transformiert sich die Randwertaufgabe (14)—(15) in das System

$$\nabla \circ u = F(u, .), \tag{17}$$

$$Pu = g \tag{18}$$

mit $u = (u_1, \ldots, u_m)$, $g = (g_1, \ldots, g_m)$, $F = \big(u_2, u_3, \ldots, u_m, f(u, .)\big)$.

Die Methode der harmonischen Approximation soll hier darin bestehen, die Vektorfunktion u_m stückweise harmonisch anzunähern. Die Vektorfunktionen u_i, $i \in \{1, \ldots, m - 1\}$, werden dann durch Vektorfunktionen aus dem Kern des Operators ∇^{m+2-i} angenähert. Somit werden die Komponenten u_i, $i = 1, \ldots, m - 1$, besser approximiert, als es durch die Formeln (14) möglich ist.

Aus der verallgemeinerten Taylorschen Formel [9] im Sinne von [4] erhalten wir für die Vektorfunktionen u_i, $i = 1, \ldots, m - 1$, die Darstellung

$$\begin{aligned} u_i &= \mathring{S}_\Gamma u_i + T_G \mathring{S}_\Gamma u_{i+1} + \cdots + T_G{}^{m-i-1} \mathring{S}_\Gamma u_{m-1} + T_G{}^{m-i} u_m \\ &= \mathring{S}_\Gamma g_i + T_G \mathring{S}_\Gamma g_{i+1} + \cdots + T_G{}^{m-i-1} \mathring{S}_\Gamma g_{m-1} + T_G{}^{m-i} u_m . \end{aligned} \tag{19}$$

Indem wir in der letzten Gleichung von (16) die Vektorfunktion u_i durch die Formel (19) ersetzen, erhalten wir

$$u_i = u_i(g_i, g_{i+1}, \ldots, g_{m-1}, u_m)$$

und mithin

$$\nabla \circ u_m = \tilde{f}(p, g_1, \ldots, g_{m-1}, u_m). \tag{20}$$

Die näherungsweisen Lösungen $\tilde{u}_{mj}$ der Gleichung (20) in der $(j - 1)$-ten Schale G_j mit der Randbedingung

$$Pu_m = g_m \tag{21}$$

wird durch die Formeln in Satz 2 angegeben. Als Näherungen für die Vektorfunktionen u_i nehmen wir die Vektoren

$$\tilde{u}_i = \mathring{S}_\Gamma g_i + T_G \mathring{S}_\Gamma g_{i+1} + \cdots + T^{m-i-1} \mathring{S}_\Gamma g_{m-1} + T_G{}^{m-i} \tilde{u}_m$$

mit $\tilde{u}_m = (\tilde{u}_{m0}, \ldots, \tilde{u}_{mk})$.

Bemerkung 4.

(i) Es soll darauf hingewiesen werden, daß

$$\nabla^{2m} = (-1)^m \Delta^m \tag{22}$$

gilt.

(ii) Eine Übertragung auf den Fall von n Veränderlichen ist ohne weiteres möglich.

Beispiel. Sei $G \subset R^3$ ein beschränktes Gebiet. Von G werde eine Schale G_0 abgetrennt: $G \setminus G_0 = G_1$. Also ist $k = 1$. Mit $\alpha(p)$, $\beta(p)$ und $\varrho(p)$ bezeichnen wir gewisse stetige Vektorfunktionen. Wir betrachten die Randwertaufgabe

$$\Delta^2 v + \Delta v + \alpha \operatorname{div} v' + \beta\, |v|^2 = \varrho \quad \text{in } G, \tag{23}$$

$$Pv = 1, \quad P\nabla \circ v = 0, \quad P\nabla \circ v = 0, \quad P\nabla^3 \circ v = -1 \quad \text{auf } \Gamma, \tag{24}$$

wobei $v = (v_0, v')$ ist.

Wir setzen $v = u_1$, $\nabla \circ v = u_2$, $-\Delta \circ v = u_3$, $-\nabla^3 \circ v = u_4$. Aus (23) erhält man

$$\nabla \circ u_4 = -[u_3 - \alpha P_0 u_2 + \beta\, |u_1|^2 - \varrho],$$

$P_0 u = (u_0, 0)$, $u = (u_0, u')$. Aus (19) folgt

$$u_1 = 1 + T_G{}^3 u_4, \quad u_2 = T_G{}^2 u_4, \quad u_3 = T_G u_4. \tag{25}$$

Also

$$\nabla \circ u_4 = -[T_G u_4 - \alpha P_0 T_G{}^2 u_4 + \beta\, |T_G{}^3 u_4 + 1|^2 - \varrho].$$

Nach Satz 2 folgt

$$\tilde{u}_{04} = -1 - T_{G_0} \mathring{S}_\Gamma [\alpha P_0 T_G{}^2 1 - \beta\, |T_G{}^3 1 - 1|^2 - \varrho],$$

$$\tilde{u}_{14} = \mathring{S}_{\Gamma_1} \tilde{u}_{04} - T_{G_1} \mathring{S}_{\Gamma_1} [T_{G_0} u_{04} - \alpha P_0 T_G{}^2 \tilde{u}_{04} + \beta |T_G{}^3 \tilde{u}_{04} + 1|^2 - \varrho],$$

$$\tilde{u}_4 = (\tilde{u}_{04}, \tilde{u}_{14}).$$

Aus (25) folgt

$$\tilde{u}_3 = T_G u_4, \quad \tilde{u}_2 = T_G{}^2 \tilde{u}_4, \quad \tilde{u}_1 = 1 + T_G{}^3 \tilde{u}_4.$$

Literatur

[1] BIZADSE, A. W., Grundlagen der Theorie analytischer Funktionen, Akademie-Verlag, Berlin 1973 (Übersetzung aus dem Russischen).

[2] BLAIR, J. J., Bounds for the change in the solutions of second order elliptic PDE's, when the boundary is perturbed, SIAM J. Appl. Math. **24** (1973), 277–285.

[3] FUETER, R., Ueber die analytische Darstellung der regulären Funktionen einer Quaternionenveränderlichen, Comm. Math. Helv. 8 (1921), 371.

[4] PRZEWORSKA-ROLEWICZ, D., Equations with Transformed Argument, PWN, Warszawa 1973.

[5] SPRÖSSIG, W., Analoga zu funktionentheoretischen Sätzen im $\mathbb{R}^n$ — Anwendungen auf mehrdimensionale singuläre Integralgleichungen, Beiträge zur Analysis **12** (1978), 113 bis 126.

[6] SPRÖSSIG, W., Räumliches Analogon zum komplexen T-Operator, Beiträge zur Analysis **12** (1978), 127–137.

[7] SPRÖSSIG, W., Quadratur mehrdimensionaler singulärer Parameterintegrale und ihre Anwendung zur Lösung partieller Differentialgleichungen, Beiträge Numer. Math. 8 (1980), 155–166.

[8] SPRÖSSIG, W., Methods of function theory for solution of nonlinear partial differential equations, Proc. Internat. Summer School of AdW GDR, Berlin 1977.

[9] VOGEL, L., Diplomarbeit, TH Karl-Marx-Stadt 1978.

[10] WEGERT, E., Jahresarbeit, TH Karl-Marx-Stadt 1979.
[11] ZAULECK, PH., Diplomarbeit, TH Karl-Marx-Stadt 1978.
[12] CAAK, Э. M., К теорию многомерных эллиптических систем первого порядка, Доклады АН СССР 222 (1975), 43-46.

Manuskripteingang: 11. 4. 1978

VERFASSER:
Dr. WOLFGANG SPRÖSSIG, Sektion Mathematik der Technischen Hochschule Karl-Marx-Stadt

Beiträge zur Numerischen Mathematik
9 (1981), 195–200

Eine Bemerkung zur trigonometrischen Interpolation

Klaus Zacharias

Sei f eine auf dem Intervall $[0, \pi]$ definierte (reelle) Funktion von beschränkter Variation, $R_n f$ das trigonometrische Interpolationspolynom von f vom Grade n der Form

$$R_n f(x) = \sum_{k=1}^{n} b_k^{(n)} \sin kx$$

mit der Eigenschaft

$$R_n f(x_m) = f(x_m) \quad \text{für} \quad x_m = \frac{m\pi}{n+1} \qquad (m = 1, \ldots, n).$$

Es gilt

$$b_k^{(n)} = \frac{2}{n+1} \sum_{m=1}^{n} f(x_m) \sin kx_m \qquad (k = 1, \ldots, n).$$

Wir bezeichnen mit $V(f)$ die Totalvariation von f auf dem Intervall $[0, \pi]$, als Funktion von beschränkter Variation ist f beschränkt, sei $M = \sup\limits_{[0,\pi]} |f(x)|$. Die übliche Norm im Hilbertraum $L^2(0, \pi)$ wird mit $\|\cdot\|_{L^2(0,\pi)}$ bezeichnet. Das Ziel der vorliegenden Note ist der Beweis der in den Sätzen 1, 2 formulierten Approximationsaussagen.

Satz 1. *Unter den oben gemachten Voraussetzungen über f gilt*

$$\|f - R_n f\|_{L^2(0,\pi)} = O\left(\frac{1}{\sqrt{n}}\right). \tag{1}$$

Dem Beweis des Satzes schicken wir ein Lemma voraus.

Lemma. *Mit einer nur von f abhängenden Konstanten C gilt*

$$|b_k^{(n)}| \leqq \frac{C}{k} \qquad (k = 1, \ldots, n).$$

Beweis. Die Beweisidee steht in [2], Chap. X, Satz 4.8. Wir setzen

$$S_0 = 0, \quad S_m = \sum_{j=1}^{m} \sin kx_j \quad (m = 1, \ldots, n).$$

Damit wird

$$b_k^{(n)} = \frac{2}{n+1} \sum_{m=1}^{n} f(x_m)(S_m - S_{m-1})$$

und nach Abelscher Summation

$$b_k^{(n)} = \frac{2}{n+1} \left[\sum_{m=1}^{n-1} \bigl(f(x_m) - f(x_{m+1})\bigr) S_m + f(x_n) S_n \right].$$

Hieraus folgt

$$|b_k^{(n)}| \leqq \frac{2}{n+1} \max_m |S_m| \bigl(V(f) + M\bigr).$$

Nun ist wegen

$$S_m = \frac{\cos \dfrac{k\pi}{2(n+1)} - \cos \left(m + \dfrac{1}{2}\right) \dfrac{k\pi}{n+1}}{2 \sin \dfrac{k\pi}{2(n+1)}}$$

offenbar

$$\max_m |S_m| \leqq \frac{1}{\sin \dfrac{k\pi}{2(n+1)}} < \frac{n+1}{k}$$

und somit

$$|b_k^{(n)}| \leqq \frac{2\bigl(V(f) + M\bigr)}{k}.$$

Damit ist das Lemma bewiesen.

Beweis des Satzes. Nach der Parsevalschen Gleichung ist

$$\|f - R_n f\|^2_{L^2(0,\pi)} = \frac{\pi}{2} \left[\sum_{k=1}^{n} (b_k - b_k^{(n)})^2 + \sum_{k=n+1}^{\infty} b_k^2 \right], \tag{2}$$

wobei

$$b_k = \frac{2}{\pi} \int_0^\pi f(x) \sin kx \, dx \quad (k = 1, 2, \ldots)$$

die (Sinus-)Fourierkoeffizienten von f sind. Bekanntlich gilt

$$|b_k| \leqq \frac{C}{k}$$

und somit

$$\sum_{k=n+1}^{\infty} b_k^2 \leqq c_0 \sum_{k=n+1}^{\infty} \left(\frac{1}{k}\right)^2 \leqq c_0 \sum_{k=n+1}^{\infty} \frac{1}{k(k-1)} = \frac{c_0}{n}. \tag{3}$$

Die Konstante c_0 (wie auch die weiteren Konstanten $c_1, \ldots, c_4, c$) hängt nur von f

ab. Wir betrachten (mit $x_0 = 0$)

$$b_k^{(n)} - b_k = \frac{2}{n+1} \sum_{m=1}^{n} f(x_m) \sin kx_m - \frac{2}{\pi} \int_0^{\pi} f(x) \sin kx \, dx$$

$$= \frac{2}{\pi} \sum_{m=1}^{n} \int_{x_{m-1}}^{x_m} \big(f(x_m) - f(x)\big) \sin kx \, dx - \frac{2}{\pi} \int_{x_n}^{\pi} f(x) \sin kx \, dx$$

$$+ \frac{2}{\pi} \sum_{m=1}^{n} \int_{x_{m-1}}^{x_m} f(x_m) \, (\sin kx_m - \sin kx) \, dx.$$

Wir setzen

$$T_1 = \frac{2}{\pi} \sum_{m=1}^{n} \int_{x_{m-1}}^{x_m} \big(f(x_m) - f(x)\big) \sin kx \, dx - \frac{2}{\pi} \int_{x_n}^{\pi} f(x) \sin kx \, dx,$$

$$h = x_m - x_{m-1} = \frac{\pi}{n+1}$$

und bezeichnen mit $V_m(f)$ die Totalvariation von f auf dem Intervall $[x_{m-1}, x_m]$. Aus $|f(x_m) - f(x)| \leqq |f(x_m) - f(x)| + |f(x) - f(x_{m-1})| \leqq V_m(f)$ folgt

$$|T_1| \leqq \frac{2}{\pi} \left(h \sum_{m=1}^{n} V_m(f) + hM\right)$$

und wegen der Additivität der Totalvariation

$$|T_1| \leqq \frac{2}{\pi} h\big(V(f) + M\big) \leqq \frac{c_1}{n}. \tag{4}$$

Ferner ist

$$\frac{2}{\pi} \sum_{m=1}^{n} \int_{x_{m-1}}^{x_m} f(x_m) \, (\sin kx_m - \sin kx) \, dx$$

$$= \frac{2}{\pi} \sum_{m=1}^{n} f(x_m) \left[h \sin kx_m - \frac{2}{k} \sin kx'_{m-\frac{1}{2}} \sin \frac{kh}{2}\right] = T_2 + T_3$$

mit

$$x_{m-\frac{1}{2}} = \frac{1}{2} (x_m + x_{m-1}), \quad x_{m-\frac{1}{4}} = \frac{1}{4} (3x_m + x_{m-1}),$$

$$T_2 = \frac{2}{\pi} \left(h - \frac{2}{k} \sin \frac{kh}{2}\right) \frac{n+1}{2} \, b_k^{(n)},$$

$$T_3 = \frac{4}{\pi k} \sin \frac{kh}{2} \sum_{m=1}^{n} f(x_m) \left(\sin kx_m - \sin kx_{m-\frac{1}{2}}\right)$$

$$= \frac{8}{\pi k} \sin (kh/2) \sin (kh/4) \sum_{m=1}^{n} f(x_m) \cos kx_{m-\frac{1}{4}}.$$

Aus $\left|h - \frac{2}{k} \sin(kh/2)\right| \leqq \frac{kh^2}{4}$ und dem Lemma folgt

$$|T_2| \leqq \frac{kh^2}{4} \cdot \frac{1}{h} |b_k^{(n)}| \leqq \frac{c_2}{n}. \tag{5}$$

Für T_3 erhält man mit

$$s_0 = 0, \quad s_m = \sum_{j=1}^{m} \cos kx_{j-\frac{1}{4}}$$

nach Abelscher Summation

$$T_3 = \frac{8}{\pi k} \sin(kh/2) \sin(kh/4) \left[\sum_{m=1}^{n-1} s_m\big(f(x_m) - f(x_{m+1})\big) + s_n f(x_n)\right].$$

Ähnlich wie im Beweis des Lemmas zeigt man

$$\max_m |s_m| \leqq \frac{2(n+1)}{k} = \frac{2\pi}{kh}.$$

Damit erhält man

$$|T_3| \leqq \frac{16}{k^2 h} \sin(kh/2) \sin(kh/4) \big(V(f) + M\big) \leqq 2h\big(V(f) + M\big),$$

d. h.

$$|T_3| \leqq \frac{c_3}{n}. \tag{6}$$

Aus (4)—(6) ergibt sich

$$|b_k^{(n)} - b_k| \leqq \frac{c_4}{n}$$

und mit (2), (3)

$$\|f - R_n f\|^2_{L^2(0,\pi)} \leqq \frac{c}{n}.$$

Damit ist der Satz 1 bewiesen.

Sei nunmehr f eine 2π-periodische (komplexwertige) Funktion von beschränkter Variation, $L_n f$ das trigonometrische Lagrange-Interpolationspolynom zu f mit ungerader Knotenzahl, d. h.,

$$L_n f(x_m) = f(x_m) \quad \text{für} \quad x_m = \frac{2\pi m}{2n+1} \quad (m = 0, 1, \ldots, 2n).$$

Bekanntlich gilt

$$L_n f(x) = \sum_{k=-n}^{n} c_k^{(n)} \exp(-ikx)$$

mit

$$c_k^{(n)} = \frac{1}{2n+1} \sum_{m=0}^{2n} f(x_m) \exp(-ikx_m) \quad (k = 0, \pm 1, \ldots, \pm n).$$

Satz 2. *Unter den obigen Voraussetzungen über f gilt*

$$\|f - L_n f\|_{L^2(0,2\pi)} = O\left(\frac{1}{\sqrt{n}}\right).$$

Beweis. Man schließt ähnlich wie im Beweis von Satz 1. Mit den Fourierkoeffizienten

$$c_k = \frac{1}{2\pi} \int_0^{2\pi} f(x) \exp(-ikx)\, dx, \quad k = 0, \pm 1, \ldots,$$

lautet die Parsevalsche Gleichung im Hilbertraum $L^2(0, 2\pi)$

$$\|f - L_n f\|^2_{L^2(0,2\pi)} = \sum_{k=-n}^{n} |c_k^{(n)} - c_k|^2 + \sum_{|k|>n} |c_k|^2. \tag{7}$$

Wegen $|c_k| \leqq \dfrac{V(f)}{2\pi |k|}$ erhält man sofort

$$\sum_{|k|>n} |c_k|^2 = O\left(\frac{1}{n}\right).$$

Es gilt

$$c_0^{(n)} - c_0 = \frac{1}{2n+1} \sum_{m=0}^{2n} f(x_m) - \frac{1}{2\pi} \int_0^{2\pi} f(x)\, dx = \frac{1}{2\pi} \sum_{m=0}^{2n} \int_{x_m}^{x_{m+1}} \big(f(x_m) - f(x)\big)\, dx$$

und wegen $|f(x_m) - f(x)| \leqq |f(x_m) - f(x)| + |f(x) - f(x_{m+1})| \leqq V_{m+1}(f)$ offenbar

$$|c_0^{(n)} - c_0| \leqq \frac{1}{2n+1} \sum_{m=0}^{2n} V_{m+1}(f) = \frac{V(f)}{2n+1}. \tag{8}$$

Hierbei wurde wie früher mit $V_{m+1}(f)$ die Totalvariation von f auf dem Intervall $[x_m, x_{m+1}]$ bezeichnet. Für $k \neq 0$ ergibt sich aus der Zerlegung

$$c_k^{(n)} - c_k = \frac{1}{2\pi} \sum_{m=0}^{2n} \int_{x_m}^{x_{m+1}} \big(f(x_m) - f(x)\big) \exp(-ikx)\, dx$$
$$+ \frac{1}{2\pi} \sum_{m=0}^{2n} \int_{x_m}^{x_{m+1}} f(x_m) \big(\exp(-ikx_m) - \exp(-ikx)\big)\, dx$$

mit $h = x_{m+1} - x_m = \dfrac{2\pi}{2n+1}$ die Abschätzung

$$|c_k^{(n)} - c_k| \leqq \frac{1}{2\pi} \sum_{m=0}^{2n} \int_{x_m}^{x_{m+1}} |f(x_m) - f(x)|\, dx$$
$$+ \frac{1}{2\pi} \left| h + \frac{\exp(-ikh) - 1}{ik} \right| (2n+1)\, |c_k^{(n)}|.$$

Der erste Term wird wie (8) abgeschätzt. Aus $\left|h + \frac{\exp(-ikh) - 1}{ik}\right| \leqq \frac{|k|\, h^2}{\sqrt{2}}$ und Satz 4.8, Chap. X in [2], wonach $|c_k^{(n)}| \leqq \frac{V(f)}{2\,|k|}$ ist, folgt schließlich $|c_k^{(n)} - c_k| = O\left(\frac{1}{n}\right)$. Damit ist Satz 2 bewiesen.

Bemerkung 1. Die Approximationsgeschwindigkeit $O\left(\frac{1}{\sqrt{n}}\right)$ läßt sich im allgemeinen nicht verbessern, denn wegen (7) gilt

$$\|f - L_n f\|^2_{L^2(0,2\pi)} \geqq \sum_{|k|>n} |c_k|^2.$$

Für die Funktion f mit

$$f(x) = \frac{1}{2}(\pi - x) \quad \text{für} \quad 0 < x < 2\pi, \quad f(0) = f(2\pi) = 0,$$

die offenbar von beschränkter Variation ist, sind die Fourierkoeffizienten $c_0 = 0$, $c_k = \frac{1}{2ik}$ $(k \neq 0)$ und somit

$$\sum_{|k|>n} |c_k|^2 > \frac{1}{2(n+1)},$$

d. h., es ist

$$\|f - L_n f\|^2_{L^2(0,\pi)} \geqq \frac{A}{n}$$

mit geeignetem $A > 0$. Entsprechende Beispiele lassen sich zu Satz 1 angeben.

Bemerkung 2. In [1], S. 52, wird bewiesen, daß $\|f - R_n f\|_{L^2(0,\pi)} = O\left(n^{-\frac{1}{4}}\right)$ gilt, ein entsprechendes Ergebnis für den Interpolationsoperator L_n wird auf S. 59 erwähnt. Es ist leicht zu sehen, daß die schärferen Abschätzungen auch für die dort genannten Interpolationsoperatoren M_n gelten.

Literatur

[1] Prössdorf, S., und B. Silbermann, Projektionsverfahren und die näherungsweise Lösung singulärer Gleichungen, Teubner-Texte zur Mathematik, Leipzig 1977.

[2] Zygmund, A., Trigonometric Series I, II, Cambridge Univ. Press 1959 (russ. Übersetzung 1965).

Manuskripteingang: 11. 5. 1978

VERFASSER:

Dr. Klaus Zacharias, ZIMM der Akademie der Wissenschaften der DDR Berlin

Beiträge zur Numerischen Mathematik
9 (1981), 201–212

Finite element method and time-dependent problems
I. Eigenvalue approximations

REINHARD LEHMANN, ĽUBOR MALINA and ALOJZ NÉMETHY

1. Introduction

The finite element method (F. E. M.), originally applied to stationary equations of mathematical physics, becomes now more and more popular in the field of time-dependent problems, too. So it has been successfully applied to visco-elastic problems, cf. e.g. [2, 3, 9, 10]. The approach used in the papers l.c. is quite simple: The time-dependent problem is transformed by means of Laplace transform (with respect to time) into a stationary problem, where the elliptic operator of the transformed equation depends nonlinearly on a complex parameter. Now finite element method is applied to solve that elliptic equation, and the solution will be transformed back by common techniques.

In the present paper this approach will be demonstrated for the equation of a clamped viscoelastic plate [2]. After formulating a time-dependent equation and application of Laplace tranform, the problem becomes a Dirichlet boundary value problem of order four, where the coefficients of the differential equation are polynomials in a complex parameter. Its solution requires the knowledge of all eigenvalues of the generalized (nonlinear) eigenvalue problem with respect to the complex parameter mentioned above. Because that solution is approximated by means of finite element method, the convergence of the (discretized) eigenvalues and eigenvectors is of theoretical interest. This problem will be solved by means of a general discretization concept [1, 12].

Part II of this paper will be devoted to more numerical aspects of the problem stated.

2. The problem

The following initial-boundary value problem is to be considered,[1])

$$K_{ijkl}(\mathscr{D})\, w_{,ijkl} + \varrho Q(\mathscr{D}) \frac{\partial^2 w}{\partial t^2} = Q(\mathscr{D})\, q, \tag{2.1}$$

[1]) The notations are as usually, Latin subscripts assume values 1, 2 and the comma denotes space differentiation, summation over repeated indicies is implied.

where

$$K_{ijkl}(\mathscr{D}) = \sum_{\nu=0}^{r} K_{ijkl}^{(\nu)} \mathscr{D}^\nu, \quad Q(\mathscr{D}) = \sum_{\nu=0}^{s} Q_\nu \mathscr{D}^\nu, \quad s \leqq r,$$

are polynomials in $\mathscr{D} = \partial/\partial t$, ϱ is a positive constant representing mass density, and q is a given function indicating the load applied to the plate. The middle plane of the plate covers a bounded domain Ω in the euclidean space $\mathbb{E}^2$. The unknown function $w = w(t, x)\colon [0, \infty) \times \Omega \mapsto \mathbb{R}$ is the deflection of the middle plane of the plate.

Eq. (2.1) gives a mathematical model of the vibration of a visco-elastic plate with material of differential type [2].

If ν denotes the outward normal to the boundary $\Gamma = \partial\Omega$ of Ω, which is supposed to be sufficiently smooth, then the function w has to fit the boundary conditions

$$w|_\Gamma = \left.\frac{\partial w}{\partial \nu}\right|_\Gamma = 0, \tag{2.2}$$

and the initial conditions

$$\mathscr{D}^k w|_{t=0} = 0 \quad (k = 0, 1, \ldots, \max\{r-1, s+1\}). \tag{2.3}$$

It should be mentioned that the operator $K_{ijkl}(\mathscr{D})$ has the following properties

$$K_{ijkl}^{(\nu)} \varepsilon_{ij} \varepsilon_{kl} \geqq 0 \quad (\nu = 0, 1, \ldots, r)$$

for arbitrary values of ε_{ij}, equality occurs iff $\varepsilon_{ij} = 0 \; \forall\, i, j$. Furthermore, the coefficients $K_{ijkl}^{(\nu)}$ are symmetric, and the polynomials $K_{ijkl}(z)$, $Q(z)$ have real negative roots.

In the present paper the usual Sobolev spaces $H^m(\Omega)$ and $H_0{}^m(\Omega)$ are used, their scalar product and norm will be denoted by $(.,.)_m$ or $\|\cdot\|_m$, resp. The basic space $L_2(\Omega)$ is identified with $H^0(\Omega)$. For a given real number γ the Hilbert space of all functions

$$u\colon (0, \infty) \to H^m(\Omega),$$

which satisfy the condition

$$\int_0^\infty \|u(t)\|_m{}^2 \, e^{-2\gamma t} \, dt < \infty,$$

will be denoted by $L_2\big((0, \infty), H^m(\Omega), \gamma\big)$, the scalar product and the norm of $u, v \in L_2\big((0, \infty), H^m(\Omega), \gamma\big)$ are given by

$$(u, v)_{m,\gamma} = \int_0^\infty \big(u(t), v(t)\big)_m \, e^{-2\gamma t} \, dt \quad \text{and} \quad \|u\|_{m,\gamma} = \sqrt{(u, u)_{m,\gamma}}.$$

The space of all holomorphic functions

$$u\colon \mathscr{G}(\gamma) \mapsto H^m(\Omega),$$

where $\mathscr{G}(\gamma) = \{p \in \mathbb{C}: \operatorname{Re} p > \gamma\}$ is the complex half-plane, with the norm

$$\|u\|^2_{\mathscr{H}_2} = \sup_{\xi > \gamma} \int_{-\infty}^{\infty} \|\dot{u}(\xi + i\eta)\|_m{}^2 \, d\eta < \infty$$

will be denoted by $\mathscr{H}_2(H^m(\Omega), \gamma)$.

The Laplace transform Z,

$$Zu(t) = \tilde{u}(p) \equiv (2\pi)^{-1/2} \int_0^{\infty} u(\tau)\, e^{-p\tau}\, d\tau\,,^{1)} \tag{2.4}$$

gives a connection between the two spaces $L_2((0, \infty), H^m(\Omega), \gamma)$ and $\mathscr{H}_2(H^m(\Omega), \gamma)$, cf. [4]:

Theorem 2.1. *The mapping* $Z: L_2((0, \infty), H^m(\Omega), \gamma) \mapsto \mathscr{H}_2(H^m(\Omega), \gamma)$ *is an isometric, isomorphic and continuous operator onto the Hardy space* $\mathscr{H}_2$. *The inverse mapping is continuous, too.*

Now, applying Laplace transform to eq. (2.1), it becomes in view to (2.3)

$$K(p)\, \tilde{w} + \varrho Q(p)\, p^2 \tilde{w} = Q(p)\, \tilde{q}\ (\equiv \tilde{f}) \tag{2.5}$$

or

$$\mathbf{L}(p)\, \tilde{w} \equiv \sum_{\nu=0}^{n} \mathbf{A}_\nu p^\nu \tilde{w} \equiv \sum_{\nu=0}^{r} p^\nu K^{(\nu)}_{ijkl} \tilde{w}_{,ijkl} + \varrho \sum_{\nu=0}^{s} p^{\nu+2} Q_\nu \tilde{w} = \tilde{f}\,, \tag{2.6}$$

where the operators $\mathbf{A}_\nu$ $(\nu = 0, 1, \ldots, n)$ are symmetric positive definite elliptic differential operators of order four.

Due to the condition (2.2), the differential operator $\mathbf{L}(p)$ induces a bilinear form $\mathbf{a}(p; u, v)$ on $H_0{}^2(\Omega) \times H_0{}^2(\Omega)$.

The problem (2.1)—(2.3) *is said to have a (weak) solution for* $f \in L_2((0, \infty), H^2(\Omega), \gamma)$ $(\gamma > 0)$ *iff there is a holomorphic function* $U^*: \mathscr{G}(0) \mapsto H_0{}^2(\Omega)$ *such that*

$$\mathbf{a}(p; U^*, v) = (\tilde{f}, v)_0 \quad \forall v \in H_0{}^2(\Omega)\,, \tag{2.7}$$

and

$$\sup_{\xi > \gamma} \int_{-\infty}^{\infty} \|U^*(\xi + i\eta)\|_2{}^2 \, d\eta < \infty\,. \tag{2.8}$$

Obviously, the function U^* is the (weak) solution of the problem (2.5), (2.2) Due to the inequality (2.8), U^* is an element of $\mathscr{H}_2(H^2(\Omega), \gamma)$ such that in view to Th. 2.1 there is a function $u^* \in L_2((0, \infty), H^2(\Omega), \gamma)$ with $U^* = \tilde{u}^*$. Hence, actually the function u^* is the (weak) solution of the problem (2.1), (2.2), (2.3), and U^* is it only to within the Laplace transform.

Theorem 2.2. [10] *If the operators* $\mathbf{A}_\nu$ $(\nu = 0, 1, \ldots, n)$ *in eq.* (2.6) *are symmetric positive definite operators, then for any* $q \in L_2((0, \infty), H^2(\Omega), \gamma)$ $(\gamma > 0)$ *there exists one and only one (weak) solution of the problem* (2.1), (2.2), (2.3).

---

1) In the sequel, the Laplace transform of a function u is always denoted by $\tilde{u}$.

3. The F.E.M. approximation

The differential expression (2.5) or (2.6) may be written as a general differential operator of order $2m$ ($m \geqq 1$)

$$\mathbf{L}(p)\, u \equiv \sum_{|\alpha|,|\beta| \leqq m} (-1)^{|\beta|} D^\beta \big(a_{\alpha\beta}(p)\, D^\alpha u\big), \tag{3.1}$$

where the coefficients are symmetric in the multi-indices α, β and depend non-linearly on a complex parameter $p \in \mathcal{G}$. Here $\mathcal{G}$ is a certain domain in the complex plane, situated symmetrically to the real axis. The bounded domain $\Omega \subset \mathbb{R}^n$ ($n \geqq 2$) is supposed to have a sufficiently smooth boundary $\Gamma = \partial\Omega$.

The differential equation

$$\mathbf{L}(p)\, u = f \tag{3.2}$$

is considered together with homogeneous Dirichlet boundary conditions

$$u = \frac{\partial u}{\partial \nu} = \cdots = \frac{\partial^{m-1} u}{\partial \nu^{m-1}} = 0 \quad \text{on } \Gamma. \tag{3.3}$$

The following assumptions are made.

(A1) $a_{\alpha\beta}(p, .) = a_{\alpha\beta}(p) = a_{\beta\alpha}(p) \in C^{2m+\varkappa}(\bar{\Omega})$ for every $p \in \mathcal{G}$ for a certain $\varkappa = 0, 1, \ldots$

(A2) The differential expression (3.1) is uniformly *strongly elliptic*, i.e.

$$\operatorname{Re} \sum_{|\alpha|=|\beta|=m} a_{\alpha\beta}(p)\, \xi^\alpha \xi^\beta \geqq \delta(p)\, |\xi|^{2m} \quad (\forall \xi \in \mathbb{R}^n)$$

where the constant $\delta(p) > 0$ does not depend on $x \in \bar{\Omega}$ for any $p \in \Lambda \subset \mathcal{G}$.

Under these conditions the bilinear form

$$\mathbf{a}(p; u, v) \equiv \int_\Omega \sum_{|\alpha|,|\beta| \leqq m} a_{\alpha\beta}(p)\, D^\alpha u D^\beta \bar{v}\, dx$$

satisfies Gårding's inequality [8],

$$\operatorname{Re} \mathbf{a}(p; u, u) \geqq c(p)\, \|u\|_m^2 - \gamma(p) \|u\|_{m-1}^2 \quad (u \in H_0^m(\Omega), p \in \Lambda) \tag{3.4}$$

with positive constants $c(p)$ and $\gamma(p)$. On the other hand, this bilinear form is bounded, i.e.

$$|\mathbf{a}(p, u, v)| \leqq C(p)\, \|u\|_m\, \|v\|_m \quad (u, v \in H_0^m(\Omega), p \in \mathcal{G}).$$

The constants $c(p)$, $\gamma(p)$ and $C(p)$ may depend on p.

In the sequel, the space $H_0^m(\Omega)$ will be briefly denoted by V and considered with respect to the basic space $H = L_2(\Omega)$ such that $V \subset H$, *dense with compact imbedding.* Then V and H may be identified with dense subspaces of the dual space $V' = H^{-m}(\Omega)$, i.e., $V \subset H \subset V'$, *dense with bounded imbedding.*

The duality relation on $V' \times V$,

$$f(v) \equiv \langle f, v \rangle \quad (f \in V', v \in V),$$

is the unique continuation of the scalar product in H [1, 6].

Now the Dirichlet problem (3.2), (3.3) is equivalent to the variational problem

$$u^* \in V: \quad \mathbf{a}(p; u^*, v) = \langle f, v \rangle \quad \forall v \in V \quad (p \in \mathscr{G}),$$

for a given $f \in V'$. As usual, the bilinear form $\mathbf{a}$ produces a linear operator $\mathbf{A}$: $V \mapsto V'$ by

$$\langle \mathbf{A}(p)\, u, v \rangle = \mathbf{a}(p; u, v) \quad \forall u, v \in V \quad (p \in \mathscr{G});$$

obviously $\mathbf{A}(p) \in \mathscr{L}(V, V')$, $p \in \mathscr{G}$, and the Dirichlet problem (3.2), (3.3) is equivalent to the operator equation

$$\mathbf{A}(p)\, u = f \tag{3.5}$$

for $f \in V'$.

Theorem 3.1. [6] *Under the assumptions* (A1, A2) *the operator* $\mathbf{A}(p): V \mapsto V'$, $p \in \Lambda$, *is fredholmian with zero index.*

Following [11], a finite element approximation of the space V will be constructed.

Let Ω be divided into finite elements. To each inner node a certain number of global interpolation functions is fixed; they satisfy the usual conditions. The resulting set of all such functions will be numbered by means of one index,

$$\varphi_1(x), \ldots, \varphi_N(x), \quad x \in \bar{\Omega}.$$

As usually, the functions $\varphi_j(x)$ are polynomials in $x = (x_1, \ldots, x_n)$ of an appropriate degree such that they belong to $C^q(\bar{\Omega})$, $q \geqq m$. Obviously, the functions $\{\varphi_j\}$ are linearly independent, they span a subspace $S^h \subset V$, where h indicates a discretization parameter of the finite element model of Ω.

For $u \in C^q(\bar{\Omega})$ the function

$$u^h(x) = a^j \varphi_j(x) \tag{3.6}$$

is a global interpolant, provided, a^j are taken to be values of u and its derivatives up to a certain order ($\leqq q$) at some of the nodes. If $u \in V$, then the function (3.6) may be also considered as a global interpolant of u, and in this case

$$a^j = (u, \varphi^j)_m \quad (j = 1, \ldots, N),$$

where $\{\varphi^i\}$ is a dual basis of S^h. Actually, the matrix $G_{ij} = (\varphi_i, \varphi_j)_m$ is symmetric and positive definite, its inverse is denoted by (G^{ij}), and $\varphi^i = G^{ij} \varphi_j$ $(i = 1, \ldots, N)$ form a dual basis of S^h.

Thus, for any $u \in V$ the function

$$u^h(x) = (u, \varphi^j)_m\, \varphi_j \tag{3.7}$$

is defined and belongs to S^h. As it is easily seen, equation (3.7) gives an orthogonal projection $\mathbf{P}_h$ in V with the following property [11]:

$$\|u - \mathbf{P}_h u\|_m = \inf_{v^h \in S^h} \|u - v^h\|_m \quad (\forall u \in V). \tag{3.8}$$

Theorem 3.2. [11] *Let* $\{\varphi_j\}$ *be a system of global finite element interpolation functions such that* (3.8) *is satisfied. Furthermore, it will be assumed*

(A3) $\min_{e \subset \Omega} \sup_{S \subset e} \operatorname{diam} S = O(h)$,

where S *denotes a sphere in the element* e *of* Ω, *and*

(A4) *for a fixed integer* k, $m \leqq k+1$, *let* $\mathbf{P}_h \in \mathscr{L}(H^{k+1}(\Omega), V)$ *such that*

$$\mathbf{P}_h u = u \quad \forall u \in \mathscr{P}_k(\Omega)$$

where $\mathscr{P}_k(\Omega)$ *denotes the subspace of complete polynomials on* Ω *with degree* $\leqq k$.

Then there is a constant C *such that*[1])

$$\|u - \mathbf{P}_h u\|_m \leqq C h^{k+1-m} |u|_{k+1}, \quad u \in H^{k+1}(\Omega). \tag{3.9}$$

It is worth noting that there is no estimate of type (3.9) such that

$$\|u - u^h\|_m \leqq g(h) |u|_m, \quad u \in V,$$

with $g(h) \to 0$ as $h \to 0$ [7]. On the other hand, there exist F.E.M. basis functions $\{\varphi_j\}$, which are complete in V, hence, in view to (3.8), it may be assumed that

(A5) $$\|u - \mathbf{P}_h u\|_m \to 0 \quad (h \to 0) \quad \forall u \in V, \tag{3.10}$$

cf. [1, 7].

Following [1] the space V is approximated by a euclidean N-dimensional space V_h with elements $v_h = (v^j)_{j=1}^N$, etc. The restriction $\mathbf{r}_h$: $V \mapsto V_h$, $\mathbf{r}_h v = \big((v, \varphi^i)_m\big)_{i=1}^N$, and the prolongation $\mathbf{p}_h$: $V_h \mapsto V$, $\mathbf{p}_h v_h = v^j \varphi_j$, connect the two spaces V and V_h. Because the functions $\{\varphi_j\}$ are linearly independent, the operator $\mathbf{p}_h$ affects a one-to-one mapping of V_h onto S^h.

The space V_h will be normed by means of $\mathbf{p}_h$, namely

$$\|v_h\|_h = \|\mathbf{p}_h v_h\|_m = \|v^h\|_m = \sqrt{G_{jk} v^j \bar{v}^k}, \tag{3.11}$$

the corresponding scalar product is then

$$(u_h, v_h)_h = (\mathbf{p}_h u_h, \mathbf{p}_h v_h)_m = G_{jk} u^j \bar{v}^k.$$

As it is easily proved, the following assertions hold:

(i) $\mathbf{p}_h r_h u = \mathbf{P}_h u \xrightarrow{m} u \quad (h \to 0) \quad \forall u \in V$,

where $\xrightarrow{m}$ denotes convergence in the norm of V.

(ii) $\mathbf{r}_h \mathbf{p}_h = \mathbf{1}$.

(iii) $\|\mathbf{r}_h u\|_h \to \|u\|_m \quad (h \to 0) \quad \forall u \in V$.

(iv) $\|\mathbf{r}_h\| = 1, \quad \|\mathbf{p}_h\| = 1$.

A sequence $\{v_h\}$, $v_h \in V_h$, *is said to be discretely convergent to* $v \in V$ *iff*

$$\|v_h - \mathbf{r}_h v\|_h \to 0 \quad (h \to 0) \tag{3.12}$$

denoted by $v_h \xrightarrow{\mathbf{R}} v$.

Obviously, the convergence $v_h \xrightarrow{\mathbf{R}} v$ is equivalent to $v^h \equiv \mathbf{p}_h v_h \xrightarrow{m} v$, due to (3.8).

[1]) As usually, $|\cdot|_k$ denotes the k-seminorm in $H^k(\Omega)$, $k > 0$, which is a norm in $H_0{}^k(\Omega)$.

In a similar manner the space V' will be approximated by a euclidean N-dimensional space, too, and it seems to be natural to take V_h' to that aim. The elements of V_h' will be denoted by $f_h = (f_i)_{i=1}^N$, etc. The duality relation on $V_h' \times V_h$ is given by

$$f_h(v_h) \equiv \langle f_h, v_h \rangle_h = f_i \bar{v}^i \quad (f_h \in V_h', v_h \in V_h).$$

Then the corresponding dual norm of V_h',

$$\|f_h\|_{h*} = \sup_{v_h \in V_h} \frac{|\langle f_h, v_h \rangle_h|}{\|v_h\|_h},$$

is produced by the scalar product

$$(f_h, g_h)_{h*} = G^{rs} f_r \bar{g}_s.$$

As with V and V_h, the spaces V' and V_h' are joined by a prolongation $\mathbf{q}_h$ and a restriction $\mathbf{s}_h$. These operators are chosen in accordance with the duality between V and V' or V_h and V_h', respectively, such that $\mathbf{s}_h = \mathbf{p}_h'$ and $\mathbf{q}_h = \mathbf{r}_h'$. Then, analoguously to (3.11), the norm in V_h' is produced by $\mathbf{r}_h'$, i.e.

$$\|f_h\|_{h*} = \|\mathbf{r}_h' f_h\|_* . \tag{3.13}$$

Now the approximation $(V_h, \mathbf{p}_h, \mathbf{r}_h)$ of V is *convergent*, i.e.

$$\|u - \mathbf{p}_h \mathbf{r}_h u\|_m \to 0 \quad (h \to 0) \quad \forall u \in V,$$

and thence the approximation $(V_h', \mathbf{r}_h', \mathbf{p}_h')$ of V is also convergent [1],

$$\|f - \mathbf{r}_h' \mathbf{p}_h' f\|_* \to 0 \quad (h \to 0) \quad \forall f \in V'. \tag{3.14}$$

The discrete convergence of a sequence $\{f_h\}$, $f_h \in V_h$, to $f \in V$ is defined similarly to (3.12). It will be denoted by $f_h \xrightarrow{\mathbf{p}'} f$, and this is, due to (3.14), equivalent to $\mathbf{r}_h' f_h \xrightarrow{*} f$, where $\xrightarrow{*}$ denotes convergence in V'.

The F.E.M. approximation $\mathbf{A}_h(p)\colon V_h \mapsto V_h'$ of the given operator $\mathbf{A}(p)\colon V \mapsto V'$ is chosen as the so-called *inner approximation* [1],

$$\mathbf{A}_h(p) = \mathbf{s}_h \mathbf{A}(p)\, \mathbf{p}_h = \mathbf{p}_h' \mathbf{A}(p)\, \mathbf{p}_h . \tag{3.15}$$

Then the equation

$$\mathbf{A}_h(p)\, u_h = f_h \equiv \mathbf{p}_h' f \tag{3.16}$$

which is assumed to approximate equation (3.5) is equivalent to the variational problem

$$\mathbf{a}_h(p; u_h, v_h) \equiv \mathbf{a}(p; \mathbf{p}_h u_h, \mathbf{p}_h v_h) = \langle \mathbf{p}_h' f, v_h \rangle_h = \langle f, \mathbf{p}_h v_h \rangle \quad \forall v_h \in V_h . \tag{3.17}$$

4. Discrete convergences

In section 3 there have been introduced discrete convergences between V_h and V and similarly between its duals. They imply a discrete convergence for operators, too.

A sequence of operators $\mathbf{A}_h: V_h \mapsto V_h'$ *is said to be discretely convergent to a linear operator* $\mathbf{A}: V \mapsto V'$ *iff*

$$u_h \xrightarrow{\mathbf{R}} u \Rightarrow \mathbf{A}_h u_h \xrightarrow{\mathbf{P}'} \mathbf{A}u \quad (h \to 0),$$

denoted by $\mathbf{A}_h \to \mathbf{A}$.

It is not difficult to prove *the inner approximation* (3.15) *to be discretely convergent for any* $p \in \mathcal{G}$. Particularly, the approximation error

$$\gamma_h(p; u) \equiv \|\mathbf{A}_h(p)\, \mathbf{r}_h u - \mathbf{p}_h' \mathbf{A}(p)\, u\|_{h*}, \quad u \in V, \quad p \in \mathcal{G},$$

may be estimated in the following way:

$$\gamma_h(p; u) = \|\mathbf{r}_h' \mathbf{p}_h' \mathbf{A}(p)\, [\mathbf{p}_h \mathbf{r}_h u - u]\|_* \leqq C(p)\, \|\mathbf{P}_h u - u\|_m \quad (u \in V, p \in \mathcal{G}), \tag{4.1}$$

secause the operators $\mathbf{r}_h'$ and $\mathbf{p}_h'$ are bounded by 1 and $\mathbf{A}(p)$ is bounded by a conbtant depending only on p.

In solving operator equations, an important role plays the notion of regular discrete convergence.

A set $\{v_k\}$, $v_h \in V_h$, is said to be discretely $\mathbf{R}$-compact iff for any (infinite) subset of it there are a subsequence $h' \to 0$ and a $v \in V$ such that

$$v_{h'} \xrightarrow{\mathbf{R}} v.$$

The discrete $\mathbf{P}'$-compactness is defined similarly.

Now *the discrete convergence* $\mathbf{A}_h \to \mathbf{A}$ *is said to be regular iff the conditions*

$$\|v_h\|_h \leqq \text{const}, \quad \{\mathbf{A}_h v_h\} \quad \textit{is } \mathbf{P}'\textit{-compact}, \tag{4.2}$$

imply that

$$\{v_h\} \textit{ is } \mathbf{R}\textit{-compact}.$$

Theorem 4.1. *Under the assumptions* (A1), ..., (A5) *the discrete convergence of the inner approximation* (3.15) *is regular for any* $p \in \Lambda$.

Proof. (a) The first condition of (4.2) gives $\|v^h\|_m \leqq$ const, and hence there is a subsequence $h' \to 0$ such that

$$v^{h'} \xrightarrow{m} v \text{ and } v^{h'} \xrightarrow{s} v \quad (0 \leqq s < m) \tag{4.3}$$

for a certain element $v \in V$ ($\xrightarrow{m}$ denotes weak convergence in V). In order to simplify notation assume that $h \to 0$ denotes the subsequence mentioned above in the formuation. Hence we have the implication

$$\mathbf{p}_h v_h = v^h \xrightarrow{m} v \Rightarrow \mathbf{A}(p)\, v^h \xrightarrow{*} \mathbf{A}(p)\, v \quad (h \to 0), \quad p \in \mathcal{G}, \tag{4.4}$$

due to the boundedness of $\mathbf{A}(p), p \in \mathcal{G}$ ($\xrightarrow{*}$ denotes weak convergence in V'). On the other hand, from the second condition of (4.2) we have

$$\|\mathbf{p}_h' \mathbf{A}(p)\, v^h - \mathbf{p}_h' f\|_{h*} \to 0 \quad (h \to 0) \tag{4.5}$$

for a certain element $f \in V'$.

(b) Now it can be proved that the element f in (4.5) coincides with $\mathbf{A}(p)v$ of (4.4). Actually, the discrete convergence (4.5) is equivalent to the convergence

$$\mathbf{r}_h'\mathbf{p}_h'\mathbf{A}(p)\, v^h \xrightarrow{*} f \quad (h \to 0),$$

and then

$$\langle \mathbf{r}_h'\mathbf{p}_h'\mathbf{A}(p)\, v^h, w\rangle = \langle \mathbf{A}(p)\, v^h, \mathbf{p}_h\mathbf{r}_h w\rangle \to \langle f, w\rangle \quad (h \to 0)$$

for any $w \in V$. On the other hand, the convergence in the assertion of the implication (4.4) is equivalent to

$$\langle \mathbf{A}(p)\, v^h, w\rangle \to \langle \mathbf{A}(p)\, v, w\rangle \quad \forall w \in V \quad (h \to 0).$$

Using $\mathbf{p}_h\mathbf{r}_h = \mathbf{P}_h \to 1$ in V (cf. property (i)), the assertion (b) becomes clear.

(c) The convergence (4.5) is now equivalent to

$$\|\mathbf{r}_h'\mathbf{p}_h'\mathbf{A}(p)\, [v^h - v]\|_* \to 0 \quad (h \to 0),$$

thus it remains to prove that

$$\|\mathbf{r}_h'\mathbf{p}_h'\mathbf{A}(p)\, w^h\|_* \to 0 \quad (h \to 0) \tag{4.6}$$

($w^h \equiv v^h - v \in V$) yields $\|w^h\|_m \to 0$. From (4.6) the weak convergence in V' to zero follows, thence

$$\langle \mathbf{r}_h'\mathbf{p}_h'\mathbf{A}(p)\, w^h, w^h\rangle = \langle \mathbf{A}(p)\, w^h, \mathbf{p}_h\mathbf{r}_h w^h\rangle \to 0 \quad (h \to 0).$$

Now $\mathbf{p}_h\mathbf{r}_h w^h - w^h = v - \mathbf{P}_h v \xrightarrow{m} 0$ such that

$$\langle \mathbf{A}(p)\, w^h, w^h\rangle = \mathbf{a}(p; w^h, w^h) \to 0 \quad (h \to 0).$$

The remaining conclusion can be made by the help of GÅRDING's inequality together with (4.3).

5. F.E.M. solution

The F.E.M. approximation of equation (3.5) leads to the finite dimensional equation (3.16), and this is an equation with a matrix nonlinearly depending on a complex parameter $p \in \mathcal{G}$.

(A6) The operator-function $\mathbf{A}(\cdot): \mathcal{G} \mapsto \mathcal{L}(V, V')$ is *holomorphic*, i.e. for any $u, v \in V$ the scalar function

$$\mathbf{a}(\cdot\,; u, v): \mathcal{G} \mapsto \mathbb{C}$$

is a holomorphic one.

In the special case of the problem described in section 2, the operator function $\mathbf{A}(\cdot)$ is a polynomial, then the matrix-function $\mathbf{A}_h(\cdot): \mathcal{G} \mapsto \mathcal{L}(V_h, V_h')$ is a lambda-matrix [5]. If $\mathbf{A}$ is, in general, a holomorphic operator-function, it may be approximated by a polynomial operator-function such that in any case the matrix operator $\mathbf{A}_h(\cdot)$ of (3.16) is a lambda-matrix.

The general solution of the equation (3.16) for any value of p not belonging to the spectrum $\sigma(\mathbf{A}_h)$ of the lambda-matrix $\mathbf{A}_h(\cdot)$ requires evaluation of all eigenvalues $p_k \in \sigma(\mathbf{A}_h)$, cf. [5]. Then the solution is expressed as a series of the form

$$u_h = u_h(p) = \sum_{p_k \in \sigma(\mathbf{A}h)} (p - p_k)^{-1} F_k f_h$$

with certain matrices F_k. Now the inverse Laplace transform is easily applied and gives an approximation to the time-dependent solution of the initial-boundary value problem stated in section 2.

In order to assure the convergence as $h \to 0$, one has to estimate eigenvalues and eigenvectors of the equation (3.16) against (3.5). This can be done by a general theorem of Vainikko [12].

The following assumptions on the original operator-function are required.

(A7) There is at least one $p_0 \in \Lambda$ such that the operator $\mathbf{A}(p_0)^{-1}$ exists on V' and is bounded (this will be denoted by $p_0 \in \varrho(\mathbf{A})$).

(A8) For any compact subset Λ_0 in Λ

$$\max_{p \in \Lambda_0} \|\mathbf{A}(p)\| = \max_{p \in \partial \Lambda_0} \|\mathbf{A}(p)\| < \infty .$$

Theorem 5.1. [12] *Under the assumptions* (A1), ..., (A8) *the following assertions hold.*

(i) *Any* $p_0 \in \Lambda \setminus \varrho(\mathbf{A}) \equiv \sigma(\mathbf{A})$ *is an isolated eigenvalue of* $\mathbf{A}(\cdot)$, *i.e. there exists a non-zero element* $x^0 \in V$, $\mathbf{A}(p_0)\, x^0 = 0$, *and the dimension of* $\ker \mathbf{A}(p_0)$ *is finite. Limit points of* $\sigma(\mathbf{A})$ *are possible only on* $\partial\Lambda$.

(ii) *For any* $p_0 \in \sigma(\mathbf{A})$ *there is a sequence* $p_h \in \sigma(\mathbf{A}_h)$ $(h < h_0)$ *such that* $p_h \to p_0$ $(h \to 0)$.

(iii) *If* $p_h \in \sigma(\mathbf{A}_h)$ *and* $p_h \to p_0 \in \Lambda$ $(h \to 0)$, *then* $p_0 \in \sigma(\mathbf{A})$.

(iv) *For* $p_0 \in \sigma(\mathbf{A})$, $p_h \in \sigma(\mathbf{A}_h)$ $(h < h_0)$ *let* $p_h \to p_0$ $(h \to 0)$. *Then there is a sequence of normed eigenvectors* $x_h{}^0$,

$$\|x_h{}^0\|_h = 1\,, \quad \mathbf{A}_h(p_h)\, x_h{}^0 = 0 \quad (h < h_0)\,,$$

such that $\{x_h{}^0\}$ *is* $\mathbf{R}$*-compact, and its limit-points* x^0 *are normed eigenfunctions of* $\mathbf{A}(\cdot)$ *to* p_0,

$$\|x^0\|_m = 1\,, \quad \mathbf{A}(p_0)\, x^0 = 0\,.$$

(v) *Let* $\mathcal{M} = \mathcal{M}(\mathbf{A}, p_0)$ *denote the root space of* $\mathbf{A}(\cdot)$ *to* $p_0 \in \sigma(\mathbf{A})$ *and* $d = d(\mathbf{A}, p_0)$ *be the highest degree of all eigenvectors* x^0 *to* p_0 *of* $\mathbf{A}(\cdot)$. *Then for any sufficiently small positive number* δ *there is a constant* C *depending on* δ *and* p_0 *such that*

$$|p_h - p_0| \leqq C \varepsilon_h{}^{1/d}\,,$$

$$\inf_{x^0 \in \ker \mathbf{A}(p_0)} \|x_h{}^0 - \mathbf{r}_h x^0\| \leqq C \varepsilon_h{}^{1/d}\,,$$

where the error ε_h is given by

$$\varepsilon_h \equiv \max_{|p-p_0|<\delta} \max_{x\in\mathcal{M},\|x\|_m=1} \gamma_h(p;x)$$

(cf. equation (4.1)). *If, in particular, $d(\mathbf{A}, p_0) = 1$, i.e. the eigenvalue is simple, then ε_h may be taken with $\delta \to 0$ such that in that case*

$$\varepsilon_h \equiv \max_{x^0\in\ker\mathbf{A}(p_0),\|x^0\|_m=1} \gamma_h(p_0;x^0).$$

As a brief summary, using (4.1), it may be stated that eigenvalues and eigenvectors of $\mathbf{A}(\cdot)$ can be approximated by eigenvalues and eigenvectors of F.E.M. approximation $\mathbf{A}_h(\cdot)$, where the error has the same order as $\|\mathbf{P}_h x - x\|_m$, $x \in \mathcal{M}$. If (A1) is fulfilled with a certain $\varkappa \geqq 0$, then well-known regularity theorems [8] yield $\mathcal{M} \subset H^s(\Omega)$ with $s = 2m + \varkappa \geqq 2m$. Then in view of (3.9) ($k + 1 = 2m + \varkappa$)

$$\|\mathbf{P}_h x - x\|_m = O(h^{m+\varkappa}), \quad x \in \mathcal{M},$$

provided the interpolation accuracy of used finite elements is sufficiently high.

It is worth noting that there is no difference in the order of convergence between eigenvalues and eigenvectors as it is a well-known fact for the linear case [7].

Acknowledgment. The authors are indebted to several organizations which make possible the joint work on this subject, and they wish to thank especially Prof. J. Brilla and Prof. V. Friedrich for supplying them in all phases.

References

[1] Aubin, J. P., Approximation of elliptic boundary-value problems. Wiley-Interscience, New York—London—Sydney—Toronto 1972 (Russ. transl. ,,Мир'', Москва 1977).

[2] Brilla, J., A generalization of finite element method to dynamic visco-elastic analysis. Proc. 2nd Conf. Math. of Finite Elements and Applic. 1975, Academic Press, New York 1977.

[3] Brilla, J., S. Lichardus and A. Némethy, The generalization of the finite element method for the solution of visco-elastic two-dimensional problems. In: Proc. of Symp. "Mechanics of visco-elastic media and bodies", Gothenburg 1974, Springer Verlag, Berlin—Heidelberg—New York 1975, p. 229—241.

[4] Donaldson, T., A Laplace transform calculus for partial differential operators. Mem. Amer. Math. Soc. 143 (1974).

[5] Lancaster, P., Lambda-matrices and vibrating systems. Pergamon Press, Oxford 1966.

[6] Lions, J. L., et E. Magenes, Problèmes aux limites non homogènes et applications. vol. 1, Dunod, Paris 1968 (Russ. transl. ,,Мир'', Москва 1971).

[7] Michlin, S. G., Approximation auf dem kubischen Gitter. Akademie-Verlag, Berlin 1976 (Übersetzung aus dem Russischen).

[8] Mizohata, S., Теория уравнений с частными производными. ,,Мир'', Москва 1977 (Transl. from Japanese).

[9] Némethy, A., Решение дифференциальных уравнений параболического типа методом конечных элементов. Banach Centre Publs., vol. 3, Warszawa 1977, p. 175—182.

[10] Némethy, A., A generalization of the finite element method to quasihyperbolic partial differential equations. (to appear)

[11] ODEN, J. T., and J. N. REDDY, An introduction to the mathematical theory of finite elements. John Wiley and Sons, New York—London—Sydney—Toronto 1976.
[12] VAINIKKO, G. M., Funktionalanalysis der Diskretisierungsmethoden. Teubner-Texte zur Mathematik, BSB B. G. Teubner Verlagsgesellschaft, Leipzig 1976.

Manuskripteingang: 2. 3. 1979

VERFASSER:

Dr. rer. nat. REINHARD LEHMANN, Sektion Mathematik der Technischen Hochschule Karl-Marx-Stadt

RNDr. ĽUBOR MALINA, CSc., und RNDr. ALOJZ NÉMETHY, CSc., Ústav aplikovanej matematiky a výpočtovej techniky Univerzity Komenského Bratislava

Beiträge zur Numerischen Mathematik
9 (1981), 213–239

On the convergence of multi-grid iterations

Wolfgang Hackbusch

Abstract. Multi-grid methods can be applied to linear and nonlinear boundary value problems. These iterations are fast since usually the rate of convergence is bounded by a constant less than one independent of the grid size. For special problems and special discretizations there are somewhat complex proofs of convergence. Here we try to give a more transparent proof. The criteria of convergence are verified for the discretization of general boundary value problems by finite element methods.

Subject Classification. AMS (MOS): 65F10, 65N20, 65N30; CR: 5.17

1. Introduction

Multi-grid iterations for solving boundary value problems are described by many authors (cf. Fedorenko [9], Bachvalov [5], Astrachancev [1], Brandt [7], Hackbusch [11, 13], Nicolaides [25, 26], Bank and Dupont [6], Wesseling [28]). These fact methods can be applied to a very general class of problems. Numerical results of multi-grid methods are reported, e.g., in [7, 13].

Proofs of convergence are given in [1, 5, 6, 9, 25, 28]. All papers study different cases. Either the boundary value problems or the applied variants of the multi-grid iteration differ. In this paper we propose a more general concept of the proof of convergence. In detail we study the case of finite element equations (i.e., equations arising from a discretization by some finite element method). This proof contains the case considered in [25, 26]. It proves convergence even in the case of less regular, non-symmetric or indefinite problems. Thus, the case of re-entrant boundaries is inclosed. Moreover, the behaviour of the rate of convergence as reported in [13] can be explained. The discretization matrix of a difference scheme often coincides with the stiffness matrix of a finite element method. In this case the convergence of the multi-grid iteration for finite element equations implies the convergence of the multi-grid iteration applied to difference schemes, too.

Section 2 contains the description of three multi-grid iterations. We are mainly interested in the first iteration (*MGM* and pre-version *OSM*). The second method (*RNI*) is a repeated application of the "nested iteration". The extension of the first iteration to nonlinear problems yields the third one (*NMGM*).

In order to obtain a transparent proof of convergence, the proof is shown by two steps. First we characterize the convergence by few conditions (Section 3). It is shown that the assumptions of the one-stage method *OSM* are almost sufficient for proving convergence of *MGM* (as already mentioned in [11]). Section 3.5 points out that the iteration *RNI* requires stronger conditions than *MGM*. In Section 3.6 the convergence of the nonlinear multi-grid method is demonstrated under weak assumptions on the nonlinear equation. Finally, the amount of computational work is discussed in Section 3.7. Usually, for obtaining an approximation of the order of the discretization error the work is proportional to the number of unknowns.

Although the conditions of Section 3 are very natural, they are not easily to verify. In Section 4 they are proved in the case of finite element equations. Section 5 shows that the convergence proofs or other authors can be interpreted by the conditions of Section 3.

It follows a list of symbols having a fixed meaning throughout this paper. The symbols are defined in the subsection mentioned in brackets.

List of symbols. α (3.2); B (4.1); $C_0(\nu)$ (3.2); $\mathscr{F}_l, \tilde{f}_{l-1}$ (2.6); $\mathscr{G}_l$ (2.2, 2.6, 4.8); G_l (2.2); γ (2.3); h_l (2.1); $\mathscr{H}^0, \mathscr{H}^{\pm 1}, \mathscr{H}_l$ (4.1); $\mathscr{H}^s$ (4.3); l, L, L_l (2.1); λ_0 (4.2); m (4.8); *MGM* (2.3); $M_l^{OSM}, \hat{M}_l^{OSM}$ (3.2); $M_l^{MGM}, \hat{M}_l^{MGM}$ (3.3); $\hat{M}_l^{RNI}$ (3.5); *NMGM* (2.6); ν (2.2); $\nu_{\max}(h)$ (3.2); ω_l (4.8); P_l (4.1); $\hat{P}_l$ (4.5); $p_{l,l-1}$ (2.2, 4.5); $\tilde{p}_{l,l-1}$ (2.4); $\hat{p}_{l,l-1}$ (3.3, 4.5); ϕ_l (2.6); $r_{l-1,l}$ (2.2); $\hat{r}_{l-1,l}$ (3.3, 4.5); R_l (4.4); $\hat{R}_l$ (4.5); *RNI* (2.5); ϱ_l (2.6); S (4.2); $S_l, \tilde{S}_l, \sigma_l$ (4.4, 4.8); $\sigma_l^{(i)}$ (2.6); T (4.2); T_l (4.4); $\tilde{u}_{l-1}$ (2.6); $\mathscr{U}_l$ (3.6); U (4.2); U_l (4.4); V_l (2.1). The following special norms are defined: $\|\cdot\|_1, \|\cdot\|_2, \|\cdot\|_{i,j}$ (3.1); $\|\cdot\|, |\cdot|_s$ (4.6).

2. The multi-grid algorithm

2.1. *The sequence of discrete problems*

According to the name "multi-grid method" we consider a decreasing sequence of "step sizes" h_l ($l = 0, 1, \ldots$):

$$h_0 > h_1 > h_2 > \cdots > h_l > \cdots \quad (l\text{: "level number"}). \tag{2.1}$$

A given abstract linear problem

$$Lu = f \tag{2.2}$$

is to be discretized for all step widths h_l:

$$L_l u_l = f_l \quad (l \geqq 0). \tag{2.3}$$

In the case of nonlinear problems we write

$$L(u) = 0. \tag{2.2'}$$

The discretizations of (2.2′) are denoted by

$$L_l(u_l) = 0. \tag{2.3'}$$

The solution u_l of (2.3) [or (2.3')] as well as the right-hand side f_l of (2.3) belong to a finite dimensional vector space V_l. In the case of (2.3) the inverse of the mapping

$$L_l: V_l \to V_l$$

is assumed to exist. (2.3') may have more than one solution. In the sequel we assume that the domain of L_l is restricted to a neighbourhood of only one solution u_l of (2.3').

2.2. *The one-stage methode* (*Linear case*)

The one-stage method (or two-level method) is a pre-version of the multi-grid method. It uses only two grid sizes h_l and h_{l-1} ($l > 0$). The one-stage method as well as the multi-grid algorithm are iterative processes. Each iteration is a combination of two steps — of a *smoothing step* and of a *correction step*. The latter one uses coarser grid sizes. Therefore, grid functions of V_l must be connected with grid functions of V_{l-1}. We need a *prolongation*

$$p_{l,l-1}: V_{l-1} \to V_l \quad \text{(linear, injective)}$$

and a *restriction*

$$r_{l-1,l}: V_l \to V_{l-1} \quad \text{(linear, surjective).}$$

Examples are given in Section 4.5 and Section 5.

The smoothing step consists of ν iterations of a smoothing procedure, where ν is a fixed positive number. In practice relaxation (Gauß-Seidel iteration) is often used for smoothing (cf. [7, 13]). In Section 4.8 we shall discuss a smoothing procedure similar to the Jacobi iteration.

We denote the smoothing procedure by the mapping

$$v_l \mapsto \mathscr{G}_l(v_l, f_l) = G_l v_l + H_l f_l \quad (v_l, f_l \in V_l), \tag{2.4}$$

where the matrices G_l and H_l satisfy $L_l = H_l^{-1}(I - G_l)$, i.e.,

$$\mathscr{G}_l(u_l, f_l) = u_l \quad \text{for } u_l = L_l^{-1} f_l \quad (f_l \in V_l). \tag{2.5}$$

The name "smoothing procedure" is justified by the requirements (3.1a, b) of Section 3.2.

The one-stage iteration is started by some $u_l^{(0)} \in V_l$. Assume that the ith iterate $u_l^{(i)}$ is already computed.

Smoothing step. ν applications of the smoothing procedure (2.4) map $u_l^{(i)}$ into $u_l^{(i+1/2)}$:

$$\begin{aligned} &v_l^{(0)} := u_l^{(i)}; \quad v_l^{(k+1)} := \mathscr{G}_l(v_l^{(k)}, f_l) \quad (k = 0, 1, \ldots, \nu - 1), \\ &u_l^{(i+1/2)} := v_l^{(\nu)}. \end{aligned} \tag{2.6a}$$

Correction step. The exact correction

$$u_l^{(i+1/2)} - u_l = L_l^{-1} d_l, \quad \text{where} \quad d_l := L_l u_l^{(i+1/2)} - f_l,$$

is approximated by

$$p_{l,l-1}L_{l-1}^{-1}r_{l-1,l}d_l.$$

Hence, the new iterate $u_l^{(i+1)}$ is defined by

$$u_l^{(i+1)} = u_l^{(i+1/2)} - p_{l,l-1}L_{l-1}^{-1}r_{l-1,l}(L_l u_l^{(i+1/2)} - f_l). \tag{2.6b}$$

2.3. *The multi-grid method* (*Linear case*)

In (2.6b) the exact solving of the linear equation $L_{l-1}v_{l-1} = g_{l-1} := r_{l-1,l}(L_l u_l^{(i+1/2)} - f_l)$ is required. If $l > 1$, v_{l-1} can be approximated by a fixed number of iterations of the one-stage methode (applied with $l-1$, $l-2$ instead of $l, l-1$). A further recursive application of the one-stage algorithm on the levels $l-2, l-3, \ldots$ yields the multi-grid method.

The complete definition of the multi-grid iteration is given by the following procedure *MGM*, that performs one iteration $u_l^{(i)} \mapsto u_l^{(i+1)}$. It uses the positive numbers ν and γ:

ν: number of iterations of the smoothing procedure,[1])

γ: number of *MGM*-iterations on the lower level.

```
procedure MGM(l, u, f); integer l; array u, f;
comment l: actual level number,
        u: input; u_l^(i), output: u_l^(i+1),
        f: right-hand side of Eq. (2.3) to be solved;
if l = 0 then u := L_0^-1 * f_0 else
begin integer j; array v, d;                                   (2.7)
    for j := 1 step 1 until ν do u := 𝒮_l(u, f);
    d := r_{l-1,l} * (L_l * u - f);   v := 0;
    for j := 1 step 1 until γ do MGM(l - 1, v, d);
    u := u - p_{l,l-1} * v
end MGM;
```

The exact solving of $L_0 u_0 = f_0$ by $u := L_0^{-1} * f_0$ can often be replaced with the smoothing step (compare approximation $\tilde{\Phi}_0(u_0, f_0)$ in Section 2.5).

2.4. *The nested iterations*

In order to solve $L_l u_l = f_l$, the multi-grid iteration can be applied on the starting value $u_l^{(0)} = 0$ yielding $u_l^{(i)}$ for a suitable iteration number i. Another approach is the nested iteration (cf. [7, 21]) that produces good starting values. We describe the

---

[1]) We assume ν to be fixed. Other authors (cf., e.g. [7]) use a posteriori determinations of the iteration number. As long as the number belongs to the interval $[\nu, \nu_{\max}(h_l)]$, the theorems of this paper remain valid.

method by the following programme:

$$
\begin{aligned}
&u_0 := L_0^{-1} * f_0;\\
&\textbf{for } k := 1 \textbf{ step } 1 \textbf{ until } l \textbf{ do}\\
&\textbf{begin } u_k := \tilde{p}_{k,k-1} * u_{k-1};\\
&\qquad \textbf{for } j := 1 \textbf{ step } 1 \textbf{ until } i \textbf{ do } MGM(k, u_k, f_k)\\
&\textbf{end} \text{ of nested iteration;}
\end{aligned}
\tag{2.8}
$$

Again, $\tilde{p}_{k,k-1}: V_{k-1} \to V_k$ denotes a prolongation. It may coincide with the prolongation $p_{k,k-1}$ of the multi-grid iteration or it may be a more accurate interpolation than $p_{k,k-1}$. Another possibility is the determination of a starting value $u_k^{(0)}$ from u_{k-1} and u_{k-2} by means of extrapolation to $h = h_k$ as proposed by Kronsjö and Dahlquist [21]. The algorithm (2.8) depends on the integer i. A suitable choice of this iteration number is discussed in Section 3.4.

Note that the algorithm (2.8) computes more than the solution u_l. It produces the complete sequence $\{u_0, u_1^{(i)}, u_2^{(i)}, \ldots, u_l^{(i)}\}$ of solutions that can be used for estimating the discretization error and for extrapolation to the limit.

2.5. *The repeated nested iteration*

The following iteration can be obtained from (2.7) by setting $\gamma = 1$ and performing the smoothing step after the correction step. In Brandt's paper [7] *MGM* is called "*Cycle C*" while the following iteration corresponds to "*Cycle A*".

The procedure *RNI* defines the iteration. Each iteration step of *RNI* contains the nested iteration (2.8) with *MGM* and f_k replaced by $\mathscr{G}_k$ and $r_{k,l}(L_l u_l^{(i)} - f_l)$.

$$
\begin{aligned}
&\textbf{procedure } RNI(l, u, f);\ \textbf{integer } l;\ \textbf{array } u, f;\\
&\qquad \textbf{begin integer } j, k;\ \textbf{array } g[0:l], v;\\
&\qquad g[l] := L_l * u - f;\\
&\qquad \textbf{for } k := l \textbf{ step } -1 \textbf{ until } 1 \textbf{ do } g[k-1] := r_{k-1,k} * g[k];\\
&\qquad v := L_0^{-1} * g[0];\\
&\qquad \textbf{for } k := 1 \textbf{ step } 1 \textbf{ until } l \textbf{ do}\\
&\qquad \textbf{begin } v := p_{k,k-1} * v;\\
&\qquad \textbf{for } j := 1 \textbf{ step } 1 \textbf{ until } \nu \textbf{ do } v := \mathscr{G}_k(v, g[k])\\
&\qquad \textbf{end} \text{ smoothing on the level } k;\\
&\qquad u := u - v\\
&\textbf{end } RNI \text{ mapping } u_l^{(i)} \text{ into } u_l^{(i+1)};
\end{aligned}
\tag{2.9}
$$

As well as *MGM* the procedure *RNI* may be used in the nested iteration (2.8) (with *RNI* instead of *MGM*).

2.6. *The nonlinear multi-grid algorithm*

Instead of (2.3′) we consider the perturbed nonlinear system

$$L_l(u_l) = f_l \quad (f_l \in \mathscr{F}_l, l \geqq 0), \tag{2.10}$$

where f_l varies on a neighbourhood $\mathscr{F}_l \subset V_l$ of zero.[1]) The set $\mathscr{F}_l$ is assumed to contain a sphere of radius ϱ_l:

$$\{f_l: \|f_l\|_1 \leqq \varrho_l\} \subset \mathscr{F}_l \subset V_l^2.$$

$\|\cdot\|_1$ is a norm defined on V_l and discussed in detail in the following section. We require that an inverse mapping of $L_l(\cdot)$ exist on $\mathscr{F}_l$:

$$u_l = \phi_l(f_l) \quad (f_l \in \mathscr{F}_l, l \geqq 0).$$

The smoothing procedure is denoted by the same symbol as in the linear case:

$$v_l \mapsto \mathscr{G}_l(v_l, f_l) \quad (l \geqq 0),$$

where $\mathscr{G}_l(u_l, f_l) = u_l$ must hold for the solution $u_l = \phi_l(f_l)$ of (2.10).

The one-stage iteration for solving (2.10) consists of the smoothing step

$$v_l^{(0)} := u_l^{(i)}; \quad v_l^{(k+1)} := \mathscr{G}_l(v_l^{(k)}, f_l) \quad (0 \leqq k < \nu); \quad u_l^{(i+1/2)} := v_l^{(\nu)} \tag{2.11a}$$

and the correction step

$$u_l^{(i+1)} := u_l^{(i+1/2)} - p_{l,l-1}[\phi_{l-1}(\tilde{f}_{l-1} + \sigma^{(i)} \cdot r_{l-1,l}d_l) - \tilde{u}_{l-1}]/\sigma_l^{(i)}, \tag{2.11b}$$

where

$$\tilde{f}_{l-1} = L_{l-1}(\tilde{u}_{l-1}), \quad d_l = L_l(u_l^{(i+1/2)}) - f_l. \tag{2.11c}$$

Here, $\tilde{u}_{l-1}$ is an approximation of $u_{l-1} = \phi_{l-1}(0)$. A suitable choice of the scaling factor $\sigma_l^{(i)}$ guarantees that the argument of ϕ_{l-1} belongs to $\mathscr{F}_{l-1}$. Assuming $\|\tilde{f}_{l-1}\|_1 \leqq \varrho_{l-1}/2$ we may choose

$$\sigma_l^{(i)} = \varrho_{l-1}/[2\,\|r_{l-1,l}d_l\|_1]. \tag{2.11d}$$

If the norm vanishes, $u_l^{(i+1)}$ does not depend on $\sigma_l^{(i)}$.

The nonlinear multi-grid algorithm requires an approximation $\tilde{\phi}_0(v_0, f_0)$ of the inverse mapping $\phi_0(f_0)$. A possible choice of $\tilde{\phi}_0$ is $\tilde{\phi}_0(v_0, f_0) = \mathscr{G}_0(v_0, f_0)$. We define the algorithm by the following procedure *NMGM*.

procedure $NMGM(l, u, f)$; **integer** l; **array** u, f;
comment l: actual level number,
  u: input: $u_l^{(i)}$, output: $u_l^{(i+1)}$,
  f: right-hand side of Eq. (2.10);
if $l = 0$ **then** $u := \tilde{\phi}_0(u, f_0)$ **else** (2.12)
begin integer j; **real** s; **array** v, d;
  for $j := 1$ **step** 1 **until** ν **do** $u := \mathscr{G}_l(u, f)$;
  $d := r_{l-1,l} * (L_l(u) - f)$;

[1]) More generally $\{f_l: \|\hat{f}_l - f_l\|_1 \leqq \varrho_l\} \subset \mathscr{F}_l \subset V_l$ is sufficient, where $\hat{f}_l \in \mathscr{F}_l$ is approximated by $\tilde{f}_l$ appearing in (2.12).

$$
\begin{aligned}
&\quad s := \|d\|_1;\ s := \textbf{if } s = 0 \textbf{ then } 1 \textbf{ else } \varrho_{l-1}/(2 * s);\\
&\quad d := \tilde{f}_{l-1} + s * d; \quad v := \tilde{u}_{l-1};\\
&\quad \textbf{for } j := 1 \textbf{ step } 1 \textbf{ until } \gamma \textbf{ do } NMGM(l-1, v, d); \qquad (2.12)\\
&\quad u := u - p_{l,l-1} * (v - \tilde{u}_{l-1})/s\\
&\textbf{end } NMGM \text{ (nonlinear multi-grid method)};
\end{aligned}
$$

There are two possibilities of choosing $\tilde{u}_{l-1}$. We may apply the nested iteration of the foregoing subsection. Then $\tilde{u}_{l-1}$ is chosen as last iterate $u_{l-1}^{(i)}$ on the level $l-1$. In this case $\tilde{u}_{l-1}$ is fixed during the following computations. $\tilde{f}_{l-1}$ is to be computed once for all. In this case $\mathscr{F}_k$ $(0 \leqq k \leqq l)$ must be neighbourhoods of zero. Note that the nested iteration produces good starting values $u_l^{(0)}$ $(l > 0)$ as needed by *NMGM*.

The nonlinear multi-grid iteration can also be used without the nested iteration. Let $u_l^{(0)}$ be any given approximation of u_l. Then $\tilde{u}_{l-1} = r_{l-1,l}u_l^{(0)}$, $\tilde{u}_k = r_{k,k+1}\tilde{u}_{k+1}$ $(0 \leqq k < l-1)$ are possible choices of $\tilde{u}_k$ $(0 \leqq k < l)$ provided that $\tilde{f}_k \in \mathscr{F}_k$. Hence, $\mathscr{F}_k$ $(0 \leqq k < l)$ must be a neighbourhood (cf. footnote on p. 218) of $L_k(r_{k,l}u_l)$, where $r_{k,l} = r_{k,k+1} \cdots r_{l-1,l}$. During this iteration $\tilde{u}_k$ can be improved by setting $\tilde{u}_k := r_{k,l}u_l^{(i)}$. In this case the computation of $\tilde{f}_k$ must be repeated.

The following note shows *NMGM* to be the natural generalization of the procedure *MGM*.

Note 2.1. *If $L_l(\cdot)$ is an affine mapping and if $\tilde{\phi}_0(v_0, f_0) = \phi_0(f_0)$, then the procedures NMGM and MGM are equivalent for any choice of ϱ_k and $\tilde{f}_k$ $(k < l)$.*

2.7. *Multi-grid methods for singular problems and eigenvalue problems*

First we consider the case of a boundary value problem with a solution determined up to a constant.

Example. Let $Lu = f$ be the Neumann problem

$$-\Delta u = f_\Omega \text{ in } \Omega, \quad \partial u/\partial n = f_\Gamma \text{ on } \Gamma, \quad \int_\Gamma f_\Gamma \, d\Gamma = \int_\Omega f_\Omega \, dx.$$

For a natural choice of L_l, $p_{l,l-1}$, and $r_{l-1,l}$ there is a grid function $e_l \in V_l$ with constant value one such that $L_le_l = 0$, $e_l = p_{l,l-1}e_{l-1}$, and $e_{l-1} = r_{l-1,l}e_l$ hold. Then the assumptions of the following note are fulfilled. This note allows us to use the iteration (2.7) without any projection mapping.

Note 2.2. *Assume that zero is a single eigenvalue of the matrix L_l. Let e_l and e_l^* be the eigenvectors of L_l and the adjoint matrix, respectively: $L_le_l = L_l^*e_l^* = 0$. Then the problem $L_lu_l = f_l$ is well-posed if $e_l^* \perp f_l$, i.e., the system is regular if L_l is considered as a mapping from V_l' onto V_l', where $V_l' = \{e_l^*\}^\perp$. Define $p'_{l,l-1}$ and $r'_{l-1,l}$ by $p'_{l,l-1} = Q_lp_{l,l-1}$ and $r'_{l-1,l} = Q_{l-1}r_{l-1,l}$, where Q_l is the projection*

$$Q_lv_l = v_l - e_l \cdot (e_l^*, v_l)/(e_l^*, e_l).$$

Assume that the iteration (2.7) converges if $p'_{l,l-1}$ and $r'_{l-1,l}$ are used. Under the conditions

$$p_{l,l-1}e_{l-1} = \varrho \cdot e_l, \quad r_{l-1,l}e_l = \varrho' \cdot e_{l-1} \quad (l \geqq 1;\ \varrho, \varrho' \in \mathbb{C})$$

(i.e., $p'_{l,l-1}(I - Q_{l-1}) = 0$, $r'_{l-1,l}(I - Q_l) = 0$) also the iteration (2.7) with $p_{l,l-1}$ and $r_{l-1,l}$ converges modulo $\{e_l\}$, i.e., $Q_l(u_l^{(i)} - u_l) \to 0$.

More general singular problems

$$L_l(\lambda)\,u_l = f_l \tag{2.14}$$

arise from the computation of eigenvalues λ_l and eigenvectors e_l of the matrix function $L_l(\lambda)$:

$$L_l(\lambda_l)\,e_l = 0, \quad e_l \neq 0. \tag{2.15}$$

The combined treatment of the problems (2.14) and (2.15) by means of a multi-grid method is described in [14]. Compare also [2].

2.8. *The multi-grid iteration of the second kind*

The conditions of convergence given in Section 3 are accommodated to boundary value problems, i.e., the operator L of (2.2) is assumed to be a differential operator (possibly combined with a boundary operator). L maps functions of a space with a finer topology onto a function space with a coarser topology.

If $L = L' - L''$ (L'': lower order term), Eq. (2.2) becomes $u = Ku + \tilde{f}$, where $K = L'^{-1}L''$ and $\tilde{f} = L'^{-1}f$. The multi-grid iteration of the second kind can be applied to (2.2) and (2.3) with $L = I - K$ and $L_l = I - K_l$ if K maps into a space with *finer* topology. The smoothing procedure is $\mathscr{G}_l(v_l, f_l) = K_l v_l + f_l$. Although the algorithm is of the form (2.7), the considerations of Section 3 cannot be applied without change. A possible change is the following one. Replace $C_0(\nu)\,h_l^{-\alpha}$ in (3.1a) by C for a *fixed* value $\nu \geqq 1$, whereas (3.2) is still assumed with $\alpha > 0$. Then the proofs of the theorems of Section 3 show that the rate of convergence is proportional to h_l^α tending to zero.

Several linear and nonlinear problems (e.g. integral equations, parabolic control problems, boundary value problems) of the form $u_l = K_l u_l + f_l$ or $u_l = K_l(u_l)$ are studied in [15, 16, 17].

3. Conditions implying convergence

3.1. *Vector norms on V_l and matrix norms*

In the following we shall formulate conditions involving two norms $\|\cdot\|_1$ and $\|\cdot\|_2$ of V_l. We use the same notation $\|v\|_1$ for arguments $v \in V_l$ and $v \in V_k$ ($l \neq k$). Note that the norms $\|\cdot\|_1$ and $\|\cdot\|_2$ are not necessarily different. In the simplest case both norms are the Euclidean norm of V_l (cf. Theorem 4.12a). Quite different choices are mentioned in Section 5.

Let $A\colon V_l \to V_k$ be any linear mapping from V_l into V_k. The matrix norms $\|A\|_{1,1}$, $\|A\|_{1,2}$, $\|A\|_{2,1}$, $\|A\|_{2,2}$ are defined by

$$\|A\|_{i,j} = \sup\,\{\|Av_l\|_j/\|v_l\|_i\colon v_l \in V_l \text{ and } v_l \neq 0\} \quad (i, j = 1, 2).$$

3.2. *Convergence of the one-stage iteration*

The smoothing property is expressed by (3.1a) with some $\alpha \geqq 0$:

$$\|L_l G_l^\nu\|_{2,1} \leqq C_0(\nu)\, h_l^{-\alpha} \quad \text{for all} \quad 0 \leqq \nu \leqq \nu_{\max}(h_l), \quad l \geqq 0, \tag{3.1a}$$

where the function $C_0(\nu)$ monotonously tends to zero, while $\nu_{\max}(h)$ is a decreasing function of h with $\lim\limits_{h\to 0} \nu_{\max}(h) = \infty$:

$$C_0(\nu) \searrow 0 \quad \text{as} \quad \nu \to \infty, \quad \nu_{\max}(h) \nearrow \infty \quad \text{as} \quad h \searrow 0. \tag{3.1b}$$

G_l is the iteration matrix of the smoothing procedure $\mathscr{G}_l$ (cf. (2.4)). Note that $C_0(\nu)$ does not depend on h_l. If (3.1a) holds for all ν, take $\nu_{\max} := \infty$.

Note 3.1. *L_l and G_l can often be split into $L_l^{\mathrm{I}} + L_l^{\mathrm{II}}$ and $G_l^{\mathrm{I}} + G_l^{\mathrm{II}}$ such that*

$$\|L_l^{\mathrm{I}}(G_l^{\mathrm{I}})^\nu\|_{2,1} \leqq C_0^{\mathrm{I}}(\nu)\, h_l^{-\alpha} \quad \textit{for all} \quad \nu \geqq 0, \quad C_0^{\mathrm{I}}(\nu) \searrow 0 \quad (\nu \to \infty) \tag{3.1a}$$

and

$$\|L_l^{\mathrm{II}}\|_{2,1} \leqq C h_l^{\beta-\alpha}, \quad \|G_l^{\mathrm{I}}\|_{2,2} \leqq C, \quad \|G_l^{\mathrm{II}}\|_{2,2} \leqq C h_l^\beta \quad (\beta > 0) \tag{3.1a''}$$

hold. Then (3.1a) *is valid with $C_0(\nu) = 2C_0^{\mathrm{I}}(\nu)$ and $\nu_{\max}(h)$ such that*

$$C^{\nu+1}[(1 + h_l^\beta)^{\nu+1} - 1] \leqq C_0^{\mathrm{I}}(\nu) \quad \textit{for } \nu \leqq \nu_{\max}(h_l).$$

The desired property of the correction step is (3.2) with α from (3.1a):

$$\|L_l^{-1} - p_{l,l-1} L_{l-1}^{-1} r_{l-1,l}\|_{1,2} \leqq C h_{l-1}^\alpha \quad \text{for } l \geqq 1. \tag{3.2}$$

Here and in the following C is a generic constant. Implicitly, (3.2) requires the existence of L_l^{-1} and L_{l-1}^{-1}.

In Section 4 we shall verify (3.1a, b) and (3.2) for a special choice of $\|\cdot\|_i$, L_l, $\mathscr{G}_l$, $r_{l-1,l}$ and $p_{l,l-1}$.

Theorem 3.2. *Assume* (3.1a, b) *and* (3.2). *Then the iteration matrix*

$$M_l^{OSM} = (I - p_{l,l-1} L_{l-1}^{-1} r_{l-1,l} L_l)\, G_l^\nu$$

of the one-stage method (2.6a, b) *satisfies the estimate*

$$\|M_l^{OSM}\|_{2,2} \leqq C \cdot (h_{l-1}/h_l)^\alpha \cdot C_0(\nu) \quad \big(l \geqq 1, 0 < \nu \leqq \nu_{\max}(h_l)\big). \tag{3.3}$$

Hence, convergence follows for sufficiently large ν (cf. (3.1b)) *provided that $\nu_{\max}(h_l)$ is large enough, i.e., if h_l is sufficiently small.*

Proof. Apply $\|AB\|_{2,2} \leqq \|A\|_{1,2}\, \|B\|_{2,1}$ to M_l^{OSM} and use (3.1a), (3.2). ■

Corollary 3.3. *The estimate* (3.3) *is equivalent with the following estimate of the iteration error of $u_l^{(i)}$:*

$$\|u_l^{(i)} - u_l\|_2 \leqq C \cdot (h_{l-1}/h_l)^\alpha \cdot C_0(\nu) \cdot \|u_l^{(i-1)} - u_l\|_2 .$$

If we first apply the correction step (2.6b) *and then the smoothing step* (2.6a), *the iteration matrix of the defect $L_l u_l^{(i)} - f_l$ is*

$$\hat{M}_l^{OSM} = L_l G_l^\nu (L_l^{-1} - p_{l,l-1} L_{l-1}^{-1} r_{l-1,l}).$$

As in Theorem 3.2 one can show

$$\|\hat{M}_l^{OSM}\|_{1,1} \leqq C \cdot (h_{l-1}/h_l)^\alpha \cdot C_0(\nu) \tag{3.3'}$$

or

$$\|L_l u_l^{(i)} - f_l\|_1 \leqq C \cdot (h_{l-1}/h_l)^\alpha \cdot C_0(\nu) \cdot \|L_l u_l^{(i-1)} - f_l\|_1 .$$

3.3. *Convergence of the multi-grid iteration*

Assume either

$$\|p_{l,l-1}\|_{2,2} \leqq C, \quad \|v_{l-1}\|_2 \leqq C \, \|p_{l,l-1} v_{l-1}\|_2 \quad \text{for all} \quad v_{l-1} \in V_{l-1} \tag{3.4a}$$

or

$$\|r_{l-1,l}\|_{1,1} \leqq C, \quad \inf \{\|v_l\|_1 : v_l \in V_l \text{ and } r_{l-1,l} v_l = v_{l-1}\} \leqq C \, \|v_{l-1}\|_1 . \tag{3.4b}$$

The conditions (3.4a) or (3.4b) are satisfied if there are restrictions $\hat{r}_{l-1,l}: V_l \to V_{l-1}$ or prolongations $\hat{p}_{l,l-1}: V_{l-1} \to V_l$ with

$$\|p_{l,l-1}\|_{2,2} \leqq C, \quad \|\hat{r}_{l-1,l}\|_{2,2} \leqq C, \quad \hat{r}_{l-1,l} p_{l,l-1} = I, \tag{3.4a'}$$

$$\|r_{l-1,l}\|_{1,1} \leqq C, \quad \|\hat{p}_{l,l-1}\|_{1,1} \leqq C, \quad r_{l-1,l} \hat{p}_{l,l-1} = I. \tag{3.4b'}$$

As a further condition either

$$\|G_l^\nu\|_{2,2} \leqq C \quad \text{for } 0 \leqq \nu \leqq \nu_{\max}(h_l), \quad l \geqq 1, \tag{3.5a}$$

or

$$\|L_l G_l^\nu L_l^{-1}\|_{1,1} \leqq C \quad \text{for } 0 \leqq \nu \leqq \nu_{\max}(h_l), \quad l \geqq 1, \tag{3.5b}$$

must hold. For the sake of convenience the ratios h_{l-1}/h_l are assumed to be bounded:

$$h_l < h_{l-1} \leqq C h_l \quad (l \geqq 1). \tag{3.6}$$

Theorem 3.4. *Assume* (3.1a, b), (3.2), (3.4a) [*or* (3.4a')], (3.5a), *and* (3.6). *Let* M_l^{MGM} *be the iteration matrix of the multi-grid iteration* (2.7). *Then there is an integer* $\nu_{\min}$ *such that* $\gamma \geqq 2$ *implies*

$$\|M_l^{MGM}\|_{2,2} \leqq C \cdot C_0(\nu) < 1 \quad \left(\nu_{\min} \leqq \nu \leqq \nu_{\max}(h_1), \, l \geqq 1\right). \tag{3.7}$$

Note that $\nu_{\max}(h_1) \geqq \nu_{\min}$ *if* h_1 *is sufficiently small. For the case of* $\gamma = 1$ *compare Corollary* 3.8.

Theorem 3.5. *Assume* (3.1a, b), (3.2), (3.4b) [*or* (3.4b')], (3.5b), *and* (3.6). *Modify the procedure MGM by performing the correction step first* (*compare Corollary* 3.3). *Let* $\hat{M}_l^{MGM}$ *be the iteration matrix of the defects* $L_l u_l^{(i)} - f_l$. *Then*

$$\|\hat{M}_l^{MGM}\|_{1,1} \leqq C \cdot C_0(\nu) < 1 \quad \left(\nu_{\min} \leqq \nu \leqq \nu_{\max}(h_1), \, l \geqq 1\right) \tag{3.7'}$$

holds for $\gamma \geqq 2$.

We prepare the proof of the theorems by two lemmata.

Lemma 3.6. (3.1a), (3.2), (3.4a), (3.5a), *and* (3.6) *imply*

$$\|L_{l-1}^{-1} r_{l-1,l} L_l G_l^\nu\|_{2,2} \leqq C \quad \bigl(l \geqq 1,\, 0 \leqq \nu \leqq \nu_{\max}(h_l)\bigr), \tag{3.8a}$$

whereas (3.1a), (3.2), (3.4b), (3.5b), *and* (3.6) *imply*

$$\|L_l G_l^\nu p_{l,l-1} L_{l-1}^{-1}\|_{1,1} \leqq C \quad \bigl(l \geqq 1,\, 0 \leqq \nu \leqq \nu_{\max}(h_l)\bigr). \tag{3.8b}$$

Proof. The representation

$$p_{l,l-1} L_{l-1}^{-1} r_{l-1,l} L_l G_l^\nu = G_l^\nu - [L_l^{-1} - p_{l,l-1} L_{l-1}^{-1} r_{l-1,l}]\, L_l G_l^\nu$$

yields

$$\|L_{l-1}^{-1} r_{l-1,l} L_l G_l^\nu\|_{2,2} \leqq C \cdot \{\|G_l^\nu\|_{2,2} + \|L_l^{-1} - p_{l,l-1} L_{l-1}^{-1} r_{l-1,l}\|_{1,2} \cdot \|L_l G_l^\nu\|_{2,1}\}$$

by virtue of (3.4a). Hence, (3.5a), (3.2), (3.1a), and (3.6) imply (3.8a). Analogously, (3.8b) follows from

$$L_l G_l^\nu p_{l,l-1} L_{l-1}^{-1} r_{l-1,l} = L_l G_l^\nu L_l^{-1} - L_l G_l^\nu [L_l^{-1} - p_{l,l-1} L_{l-1}^{-1} r_{l-1,l}]. \ \blacksquare$$

Lemma 3.7. *The iteration matrix of the multi-grid method* (2.7) *is*

$$M_l^{MGM} = M_l^{OSM} + p_{l,l-1} (M_{l-1}^{MGM})^\gamma\, L_{l-1}^{-1} r_{l-1,l} L_l G_l^\nu \quad (l \geqq 2).$$

Analogously, the iteration matrix $\hat{M}_l^{MGM}$ *of Theorem* 3.5 *takes the form*

$$\hat{M}_l^{MGM} = \hat{M}_l^{OSM} + L_l G_l^\nu p_{l,l-1} L_{l-1}^{-1} (\hat{M}_{l-1}^{MGM})^\gamma\, r_{l-1,l}.$$

Proof. The multi-grid iteration on the level $l-1$ for solving $L_{l-1} u_{l-1} = d_{l-1}$ has the representation

$$u_{l-1}^{(i)} = M_{l-1}^{MGM} u_{l-1}^{(i-1)} + N_{l-1} d_{l-1}.$$

Since $L_{l-1}^{-1} d_{l-1}$ is a fixed point of the iteration,

$$N_{l-1} = (I - M_{l-1}^{MGM})\, L_{l-1}^{-1}. \tag{3.9}$$

The algorithm (2.7) starts on the level $l-1$ with $u_{l-1}^{(0)} = 0$ ($v := 0$) and results in

$$u_{l-1}^{(\gamma)} = \sum_{i=0}^{\gamma-1} (M_{l-1}^{MGM})^i\, N_{l-1} d_{l-1}.$$

Applying the multi-grid algorithm of the level l to $u_l + \delta_l$, we obtain $d_{l-1} = r_{l-1,l} L_l G_l^\nu \delta_l$. Thus, the iteration matrix is

$$M_l^{MGM} = G_l^\nu - p_{l,l-1} \sum_{i=0}^{\gamma-1} (M_{l-1}^{MGM})^i\, N_{l-1} r_{l-1,l} L_l G_l^\nu.$$

Using (3.9) we obtain

$$\begin{aligned} M_l^{MGM} &= \{L_l^{-1} - p_{l,l-1}[I - (M_{l-1}^{MGM})^\gamma]\, L_{l-1}^{-1} r_{l-1,l}\}\, L_l G_l^\nu \\ &= M_l^{OSM} + p_{l,l-1} (M_{l-1}^{MGM})^\gamma\, L_{l-1}^{-1} r_{l-1,l} L_l G_l^\nu. \end{aligned}$$

Analogously, one proves the representation of $\hat{M}_l^{MGM}$. ■

Proof of Theorem 3.4 (cf. [11]). Define $\varkappa_l = \|M_l^{OSM}\|_{2,2}$, $\tilde{\varkappa}_l = \|M_l^{MGM}\|_{2,2}$, and $\varkappa = \sup_{l \geqq 1} \varkappa_l$. Lemma 3.6 yields

$$\tilde{\varkappa}_l \leqq \varkappa_l + c(l, \nu)\, \tilde{\varkappa}_{l-1}^\gamma \quad (l \geqq 2), \tag{3.10a}$$

where $c(l, \nu) = \|p_{l,l-1}\|_{2,2} \|L_{l-1}^{-1} r_{l-1,l} L_l G_l^{\nu}\|_{2,2}$. (3.4 a) and (3.8 a) imply $c(l, \nu) \leqq C_1$ for $\nu \leqq \nu_{\max}(h_1) \leqq \nu_{\max}(h_l)$. By virtue of Theorem 3.2 and (3.1 b) there is $\nu_{\min}$ such that $\varkappa \leqq 1/[4 \cdot \max(1, C_1)]$ for all $\nu \in [\nu_{\min}, \nu_{\max}(h_1)]$. By induction we prove

$$\tilde{\varkappa}_l \leqq 2\varkappa \leqq \frac{1}{2} < 1 \quad (l \geqq 1). \tag{3.10b}$$

For $l = 1$ (3.10b) follows from $M_1^{MGM} = M_1^{OSM}$. By the choice of $\varkappa$ the assumption $\tilde{\varkappa}_{l-1} \leqq 2\varkappa$ implies

$$\tilde{\varkappa}_l \leqq \varkappa_l + C_1 \tilde{\varkappa}_{l-1}^{\gamma} \leqq \varkappa + C_1 (2\varkappa)^{\gamma} \leqq \varkappa + 4\varkappa^2 C_1 \leqq 2\varkappa;$$

thus, (3.10b) is proved for l, too. The estimate (3.7) follows from (3.10b), (3.3) and (3.6). ■

Proof of Theorem 3.5. The application of Lemma 3.5 and Lemma 3.6 results in the estimate (3.10b) with $\varkappa_l$, $\tilde{\varkappa}_l$ defined by $\hat{M}_l^{OSM}$, $\hat{M}_l^{MGM}$. Thus, (3.7′) follows. ■

Corollary 3.8. *The Theorems* 3.4 *and* 3.5 *are also valid for* $\gamma = 1$ *if the magnitude* $c(l, \nu)$ *of* (3.10a) *is less than one for an integer* ν *with* $\varkappa < 1 - c(l, \nu)$. *Other conditions are given in Theorem* 3.11.

3.4. *Convergence of the nested iteration*

Assume that the following estimate holds for the exact solution of $L_l u_l = f_l$ and $L_{l-1} u_{l-1} = f_{l-1}$:

$$\|\tilde{p}_{l,l-1} u_{l-1} - u_l\|_2 \leqq C_1 h_l^{\tilde{\alpha}} \quad (\tilde{\alpha} > 0, l \geqq 1). \tag{3.11}$$

If $\tilde{p}_{l,l-1} = p_{l,l-1}$ and $f_{l-1} = r_{l-1,l} f_l$, (3.2) implies (3.11) with $C_1 h_l^{\tilde{\alpha}} = C h_{l-1}^{\alpha} \|f_l\|_1$.
As in (3.4a), the following inequality is required:

$$\|\tilde{p}_{l,l-1}\|_{2,2} \leqq C. \tag{3.12}$$

Theorem 3.9. *Let the assumptions of Theorem* 3.4 *be valid and assume* (3.11), (3.12). *Define*

$$\tilde{\varkappa} := \sup_{l \geqq 1} \|M_1^{MGM}\|_{2,2} \leqq 1, \quad C_2 := \sup_{l \geqq 1} \{\|\tilde{p}_{l-1,l}\|_{2,2} (h_{l-1}/h_l)^{\tilde{\alpha}}\} < \infty$$

and determine the integer i of the nested iteration (2.8) *by means of* $\tilde{\varkappa}^i \leqq 1/(2C_2)$, *i.e.*, $i \geqq \log(2C_2)/|\log \tilde{\varkappa}|$. *Then the estimate*

$$\|u_k^{(j)} - u_k\|_2 < 2C_1 h_l^{\tilde{\alpha}} \tilde{\varkappa}^j \quad (1 \leqq k \leqq l, 0 \leqq j \leqq i) \tag{3.13}$$

holds. Note that i depends on $\tilde{\alpha}$ but not on C_1.

Proof (by induction). If $k = 1$, (3.13) follows from $u_1^{(0)} = \tilde{p}_{1,0} u_0$ and (3.11) for $j = 0$. By Theorem 3.4, (3.13) holds for all j if it is valid for $j = 0$. Now assume that (3.13) holds for $k - 1$. Then

$$\begin{aligned} \|u_k^{(0)} - u_k\|_2 &= \|\tilde{p}_{k,k-1} u_{k-1}^{(i)} - u_k\|_2 \\ &= \|\tilde{p}_{k,k-1} u_{k-1} - u_k + \tilde{p}_{k,k-1}(u_{k-1}^{(i)} - u_{k-1})\|_2 \\ &\leqq C_1 h_l^{\tilde{\alpha}} + \|\tilde{p}_{k,k-1}\|_{2,2} \|u_{k-1}^{(i)} - u_{k-1}\|_2 . \end{aligned}$$

Substituting (3.13) with $k-1$ and i (instead of k and j) we obtain $\|u_k^{(0)} - u_k\|_2 \leqq 2C_1 h_l^{\bar{\alpha}}$ by means of the choice of i. ∎

Note 3.10. *Using Theorem* 3.5 *and assuming conditions similar to* (3.11) *and* (3.12), *we can prove the estimate*

$$\|L_k u_k^{(j)} - f_k\|_1 \leqq 2C_1 h_l^{\bar{\alpha}} \bar{\varkappa}^j \quad (1 \leqq k \leqq l, 0 \leqq j \leqq i)$$

of the defects, too.

3.5. *Convergence of the repeated nested iteration*

The assumptions (3.8b) and (3.4b) ensure

$$\|L_l G_l^\nu p_{l,l-1} L_{l-1}^{-1}\|_{1,1} \leqq \exp\big(\eta_1(h_l)\big), \quad \|r_{l-1,l}\|_{1,1} \leqq \exp\big(\eta_2(h_l)\big) \qquad \big(l \geqq 1, 0 \leqq \nu \leqq \nu_{\max}(h_l)\big) \tag{3.14a}$$

with $\eta_i(h_l) = \text{const}$. Here we shall need better estimates of $\eta_i(h)$. Let f_k be defined by $r_{k,k+1} f_{k+1}$ $(0 \leqq k < l)$ for given f_l and write

$$\delta u_k := p_{k,k-1} u_{k-1} - u_k \quad (1 \leqq k \leqq l),$$

where $u_k = L_k^{-1} f_k$ $(0 \leqq k \leqq l)$. (3.2) and (3.14a) imply

$$\|\delta u_k\|_2 \leqq C h_k^\alpha \|f_k\|_1 \leqq C h_k^\alpha \exp\left[\sum_{j=k+1}^{l} \eta_2(h_j)\right] \|f_l\|_1 .$$

A stronger condition is

$$\sum_{k=1}^{l} h_k^{-\alpha} \exp\left[-\sum_{j=k+1}^{l} \eta_1(h_j)\right] \|\delta u_k\|_2 \leqq C \|f_l\|_1 \tag{3.14b}$$

with C not depending on l or k.

Theorem 3.11. *Assume* (3.1a), (3.2), (3.14a) *and define* $\eta(h) = \eta_1(h) + \eta_2(h)$. *Let* $\hat{M}_l^{RNI}$ *be the iteration matrix of the defect* $L_l u_l^{(i)} - f_l$, *where* $u_l^{(i)}$ *is defined by the repeated nested iteration* (2.9). *Then the following estimates hold:*

$$\|\hat{M}_l^{RNI}\|_{1,1} \leqq \begin{cases} C \cdot \varepsilon^{-1} \cdot \exp(l\varepsilon) \cdot C_0(\nu) & \text{if } \eta(h_k) \leqq \varepsilon > 0 \text{ für all } k \geqq 1, \\ C \cdot l \cdot C_0(\nu) & \text{if } \sum_{j=k}^{l} \eta(h_j) \leqq C \text{ for all } k, l \geqq 1, \\ C \cdot C_0(\nu) & \text{if (3.14b) holds.} \end{cases}$$

If $C_0(\nu) = C/\nu$ (*cf. Section* 4.7) *and* $h_k = h_0/2^k$, *then the estimate* $\|\hat{M}_l^{RNI}\|_{1,1} \leqq \varrho < 1$ *requires* $\nu = O(h_1^{-\varepsilon/\log 2})$, $\nu = O(|\log h_l|)$, *or* $\nu = O(1)$, *respectively.*

Proof. Assume $u_l^{(i)} = u_l + \delta_l^{(i)}$ and redefine f_l by $L_l \delta_l^{(i)}$. The new iterate $u_l^{(i+1)}$ is represented by $u_l + \delta_l^{(i+1)}$, where

$$\delta_l^{(i+1)} = \sum_{k=1}^{l} G_l^\nu p_{l,l-1} G_{l-1}^\nu p_{l-1,l-2} \dots G_k^\nu \delta u_k$$

with δu_k defined above. Hence,

$$\|L_l\delta_l^{(i+1)}\|_1 \leqq \sum_{k=1}^{l} \left\{ \prod_{j=k+1}^{l} \|L_j G_j^{\nu} p_{j,j-1} L_{j-1}^{-1}\|_{1,1} \right\} \|L_k G_k^{\nu}\|_{2,1} \|\delta u_k\|_2 .$$

(3.1a), (3.14a), and the estimate of $\|\delta u_k\|_2$ yield Theorem 3.11. ∎

3.6. *Convergence of the nonlinear multi-grid iteration*

As discussed in Section 2.6, the equation (2.10), $L_l(u_l) = f_l$, is assumed to be satisfied by $u_l = \phi_l(f_l)$ if $f_l \in \mathcal{F}_l$. Therefore, the arguments of $L_l(\cdot)$ are restricted to $\mathcal{U}_l \subset V_l$, where

$$\mathcal{U}_l = \phi_l(\mathcal{F}_l) = \{v_l : v_l = \phi_l(f_l) \text{ and } f_l \in \mathcal{F}_l\}$$

is a neighbourhood of the solution $u_l = \phi_l(0)$ of (2.3').[1]) The function $L_l(\cdot)$ is assumed to be differentiable at u_l.[1]) The derivative at u_l is denoted by the symbol L_l without brackets:

$$L_l := \partial L_l(u_l)/\partial u_l \quad (l \geqq 0).$$

Instead of a derivative at $v_l \in \mathcal{U}_l$ a matrix $DL_l(v_l, w_l)$ with

$$L_l(v_l) - L_l(w_l) = DL_l(v_l, w_l) \cdot (v_l - w_l) \quad \text{for all } v_l, w_l \in \mathcal{U}_l \tag{3.15a}$$

and

$$\|L_l^{-1} \cdot DL_l(v_l, w_l) - I\|_{2,2} \leqq \varepsilon_l(\|v_l - u_l\|_2 + \|w_l - u_l\|_2) \tag{3.15b}$$

must exist, where

$$\varepsilon_l(s) \to 0 \quad \text{as} \quad s \to 0. \tag{3.15c}$$

Similarly,

$$\mathcal{G}_l(v_l, f_l) - \mathcal{G}_l(w_l, f_l) = D\mathcal{G}_l(v_l, w_l, f_l) \cdot (v_l - w_l) \quad (v_l, w_l \in \mathcal{U}_l; f_l \in \mathcal{F}_l) \tag{3.16a}$$

and

$$\|D\mathcal{G}_l(v_l, w_l, f_l) - G_l\|_{2,2} \leqq \varepsilon_l(\|v_l - u_l\|_2 + \|w_l - u_l\|_2 + \|\phi_l(f_l)\|_2)$$

are assumed. G_l is the derivative $\partial\mathcal{G}_l(u_l, 0)/\partial u_l$.

Theorem 3.12. *Assume that* (3.1a, b), (3.2), (3.4a), (3.5a), (3.6), (3.15a, b, c) *and* (3.16a, b) *are valid for L_l and G_l defined above. If ϱ_{l-1}, $\|\tilde{f}_{l-1}\|_1$, $\|f_l\|_1$, and $\|u_l^{(0)} - \phi_l(f_l)\|_2$ are sufficiently small and if ν is large enough, the results of the nonlinear multi-grid iteration* (2.11a–d) *satisfy*

$$\|u_l^{(i+1)} - \phi_l(f_l)\|_2 \leqq [C \cdot C_0(\nu) + \eta^{(i)} \cdot C(\nu)] \, \|u_l^{(i)} - \phi_l(f_l)\|_2 , \tag{3.17}$$

where $\eta^{(i)}$ tends to zero as ϱ_{l-1}, $\|\tilde{f}_{l-1}\|_1$, $\|f_l\|_1$, and $\|u_l^{(i)} - \phi_l(f_l)\|_2$ approach zero.

---

[1]) Here we choose neighbourhoods $\mathcal{F}_l$ and $\mathcal{U}_l$ of 0 and $u_l = \phi_l(0)$. More generally, $\mathcal{F}_l$ and $\mathcal{U}_l$ may be neighbourhoods of $\hat{f}_l$ and $\hat{u}_l = \phi_l(\hat{f}_l)$ (cf. footnote on p. 218). In this case L_l and G_l are the derivatives at $\hat{u}_l$ and $(\hat{u}_l, \hat{f}_l)$, respectively. In Theorem 3.12 and Theorem 3.13 the magnitudes $\|f_l\|_1$ and $\|\tilde{f}_k\|_1$ must be replaced by $\|f_l - \hat{f}_l\|_1$ and $\|\tilde{f}_k - \hat{f}_k\|_1$, respectively. The connection of $\hat{u}_l$ and $\hat{u}_{l-1}$ is given implicitly by (3.2).

Proof. Let $v_l = \phi_l(f_l)$ be the solution of (2.10), while $u_l = \phi_l(0)$ satisfies (2.3′). Define $d_l^{(i)}$ by $u_l^{(i)} = v_l + d_l^{(i)}$. The application of the smoothing procedure yields

$$\mathcal{G}_l(u_l^{(i)}, f_l) = \mathcal{G}_l(v_l, f_l) + D\mathcal{G}_l(u_l^{(i)}, v_l, f_l)\, d_l^{(i)} = v_l + D\mathcal{G}_l(u_l^{(i)}, v_l, f_l)\, d_l^{(i)}$$

as long as $u_l^{(i)}, v_l \in \mathcal{U}_l$. Hence, the result $u_l^{(i+1/2)}$ of (2.11a) has the representation $u_l^{(i+1/2)} = v_l + d_l^{(i+1/2)}$, where

$$d_l^{(i+1/2)} = D\mathcal{G}_l(v_l^{(\nu-1)}, v_l, f_l) \cdot \ldots \cdot D\mathcal{G}_l(v_l^{(0)}, v_l, f_l) \cdot d_l^{(i)}.$$

Since

$$L_l(u_l^{(i+1/2)}) - f_l = DL_l(u_l^{(i+1/2)}, v_l)\, d_l^{(i+1/2)}$$

and

$$\phi_{l-1}(g_{l-1}) - \tilde{u}_{l-1} = D\phi_{l-1}(g_{l-1}, \tilde{f}_{l-1}) \cdot (g_{l-1} - \tilde{f}_{l-1}) \quad (g_{l-1}, \tilde{f}_{l-1} \in \mathcal{F}_{l-1})$$

with $D\phi_k\big(L_k(v_k), L_k(w_k)\big) := [DL_k(v_k, w_k)]^{-1}$ $(v_k, w_k \in \mathcal{U}_k)$, one obtains

$$d_l^{(i+1)} = [I - p_{l,l-1} DL_{l-1}^{-1} r_{l-1,l} DL_l]\, (D\mathcal{G}_l)^\nu\, d_l^{(i)},$$

where the arguments of DL_{l-1}, DL_l, and $D\mathcal{G}_l$ are omitted. By (3.15b, c) and (3.16b) one may write

$$DL_k = L_k(I + X_k), \quad D\mathcal{G}_k = G_k + Y_k, \quad \|X_k\|_{2,2} \leqq \varepsilon_k, \quad \|Y_k\|_{2,2} \leqq \varepsilon_k.$$

Hence, the iteration matrix is

$$[I - p_{l,l-1}(I + X_{l-1})^{-1} L_{l-1}^{-1} r_{l-1,l} L_l (I + X_l)]\, (G_l + Y_l)^\nu$$
$$= [I - p_{l,l-1} L_{l-1}^{-1} r_{l-1,l} L_l]\, G_l^\nu + Z_l.$$

Note that the arguments of the Y_k's may be different. By assumption all arguments of X_l, X_{l-1}, and Y_l belong to $\mathcal{U}_l$ or $\mathcal{U}_{l-1}$, respectively. Therefore, (3.4a), (3.5a), (3.8a), (3.15b, c), and (3.16b) yield $\|Z_l\|_{2,2} \leqq C(\nu)\, \eta^{(i)}$. If $C(\nu)\, \eta^{(i)} < 1$ and if ν is large enough, $u_l^{(i)} \in \mathcal{U}_l$ implies $u_l^{(i+1)} \in \mathcal{U}_l$.

Theorem 3.13. *Assume that* (3.1a, b), (3.2), (3.4a), (3.5a), (3.6), (3.15a—c), *and* (3.16a, b) *are valid for L_k and G_k $(0 \leqq k \leqq l)$ defined above. The approximation $\tilde{\phi}_0$ must fulfil*

$$\|\phi_0(f_0) - \tilde{\phi}_0(v_0, f_0)\|_2 \leqq \tilde{\varkappa}_0 \|\phi_0(f_0) - v_0\|_2 \quad (f_0 \in \mathcal{F}_0, v_0 \in \mathcal{U}_0),$$

where $\tilde{\varkappa}_0$ does not exceed the value of the bracket of the right-hand side of (3.18). *If $\gamma \geqq 2$ and if $\|f_l\|_1$, $\|\tilde{f}_k\|_1$, ϱ_k $(0 \leqq k < l)$, and $\|u_l^{(0)} - \phi_l(f_l)\|_2$ are sufficiently small, then there is $\nu_{\min}$ such that*

$$\|u_l^{(i+1)} - \phi_l(f_l)\|_2 \leqq [C \cdot C_0(\nu) + C(\nu) \cdot \eta^{(i)}]\, \|u_l^{(i)} - \phi_l(f_l)\|_2 \qquad (3.18)$$
$$\big(\nu_{\mathrm{mi}} \leqq \nu \leqq \nu_{\max}(h_1)\big),$$

where $\eta^{(i)} \to 0$ as the magnitudes mentioned above approach zero.

Proof. Combine the proofs of Theorem 3.12 and Theorem 3.4. ■

3.7. *Discussion of the computational work*

Note 3.14. *Assume that the work of the smoothing procedure* $v_l \mapsto \mathscr{G}_l(v_l, f_l)$ *and of the mappings* $v_l \mapsto L_l v_l - f_l$, $v_l \mapsto r_{l-1,l} v_l$, $(v_l, w_{l-1}) \mapsto v_l - p_{l,l-1} w_{l-1}$ $(v_l, f_l \in V_l;\ w_{l-1} \in V_{l-1})$ *does not exceed* A_l (number of operations or computing time). *Usually,* A_l *is proportional to* $\dim(V_l)$. *If*

$$\sup_{l \geq 1} A_{l-1}/A_l < 1/\gamma \quad (\gamma \text{ from } (2.7))$$

then the work of one multi-grid iteration (2.7) *is proportional to* A_l. *A similar assertion holds for the nonlinear multi-grid iteration* (2.12).

If we start the iteration with $u_l^{(0)} = 0$, *the computation of an approximation* $u_l^{(i)}$ *with* $\|u_l^{(i)} - u_l\|_2 \leq \varepsilon$ *takes a work proportional to* $A_l \cdot \log(1/\varepsilon)$ (cf. (3.7), (3.18)).

However, if the nested iteration (2.8) *is used for computing an approximation with* $\varepsilon = O(h_l^{\bar{\alpha}})$ (i.e., of the order of the discretization error; cf. (3.11)), *then the required amount of computational work is only proportional to* A_l *since the number* i *of Theorem* 3.9 *does not depend on* l.

4. Applications to finite element equations[1])

4.1. *Variational formulation*

Assume that the equation (2.2) can be characterized by a variational formulation: For a suitable function g one seeks the solution $u \in \mathscr{H}^1$ of

$$B(u, v) = (g, v)_{\mathscr{H}^0} \text{ for all } v \in \mathscr{H}^1, \tag{4.1a}$$

where B with

$$B\colon \mathscr{H}^1 \times \mathscr{H}^1 \to \mathbb{C}, \quad |B(u, v)| \leq C \cdot \|u\|_{\mathscr{H}^1} \cdot \|v\|_{\mathscr{H}^1}, \tag{4.1b}$$

is a sesqui-linear form on a Hilbert space $\mathscr{H}^1$ that is a dense subset of a further Hilbert space $\mathscr{H}^0$ with a continuous injection $\mathscr{H}^1 \hookrightarrow \mathscr{H}^0$. Let $\mathscr{H}^{-1}$ be the dual space of $\mathscr{H}^1$. If $\mathscr{H}^0$ is identified with its dual space, we have

$$\mathscr{H}^{-1} \supset \mathscr{H}^0 \supset \mathscr{H}^1, \quad \|\cdot\|_{\mathscr{H}^0} \leq C\, \|\cdot\|_{\mathscr{H}^1}.$$

The scalar product $(\cdot, \cdot)_{\mathscr{H}^0}$ of $\mathscr{H}^0$ is identified with the dual form on $\mathscr{H}^{-1} \times \mathscr{H}^1$. Hence, the right-hand side of (4.1a) is defined for all $g \in \mathscr{H}^{-1}$. Note that g may differ from the right-hand side f of Eq. (2.2). The function f of (2.2) may be a pair $f = (f_\Omega, f_\Gamma)$, where f_Ω is the right-hand side of the differential equation in the region Ω and f_Γ is the right-hand side of the boundary condition on Γ; whereas g of (4.1a) is a $\mathscr{H}^{-1}$-function containing the information of f_Ω and f_Γ.

[1]) This section is based on [12].

Examples. If $Lu = f$ is the boundary value problem

$$-\Delta u = f \text{ in } \Omega, \quad u|_\Gamma = 0 \text{ on the boundary } \Gamma,$$

then (4.1a) holds with $\mathscr{H}^0 = L^2(\Omega)$, $(v, w)_{\mathscr{H}^0} = \int_\Omega vw\,dx$, $\mathscr{H}^1 = H_0^1(\Omega)$, $B(u, v) = \sum_i (\partial u/\partial x_i, \partial v/\partial x_i)_{\mathscr{H}^0}$, and $g = f$. For the notation of the Sobolev spaces $L^2(\Omega)$ and $H_0^1(\Omega)$ compare [23].

If $Lu = f$ consists of

$$\Delta^2 u = f \text{ in } \Omega, \quad \Delta u|_\Gamma = 0 \quad \text{and} \; \frac{\partial}{\partial n}\Delta u|_\Gamma = f_\Gamma \text{ on } \Gamma$$

($\partial/\partial n$: normal derivative), the choices of (4.1a) are $\mathscr{H}^0 = L^2(\Omega)$, $\mathscr{H}^1 = H^2(\Omega)$, $B(u, v) = (\Delta u, \Delta v)_{\mathscr{H}^0}$ and $g \in \mathscr{H}^{-1}$ defined by

$$g(v) = (g, v)_{\mathscr{H}^0} := \int_\Omega f_\Omega v\,dx + \int_\Gamma f_\Gamma v\,d\Gamma.$$

Consider a sequence of finite dimensional subspaces

$$\mathscr{H}_0 \subset \mathscr{H}_1 \subset \mathscr{H}_2 \subset \cdots \subset \mathscr{H}_l \subset \cdots \subset \mathscr{H}^1$$

of $\mathscr{H}^1$ related to the step size h_l (cf. (2.1)). After choosing a suitable basis of $\mathscr{H}_l$ one obtains the vector space V_l $(\dim(V_l) = \dim(\mathscr{H}_l))$. A prolongation

$$P_l\colon V_l \to \mathscr{H}_l \subset \mathscr{H}^1 \quad (l \geqq 0) \tag{4.2}$$

maps $v_l \in V_l$ (the vector of coefficients) into a $\mathscr{H}^1$-function $P_l v_l \in \mathscr{H}_l$. The discretization (2.3) is defined by $u_l \in V_l$ and

$$B(P_l u_l, P_l v_l) = (g, P_l v_l)_{\mathscr{H}^0} \quad \text{for all } v_l \in V_l \tag{4.3}$$

up to a perturbation discussed in Section 4.8.

4.2. *Associated operators*

Any sesqui-linear form (4.1b) gives rise to a bounded operator $S\colon \mathscr{H}^1 \to \mathscr{H}^{-1}$ with $B(u, v) = (Su, v)_{\mathscr{H}^0}$. Therefore, (4.1a) is equivalent to $Su = g$. But note that $Su = g$ and $Lu = f$ may be different formulations of the same problem.

On the other hand S can be considered as an unbounded operator of $D(S) \subset \mathscr{H}^0$ onto $\mathscr{H}^0$, where $D(S)$ denotes the domain of S (cf. Kato [19, p. 332ff.]). The adjoint operator S^* is associated with the form $B^*(u, v) := \overline{B(v, u)}$.

In order to ensure uniqueness of the solutions of $Su = g$ and of the discretization (4.3) we require

$$\sup\{|B(u, v)|: v \in \mathscr{H}^1, \|v\|_{\mathscr{H}^1} = 1\} \geqq \varepsilon \|u\|_{\mathscr{H}^1} \quad \text{for all } u \in \mathscr{H}^1 \quad (\varepsilon > 0), \tag{4.4a}$$

$$\sup\{|B(u, v)|: v \in \mathscr{H}_1, \|v\|_{\mathscr{H}^1} = 1\} \geqq \varepsilon \|u\|_{\mathscr{H}^1} \quad \text{for all } u \in \mathscr{H}_l, l \geqq 1 \quad (\varepsilon > 0). \tag{4.4b}$$

(4.4a) is equivalent to $\|S^{-1}\|_{\mathscr{H}^{-1}\to\mathscr{H}^1} \leqq 1/\varepsilon$.[1])

---

[1]) $\|A\|_{H_1\to H_2} := \{\|Av\|_{H_2}/\|v\|_{H_1}: v \in H_1 \text{ and } v \neq 0\}$ (H_i: normed spaces).

Furthermore, B is assumed to be V-coercive (cf. [23, p. 202]): There are real numbers $\varepsilon > 0$ and $\lambda_0 \geqq 0$ such that

$$\operatorname{Re} B(v, v) \geqq \varepsilon \|v\|^2_{\mathscr{H}^1} - \lambda_0 \|v\|^2_{\mathscr{H}^0} \quad \text{for all } v \in \mathscr{H}^1. \tag{4.5}$$

In case of $\lambda_0 = 0$, (4.5) implies (4.4a, b). In the sequel λ_0 satisfying (4.5) is fixed.

Let T be the operator associated with $\frac{1}{2}[B(u, v) + \overline{B(v, u)}] + \lambda_0 \cdot (u, v)_{\mathscr{H}^0}$. By assumption (4.5) T is selfadjoint and positive definite. Moreover, $T: \mathscr{H}^1 \to \mathscr{H}^{-1}$ and $T^{-1}: \mathscr{H}^{-1} \to \mathscr{H}^1$ are bounded. The domain of the operator $T^{1/2}$ coincides with $\mathscr{H}^1$: $D(T^{1/2}) = \mathscr{H}^1$ (cf. KATO [19, p. 331 ff.]). S is the sum

$$S = T + U,$$

where U is associated with $\frac{1}{2}[B(u, v) - \overline{B(v, u)}] - \lambda_0 \cdot (u, v)_{\mathscr{H}^0}$.

4.3. *Intermediate Hilbert spaces*

As mentioned above, $D(T^{1/2}) = \mathscr{H}^1$ holds. Since $D(T^0) = \mathscr{H}^0$ we may define the Hilbert spaces

$$\mathscr{H}^s := D(T^{s/2}); \quad \mathscr{H}^{-s} := \text{dual space of } \mathscr{H}^s \quad (0 \leqq s \leqq 1)$$

endowed with $\|u\|^2_{\mathscr{H}^s} = \|T^{s/2}u\|^2_{\mathscr{H}^0}$ $(-1 \leqq s \leqq 1)$. For $0 \leqq s \leqq 1$ we have $\mathscr{H}^{-1} \supset \mathscr{H}^{-s} \supset \mathscr{H}^0 \supset \mathscr{H}^s \supset \mathscr{H}^1$. For $s = 1$ the new norm is equivalent to the original norm of $\mathscr{H}^1$. Hence, we may use the same notation. Using the notation of LIONS and MAGENES [23] we may write $\mathscr{H}^s = [\mathscr{H}^1, \mathscr{H}^0]_s$ and $\mathscr{H}^{-s} = [\mathscr{H}^0, \mathscr{H}^{-1}]_{1-s}$ $(0 \leqq s \leqq 1)$.

Example. Consider the case of $\mathscr{H}^1 = H_0^1(\Omega)$ (cf. first example of Section 4.1). Then $\mathscr{H}^s = H_0^s(\Omega)$ holds for all $s \in [-1, 1]$, $s = \pm 1/2$ (cf. [23, p. 64 ff.]).

4.4. *Representation of the discretization*

Let $\langle \cdot, \cdot \rangle$ be the scalar products of the vector spaces V_l $(l \geqq 0)$. By means of $(g, p_l v_l)_{\mathscr{H}^0} = \langle P_l^* g, v_l \rangle$ $(g \in \mathscr{H}^{-1}, v_l \in V_l)$ the restriction

$$R_l := P_l^*: \mathscr{H}^{-1} \to V_l \quad (l \geqq 0)$$

is defined. Hence, the discretization (4.3) is equivalent to

$$\tilde{S}_l u_l = g_l, \quad \text{where} \quad \tilde{S}_l = S_l + \sigma_l, \quad S_l = R_l S P_l, \quad g_l = R_l g, \tag{4.3'}$$

and where σ_l is a perturbation (cf. Section 4.8) due to the numerical quadrature involved by S_l. Although $\tilde{S}_l$ and g_l coincide with L_l and f_l of (2.3), we shall use the notation (4.3′) instead of (2.3). Note that possible errors of g_l do not influence the iteration.

We conclude from $S = T + U$ that $S_l = T_l + U_l$, where

$$T_l = R_l T P_l, \quad U_l = R_l T P_l.$$

Note that T_l is positive definite and selfadjoint, too.

4.5. *Choices of* $p_{l,l-1}$ *and* $r_{l-1,l}$

Since P_l is a surjective mapping from V_l onto $\mathcal{H}_l$, the inverse matrix $(R_lP_l)^{-1}$: $V_l \to V_l$ exists. For reasonable prolongations P_l the estimates

$$\|P_l\|_{V_l\to\mathcal{H}^0} \leqq C, \quad \|(R_lP_l)^{-1}\|_{V_l\to V_l} \leqq C \quad (l \geqq 0)$$

hold uniformly with respect to l. The restriction

$$\hat{R}_l := (R_lP_l)^{-1}\, R_l : \mathcal{H}^{-1} \to V_l$$

satisfies $\hat{R}_lP_l = I$. Analogously, $R_l\hat{P}_l = I$ holds for

$$\hat{P}_l := \hat{R}_l{}^* = P_l(R_lP_l)^{-1}: V_l \to \mathcal{H}_l \subset \mathcal{H}^1.$$

We define

$$p_{l,l-1} = \hat{R}_lP_{l-1}: V_{l-1} \to V_l, \quad \hat{p}_{l,l-1} = R_l\hat{P}_{l-1}: V_{l-1} \to V_l,$$

$$r_{l-1,l} = R_{l-1}\hat{P}_l: V_l \to V_{l-1}, \quad \hat{r}_{l-1,l} = \hat{R}_{l-1}P_l: V_l \to V_{l-1}.$$

By virtue of (4.6) the mappings R_l, $\hat{R}_l$, $\hat{P}_l$, $p_{l,l-1}$, $\hat{p}_{l,l-1}$, $r_{l-1,l}$, and $\hat{r}_{l-1,l}$ (from $\mathcal{H}^0$, V_l, V_{l-1}, resp. into $\mathcal{H}^0$, V_l, V_{l-1}) are uniformly bounded for all l. Furthermore, by $\mathcal{H}_{l-1} \subset \mathcal{H}_l$

$$P_{l-1} = P_lp_{l,l-1}, \quad R_{l-1} = r_{l-1,l}R_l \quad (l \geqq 1)$$

hold. $P_l\hat{R}_l = \hat{P}_lR_l$ is the projection of $\mathcal{H}^0$ onto $\mathcal{H}_l$. $\hat{p}_{l,l-1}$ and $\hat{r}_{l-1,l}$ satisfy the third part of the conditions (3.4a′, b′).

In some cases we shall need the assumptions (4.7a) or (4.7b):

$$\|P_l\hat{R}_l\|_{\mathcal{H}^1\to\mathcal{H}^1} \leqq C \quad (l \geqq 0), \tag{4.7a}$$

$$\|P_lR_l\|_{\mathcal{H}^1\to\mathcal{H}^1} \leqq C, \quad \|\hat{P}_l\hat{R}_l\|_{\mathcal{H}^1\to\mathcal{H}^1} \leqq C \quad (l \geqq 0). \tag{4.7b}$$

The inequalities (4.7b) imply (4.7a) since $R_l\hat{R}_l = \hat{P}_l\hat{R}_lP_lR_l$.

Note 4.1. (4.7a) *is the only severe condition of this section. If we define the scalar product of* V_l *by* $\langle v_l, w_l\rangle = (P_lv_l, P_lw_l)_{\mathcal{H}^0}$, (4.6) *holds with* $C = 1$ *and because of* $\hat{R}_l = R_l$ *the inequalities of* (4.7a, b) *are equivalent.*

4.6. *Choice of norms*

Since T_l is positive definite, the fractional powers $T_l{}^{s/2}$ are well-defined for all $s \in \mathbb{R}$. We define the following norm on V_l:

$$|v_l|_s := \|T_l{}^{s/2}v_l\|_{V_l} \quad (l \geqq 0).$$

Note 4.2. *By* (4.6) *and* $T_l = R_lTR_l$ *the norms* $|v_l|s$ *and* $\|P_lv_l\|_{\mathcal{H}^s}$ *are equivalent for* $s = 0$ *and* $s = 1$. *If* (4.7a) *holds,* $|v_l|_s$ *is equivalent to* $\|\hat{P}_lv_l\|_{\mathcal{H}^s}$ *for* $s \in [0, 1]$ *and equivalent to* $\|\hat{P}_lv_l\|_{\mathcal{H}^s}$ *for* $s \in [-1, 0]$. *If in addition* (4.7b) *holds, also* $\|P_lv_l\|_{\mathcal{H}^s}$ *and* $\|\hat{P}_lv_l\|_{\mathcal{H}^s}$ *are equivalent for* $s \in [-1, 1]$.

The proof is prepared by two lemmata. For the proof of the following interpolation theorem compare [8], [30, Lemma 4], [23, p. 27].

Lemma 4.3. *Let H_1 and H_2 be two Hilbert spaces. Assume that $\Lambda_i: D(\Lambda_i) \subset H_i \to H_i$ $(i = 1, 2)$ are positive definite operators with dense domains $D(\Lambda_i)$. Define $H_i^\alpha := D(\Lambda_i^\alpha)$. If $A: H_1^\alpha \to H_2^\alpha$ is bounded for $\alpha = \alpha_1$ and $\alpha = \alpha_2$, i.e. if*

$$\|\Lambda_2^\alpha A \Lambda_1^{-\alpha}\|_{H_1 \to H_2} \leqq C$$

holds for $\alpha = \alpha_1$ and $\alpha = \alpha_2$, then the estimate is valid for all $\alpha \in [\alpha_1, \alpha_2]$ with the same constant C.

In the sequel we shall use the notation

$$\|\cdot\| \text{ instead of } \quad \|\cdot\|_{\mathscr{H}^0 \to V_l}, \|\cdot\|_{V_l \to V_k}, \|\cdot\|_{V_l \to \mathscr{H}^0}, \text{ or } \|\cdot\|_{\mathscr{H}^0 \to \mathscr{H}^0} \quad (l, k \geqq 0).$$

Lemma 4.4. (4.6) *implies* (4.8a) *for $s \in [0, 1]$, while* (4.6) *and* (4.7a) *ensure the estimate* (4.8b) *for $s \in [0, 1]$:*

$$\|T^{s/2} P_l T_l^{-s/2}\| \leqq C, \quad \|T_l^{-s/2} R_l T^{s/2}\| \leqq C \quad (l \geqq 0), \tag{4.8a}$$

$$\|T^{-s/2} \hat{P}_l T_l^{s/2}\| \leqq C, \quad \|T_l^{s/2} \hat{R}_l T^{-s/2}\| \leqq C \quad (l \geqq 0). \tag{4.8b}$$

If the assumptions (4.6) *and* (4.7b) *hold, the estimates* (4.8a, b) *are valid for $s \in [-1, 0]$.*

Proof. Since $R_l = P_l^*$ it suffices to prove only one inequality of (4.8a). By virtue of Lemma 4.3 we have to prove (4.8a) only for $s = 0$ and $s = \pm 1$. For $s = 0$ use (4.6). For $s = 1$ the estimate (4.8a) follows from

$$\|T^{1/2} P_l T_l^{-1/2}\|^2 = \|T_l^{-1/2} R_l T P_l T_l^{-1/2}\| = \|I\| = 1.$$

For $s = -1$ use (4.7b):

$$\|T_l^{1/2} R_l T^{-1/2}\|^2 = \|T^{-1/2} P_l T_l R_l T^{-1/2}\| = \|T^{1/2} P_l R_l T^{-1/2}\|^2 \leqq C.$$

Applying (4.7a) and (4.7b) to

$$\|T^{-1/2} \hat{P}_l T_l^{1/2}\| = \|T^{1/2} P_l \hat{R}_l T^{-1/2}\|$$

and

$$\|T^{1/2} \hat{P}_l T_l^{-1/2}\| = \|T_l^{-1/2} (R_l P_l)^{-1} T_l^{1/2}\|,$$

respectively, one obtains (4.8b). ∎

Proof of Note 4.2. Use $|v_l|_s = \|T_l^{s/2} \hat{R}_l T^{-s/2} \cdot T^{s/2} P_l v_l\|_{V_l}$ and apply Lemma 4.4: $|v_l|_s \leqq C \, \|P_l v_l\|_{\mathscr{H}^s}$. Analogously, the remaining inequalities can be shown. ∎

4.7. *Verification of Condition* (3.4a, b)

Theorem 4.5 [*Condition* (3.4a)]. *Define the norm $\|\cdot\|_2$ by $|\cdot|_s$ with $s \in [-1, 1]$ and assume* (4.6). *Furthermore,* (4.7a) *is needed if $s > 0$, whereas $s < 0$ requires* (4.7b). *Then the condition* (3.4a′) *holds, i.e.,*

$$\|T_l^{s/2} p_{l,l-1} T_{l-1}^{-s/2}\| \leqq C, \quad \|T_{l-1}^{s/2} r_{l-1,l} T_l^{-s/2}\| \leqq C.$$

Proof. 1) Case of $s = 0$: Use Note 4.1.
2) Case of $s > 0$: The estimate of $p_{l,l-1}$ can be proved as in Lemma 4.4 (replace T_{l-1}, $p_{l,l-1}$, T_l with T_l, P_l, T). For $\hat{r}_{l-1,l}$ apply Lemma 4.4 to

$$T_{l-1}^{s/2}\hat{r}_{l-1,l}T_l^{-s/2} = (T_{l-1}^{s/2}\hat{R}_{l-1}T^{-s/2})\,(T^{s/2}P_lT_l^{-s/2}).$$

3) Case of $s < 0$: Similar to 2). ■

Theorem 4.6 [*Condition* (3.4b)]. *Define the norm* $\|\cdot\|_1$ *by* $|\cdot|_s$ *for some* $s \in [-1, 1]$ *and assume* (4.6). (4.7a) *is needed if* $s < 0$, *whereas* $s > 0$ *requires* (4.7b). *Then the condition* (3.4b′) *holds.*

Proof. The matrices to be estimated are the adjoint ones of the matrices involved by Theorem 4.5. ■

4.8. *Verification of the smoothing property*

If S is a differential operator of the order $2m$, the estimate $\|S_l\| \leqq Ch_l^{-2m}$ is expected. The same estimate must hold for T_l:

$$\|T_l\| \leqq Ch_l^{-2m} \quad (2m\text{: order of the differential operator } S), \tag{4.9a}$$

while U_l is a lower order term satisfying

$$\|U_l\| \leqq Ch_l^{-2\delta m}, \quad 0 \leqq \delta < 1 \quad (l \geqq 0) \tag{4.9b}$$

or

$$\|U\|_{\mathscr{H}^\delta \to \mathscr{H}^{-\delta}} \leqq C, \quad 0 \leqq \delta < 1. \tag{4.9b′}$$

Note 4.7. (4.6), (4.9a), *and* (4.9b′) *imply* (4.9b). *Under the condition* (4.6), *the estimate* (4.9a) *is equivalent to the 'inverse assumption'*

$$\|u\|_{\mathscr{H}^1} \leqq Ch_l^{-m}\,\|u\|_{\mathscr{H}^0} \quad \textit{for} \quad u \in \mathscr{H}_l.$$

Proof. Lemma 4.4 shows

$$\|U_l\| = \|T_l^{\delta/2}(T_l^{-\delta/2}P_lT^{\delta/2})\,(T^{-\delta/2}UT^{-\delta/2})\,(T^{\delta/2}R|T_l^{-\delta/2})\,T_l^{\delta/2}\|$$
$$\leqq C\,\|T_l^{\delta/2}\|^2 = C\,\|T_l\|^\delta \leqq C'h_l^{-2\delta m}.\ ■$$

Often the entries of the matrices S_l cannot be calculated exactly. Denoting the error of the numerical approximation $\tilde{S}_l$ by σ_l, we obtain Eq. (4.3′), $\tilde{S}_l = T_l + U_l + \sigma_l$, and require

$$\|\sigma_l\| \leqq \varepsilon h^{2\delta m}, \quad \delta > 0, \quad \varepsilon \text{ small enough} \quad (l \geqq 0). \tag{4.9c}$$

The smoothing procedure is chosen as

$$\mathscr{G}_l(v_l, f_l) := v_l - \omega_l h_l^{2m}(\tilde{S}_l v_l - f_l), \quad \omega_l = 1/(h_l^{2m}\,\|T_l\|). \tag{4.10}$$

If the diagonal of $\tilde{S}_l$ is a multiple of I, (4.10) is a damped Jacobi iteration. Note that (4.9a) guarantees $\omega_l \geqq C > 0$ $(l \geqq 0)$. ω_l may be replaced with $\tilde{\omega}_l \in [C, \omega_l]$, where $C > 0$.

Theorem 4.8 [*Condition* (3.1a, b)]. *Let the smoothing procedure be defined by* (4.10) *and assume* (4.6) *and* (4.9a, c) *with* $\delta \geqq 0$. *Choose the norms* $\|\cdot\|_1$, $\|\cdot\|_2$ *by* $|\cdot|_{s_1}$ *and* $|\cdot|_{s_2}$, *respectively, where* $2 + s_1 > s_2$ *and* $s_1, s_2 \in [-1, 1]$. *Assume either* (4.9b) *with* $\delta < 1 + [\min(0, s_1) - \max(0, s_2)]/2$ *or* (4.9b') *with* $\delta < 1$. *Then* (3.1a, b) *holds for* $L_l = \tilde{S}_l$ *with*

$$\alpha = 2sm, \quad C_0(\nu) = C \cdot (\nu + s)^{-s}, \quad s = 1 + (s_1 - s_2)/2 > 0.$$

Proof. Apply Note 3.1 with $L_l = \tilde{S}_l$, $L_l^{\mathrm{I}} = T_l$, $L_l^{\mathrm{II}} = U_l + \sigma_l$. (3.1a') follows from

$$\begin{aligned} \|L_l^{\mathrm{I}}(G_l^{\mathrm{I}})^\nu\|_{2,1} &= \|T_l^{s_1/2} T_l (I - \omega_l h_l^{2m} T_l)^\nu\, T_l^{-s_2/2}\| = \|T_l^s (I - \omega_l h_l^{2m} T_l)^\nu\| \\ &\leqq \sup_{0 \leqq \lambda \leqq h_l^{-2m}/\omega_l} \lambda^s (1 - \omega_l h_l^{2m})^\nu = (h_l^{2m}\omega_l)^{-s} \sup_{0 \leqq \mu \leqq 1} \mu^s (1 - \mu)^\nu \\ &= (h_l^{2m}\omega_l)^{-s}\, s^s \nu^\nu / (\nu + s)^{\nu + s} \leqq h_l^{-2sm} \cdot (s/\omega_l)^s / (\nu + s)^s, \end{aligned}$$

since the spectrum of T_l belongs to $[0, h_l^{-2m}\omega_l]$. From (4.9a, b, c) one obtains (3.1a'') with $\beta = (s_2^- - s_1^+ - 2\delta + 2 - s_2 + s_1)\, m > 0$, where $s_1^+ = \max(0, s_1)$ and $s_2^- = \min(0, s_2)$:

$$\begin{aligned} \|L_l^{\mathrm{II}}\|_{2,1} &= T_l^{s_1/2}(U_l + \sigma_l)\, T_l^{-s_2/2}\| \leqq (h_l^{-2m}/\omega_l)^{(s_1^+ - s_2^-)/2} \cdot C h_l^{-2\delta m} \\ &\leqq C' h_l^{(s_2^- - s_1^+ - 2\delta)m}. \end{aligned}$$

In case of (4.9b') use

$$\|T_l^{s_1/2} U_l T_l^{-s_2/2}\| \leqq \|T_l^{s_1/2} R_l T^{\delta/2}\| \cdot \|U\|_{\mathscr{H}^\delta \to \mathscr{H}^{-\delta}} \cdot \|T^{\delta/2} P_l T^{-s_2/2}\| \leqq C h_l^{\beta - sm}$$

(cf. (4.8a)), where $\beta - sm = -\max\big(0, (s_1 + \delta)\, m\big) - \max\big(0, (\delta - s_2)\, m\big)$. Note that $s_1, s_2 \in [-1, 1]$ and $s_2 - s_1 < 2$ imply $\beta > 0$. The further estimates of (3.1a'') are

$$\|G_l^{\mathrm{I}}\|_{2,2} = \|I - \omega_l h_l^{2m} T_l\| \leqq 1, \quad \|G_l^{\mathrm{II}}\|_{2,2} = \omega_l h_l^{2m} \|\, T_l^{s_2/2}(U_l + \sigma_l)\, T_l^{-s_2/2}\| \leqq C h_l^\beta,$$

where $\beta = (2 - |s_2| - 2\delta)\, m > 0$ in case of (4.9b) and $\beta \geqq (1 - \delta)\, m$ if (4.9b'). ■

4.9. *Verification of the approximation property*

Till now we defined the spaces $\mathscr{H}^s$ only for $s \in [-1, 1]$. In the following we assume the existence of a Hilbert space $\mathscr{H}^t$ for some $t \in (1, 3]$ with properties mentioned below. Note that in general $\|u\|_{\mathscr{H}^t}$ does not coincide with $\|T^{t/2}u\|_{\mathscr{H}^0}$ for $t > 1$.

We make the following *regularity assumptions*:

$$\|S^{-1}f\|_{\mathscr{H}^{2+s}} \leqq C\, \|f\|_{\mathscr{H}^s} \quad \text{for all } f \in \mathscr{H}^s \quad (-1 \leqq s \leqq 1), \tag{4.11a}$$

$$\|S^{*-1}f\|_{\mathscr{H}^{2+s}} \leqq C\, \|f\|_{\mathscr{H}^s} \quad \text{for all } f \in \mathscr{H}^s \quad (-1 \leqq s \leqq 1), \tag{4.11b}$$

i.e., S^{-1} and S^{*-1} are continuous mappings from $\mathscr{H}^s$ into $\mathscr{H}^{2+s}$. Note that (4.4a) ensures (4.11a, b) for $s = -1$.

The connection of the finite element space $\mathscr{H}_l$ and the "step size" h_l is expressed by the *approximation property*

$$\inf_{v \in \mathscr{H}_l} \|u - v\|_{\mathscr{H}^1} \leqq C h_l^{(t-1)m}\, \|u\|_{\mathscr{H}^t} \text{ for all } u \in \mathscr{H}^t \ (1 \leqq t \leqq t_{\max} \leqq 3). \tag{4.12}$$

For m compare Section 4.8.

Note 4.9 (cf. [3, 4]). *The assumptions* (4.1b), (4.4a, b), (4.12) *imply*

$$\|u - P_l u_l\|_{\mathscr{H}^1} \leqq C h_l^{(t-1)m} \|u\|_{\mathscr{H}^t}, \quad \|u^* - P_l u_l^*\|_{\mathscr{H}^1} \leqq C h_l^{(t-1)m} \|u^*\|_{\mathscr{H}^t} \quad (4.13)$$

for $1 \leqq t \leqq t_{\max} \leqq 3$ *and for all* $u = S^{-1}f \in \mathscr{H}^t$, $u_l = S_l^{-1}R_l f \in \mathscr{H}_l$, $u^* = S^{*-1}f \in \mathscr{H}^t$, $u_l^* = S_l^{*-1}R_l f$.

Lemma 4.10. *Let* $s_1, s_2 \in [-1, 1]$. *Assume* (4.1b), (4.4a, b), (4.11a) *with* $s = s_1$, (4.11b) *with* $s = -s_2$, (4.12) *for* $t = 2 + s_1, 2 - s_2$. *Then* (4.14) *holds:*

$$\|T^{s_2/2}(S^{-1} - P_l S_l^{-1} R_l)\, T^{-s_1/2}\| \leqq C h_l^{(2+s_1-s_2)m}. \quad (4.14)$$

Proof. Define $E_l := S^{-1} - P_l S_l^{-1} R_l$. (4.13) and (4.11a, b) show

$$\|E_l f\|_{\mathscr{H}^1} \leqq C h_l^{(1+s_1)m} \|f\|_{\mathscr{H}^{s_1}}, \quad \|E_l^* f\|_{\mathscr{H}^1} \leqq C h_l^{(1-s_2)m} \|f\|_{\mathscr{H}^{-s_2}};$$

hence

$$\|T^{1/2} E_l T^{-s_1/2}\| \leqq C h_l^{(1+s_1)m}, \quad \|T^{1/2} E_l^* T^{s_2/2}\| \leqq C h_l^{(1-s_2)m}.$$

Noting $E_l S E_l = E_l$ one obtains (4.14) from

$$\|T^{s_2/2} E_l T^{-s_1/2}\| \leqq \|T^{s_2/2} E_l T^{1/2}\| \cdot \|T^{-1/2} S T^{-1/2}\| \cdot \|T^{1/2} E_l T^{-s_1/2}\|. \blacksquare$$

Theorem 4.11 [*Condition* (3.2)]. *Let the norms* $\|\cdot\|_1$, $\|\cdot\|_2$ *be defined by* $|\cdot|_{s_1}$, $|\cdot|_{s_2}$ *with* $s_1, s_2 \in [-1, 1]$. *If* $s_1 < 0$ *or* $s_2 > 0$, *the condition* (4.7a) *is needed, while* (4.7b) *is required in the case of* $s_1 > 0$ *or* $s_2 < 0$. *Then the approximation property* (3.2) *holds under the assumptions* (4.1b), (4.4a, b), (4.6), (4.9c) *with* $\delta = 1 + (s_1 - s_2)/2$, (4.11a) *with* $s = s_1$, (4.11b) *with* $s = -s_2$, (4.12) *with* $t = 2 + s_1, 2 - s_2$.

Proof. Set $E_{l,l-1} := E_{l-1} - E_l$ (cf. proof of Lemma 4.10). Then

$$\|S_l^{-1} - p_{l,l-1} S_{l-1}^{-1} r_{l-1,l}\|_{1,2} = \|T_l^{s_2/2} \hat{R}_l E_{l,l-1} \hat{P}_l T_l^{-s_1/2}\| \leqq C h_{l-1}^{(2+s_1-s_2)m}$$

follows from Lemma 4.4 and Lemma 4.10. Since $L_l = \tilde{S}_l = S_l + \sigma_l$, (3.2) is proved if in the last estimate S_l can be replaced with $\tilde{S}_l$. By (4.9c) $\tilde{S}_l^{-1}$ exists. Using the representation $\tilde{S}_l^{-1} - S_l^{-1} = S_l^{-1}\sigma_l X_l S_l^{-1}$ with $\|X_l\| \leqq C$, we obtain from $\|T_l^{1/2} S_l^{-1} T_l^{1/2}\| \leqq C$ (result of (4.4b)) that $\|\tilde{S}_l^{-1} - S_l^{-1}\|_{1,2} \leqq C h_l^{(2+s_1-s_2)m}$. An analogous estimate holds for

$$\|p_{l,l-1}(\tilde{S}_{l-1}^{-1} - S_{l-1}^{-1})\, r_{l-1,l}\|_{1,2}. \blacksquare$$

4.10. *Final results*

The Theorems 4.6, 4.8, 4.11 yield the following results.

Theorem 4.12a [*Case of regular problems*]. *The rate of convergence of the multi-grid iteration* (2.7) (*with* γ *and* ν *as mentioned in Theorem* 3.4 *and with* $\mathscr{G}_l$ *defined by* (4.10)) *applied to the equation* (4.3′) *can be estimated by* (3.7) *with*

$$C_0(\nu) = C/\nu$$

under the following conditions. The sesqui-linear form B must satisfy (4.1b), (4.4a, b), *and* (4.5). *The finite dimensional subspaces* $\mathscr{H}_{l-1} \subset \mathscr{H}_l \subset \mathscr{H}^1$ *have to fulfil* (4.12) *for*

$t = 2$, where the "step sizes" h_l satisfy (3.6). *The inequality* (4.6) *must hold for the prolongations P_l defined by the choice of the coefficient space V_l ($l \geqq 0$). The estimates* (4.9a, b) *with $\delta < 1$ are assumed for the "principle part" T_l and the "lower order part" U_l of S_l. The perturbation σ_l must satisfy* (4.9c) *with $\delta = 1$. Finally, the regularity condition* (4.11a, b) *must hold with $s = 0$.*

Proof. Choose $\|\cdot\|_1 = \|\cdot\|_2 = |\cdot|_{V_l}$, i.e. $s_1 = s_2 = 0$. ■

If $\mathscr{H}^0 = L^2(\Omega)$, $\mathscr{H}^1 = H^m(\Omega)$, $\mathscr{H}^2 \subset H^{2m}(\Omega)$, the regularity assumptions (4.11a, b) ($s \geqq 0$) are satisfied for boundary problems with smooth coefficients and smooth boundary (cf. [22, 23]). The assumptions even hold for Dirichlet problems in non-smooth but convex regions with $s = 0$ (cf. [18]). In the case of $s > 0$ in (4.11a, b) we obtain the following result.

Theorem 4.12b [*Case of "very regular" problems*]. *The estimate* (3.7) *even holds with $C_0(\nu) = C/\nu^{1+q}$ ($0 < q \leqq 1$), if the requirements of Theorem* 4.12a *are changed as follows.* (4.9c) *is assumed for $\delta = 1 + q$,* (4.11a, b) *for $s = q$,* (4.12) *for $t = 2 + q$. In addition* (4.7b) *must hold.*

Proof. Choose $\|\cdot\|_1 = |\cdot|_q$, $\|\cdot\|_2 = |\cdot|_{-q}$, i.e., $s_1 = q$, $s_2 = -q$. ■

In the case of non-smooth regions with a re-entrant boundary, the regularity assumptions (4.11a, b) are not valid for $s = 0$. E.g., NEČAS [24] shows (4.11a, b) with $s \in (-3/2, -1/2)$ for the Dirichlet problem $\left(\mathscr{H}^1 = H_0^1(\Omega)\right)$ in a Lipschitz region Ω (cf. [3, p. 16]). The numerical results reported in [13] show that the rate of convergence becomes worse as soon as re-entrant boundaries occur. This observation agrees with the behaviour of $C_0(\nu)$ given in Theorem 4.12c. Note that also in the case of re-entrant boundaries accurate discrete solutions u_l are of interest, since by the discretization of ZENGER and GIETL [29] the discretization error can be made small.

Note that there is a second application of Theorem 4.12c. Usually, the simplest finite element subspaces $\mathscr{H}_l \subset \mathscr{H}^1$ satisfy (4.12) for $1 \leqq t \leqq t_{\max} := 1 + 1/m$ ($2m$: order of the differential operator S). Therefore, the numbers s_1, $-s_2$ of Theorem 4.11 must be negative ($\leqq 1/m - 1$) if $m > 1$.

Theorem 4.12c [*Case of less regular problems*]. *The estimate* (3.7) *holds with $C_0(\nu) = C/\nu^{1-q}$, $0 < q < 1$, if the requirements of Theorem* 4.12a *are changed as follows. Either* (4.9b) *with $\delta < 1 - q$ or* (4.9b') *with $\delta < 1$ must hold; moreover,* (4.9c) *with $\delta = 1 - q$,* (4.11a, b) *for $s = -q$, and* (4.12) *for $t = 2 - q$ are required. In addition* (4.7a) *must hold.*

Proof. Choose $\|\cdot\|_1 = |\cdot|_{-q}$ and $\|\cdot\|_2 = |\cdot|_q$, i.e., $s_1 = -q$, $s_2 = q$. ■

5. Discussion of other proofs of convergence

5.1. *Proof of Fedorenko* [9]

FEDORENKO considers the Poisson equation $\Delta u = f$ in a square with zero boundary conditions. He uses the five-point formula as discretization and applies the smoothing procedure (4.10) with $\omega_l \in (0, h_l^{-2}/4)$. $r_{l-1,l}$ is the trivial injection, while $p_{l,l-1}$ is defined by piece-wise linear interpolation. V_l is split into $V_l' \oplus V_l''$, where V_l' and V_l'' consist of the "good" (smooth) and "bad" components, respectively. The correction step takes the form $g_l = g_l' + g_l'' \mapsto v_l = v_l' + v_l''$, where $v_l' = v'_{l,1} + v'_{l,2}$ ($h_l^2 L_l v'_{l,2}$ is defined by the second and third terms of the equation $\Delta\bar{v}^{\nu_0} = \cdots$ on page 563 of [9]). The proof of [9] corresponds to the choice of

$$\|g_l\|_1 := \|g_l'\| + q^{-\nu_0}\|g_l''\|, \quad \|v_l\|_2 := h_l\,\|L_l v'_{l,1}\| + \|v'_{l,2}\| + h_l^2 q^{-\nu_0}\,\|L_l v_l''\|$$

where $\|\cdot\|$ is the discrete L^2 norm. (3.1a, b) and (3.2) hold with

$$\alpha = 2, \qquad C_0(\nu) = C/(\nu - \nu_0) \quad (\nu > \nu_0).$$

5.2. *Proof of Bachvalov* [5]

The problem (2.2) in consideration is a general elliptic differential equation of second order in the unit square Ω with homogeneous Dirichlet boundary condition. L_l is a certain difference scheme. $r_{l-1,l}$ is the trivial injection; $p_{l,l-1}$ must be an interpolation that is exact on polynomials of second degree. The smoothing procedure is (4.10).

As in [9], V_l is the direct sum of $\Lambda_\theta^{h_l,0}$ containing the smooth eigenfunctions and $\Lambda_\theta^{h_l,1}$. (3.1) and (3.2) are proved for $\alpha = 2$, $\|v_l\|_1 = \|v_l'\|/C_0(\nu) + \|v_l''\|$ and $\|v_l\|_2 = h_l^2\,\|L_l v_l\|$, where $v_l = v_l' + v_l''$, $v_l' \in \Lambda_\theta^{h_l,0}$, $v_l'' \in \Lambda_\theta^{h_l,1}$, $C_0(\nu) \to 0$ and $\theta \to 0$ as $\nu \to \infty$.

5.3. *Proof of Astrachancev* [1]

The proof of Astrachancev for a special finite element method in the case of $m = 1$ is similar to the considerations of Section 4. The smoothing procedure differs from (4.10) by a diagonal matrix E_l:

$$\mathscr{G}_l(v_l, f_l) = v_l - \omega_l h_l^2 E_l^{-1}(S_l v_l - f_l).$$

The norms $\|v_l\|_1 = \|P_l v_l\|_{\mathscr{H}^{-1/2}}$ and $\|v_l\|_2 = \|P_l v_l\|_{\mathscr{H}^1} = |v_l|_1$ are chosen.

5.4. *Proof of Nicolaides* [25]

In [25] the following example is considered: $m = 1$, $\mathscr{H}^1 \subset H^1(\Omega)$, B: symmetric bilinear form with $B(v, v) \geqq \varepsilon \cdot \|v\|^2_{H^1(\Omega)}$. Furthermore the regularity assumptions (4.11a, b) must hold for $s = 0$. (4.10) is used for smoothing. The norms of Section 3.2 are $\|\cdot\|_1 = \|\cdot\|_2 = |\cdot|_0$.

5.5. *Proof of Wesseling* [28]

The assumptions 1—3 of Wesseling [28] correspond to our conditions (3.1a), (3.2), where $\|\cdot\|_1 = \|\cdot\|_2 = |\cdot|_0$ is chosen. Assumption 4 of [28] is equivalent to (3.4a). It is proved that these assumptions are satisfied for a certain difference scheme applied to a general second order differential equation in a square with zero boundary condition. Smoothing is defined by (4.10). In opposite to [5], L_k ($k < l$) is defined by $L_k = r_{k,k+1} L_{k+1} p_{k+1,k}$, where $p_{k+1,k} = r^*_{k,k+1}$ corresponds to piece-wise linear interpolation.

5.6. *Convergence in the case of smoothing by relaxation*

All proofs mentioned above use the smoothing procedure (4.10) or a similar version. The multi-grid iteration often becomes faster if the relaxation method (Gauß-Seidel iteration) is used for smoothing. For the model problem of $\Delta u = f$ in a square and Dirichlet boundary conditions, the author proved the convergence of the multi-grid method with $C_0(\nu) = C/\nu$ if relaxation is applied with a suitable ordering of the grid points (cf. [13] and reference [8] of [13]). It is an interesting fact that in the one-dimensional case *one* multi-grid iteration with smoothing by relaxation yields the exact solution, i.e., $\|M_l^{MGM}\|_{2,2} = 0$ (cf. [13]).

5.7. *The algorithm of Frederickson* [10]

The iteration of FREDERICKSON [10] is not of the form considered in Section 2. In each iteration a nested iteration is used for computing a correction by means of a given approximate inverse of L_l. However, the iteration (2.9) is of the form of FREDERICKSON's iteration if other approximate inverses are chosen.

References

[1] ASTRACHANCEV, G. P., An iterative method of solving elliptic net problems (Russ.), Ž. vyčisl. Mat. mat. Fiz. **11** (1971), 439–448.
[2] ASTRACHANCEV, G. P., The iterative improvement of eigenvalues (Russ.), Ž. vyčisl. Mat. mat. Fiz. **16** (1976), 131–139.
[3] AZIZ, A. K. (ed.), The Mathematical Foundation of the Finite Element Method with Applications to Partial Differential Equations, Academic Press, New York 1972.
[4] BABUŠKA, I., Error-bounds for finite element method, Numer. Math. **16** (1971), 322–333.
[5] BACHVALOV, N. S., On the convergence of a relaxation method with natural constraints on the elliptic operator (Russ.), Ž. vyčisl. Mat. mat. Fiz. **6** (1966), 861–883.
[6] BANK, R. E., and T. DUPONT, An optimal order process for solving elliptic finite element equations, Manuscript, 1977.
[7] BRANDT, A., Multi-level adaptive solutions to boundary-value problems, Math. Comp. **31** (1977), 333–390.
[8] KREJN, S. G., and YU. I. PETUNIN, Scales of Banach spaces. Russ. Math. Surveys **21** (1966), 85–160.
[9] FEDORENKO, R. P., The speed of convergence of one iterative process (Russ.), Ž. vyčisl. Mat. mat. Fiz. **4** (1964), 559–564.
[10] FREDERICKSON, P. O., Fast approximate inversion of large sparse linear systems, Report 7-75, Lakehead University 1975.

[11] HACKBUSCH, W., A fast iterative method for solving Poisson's equation in a general region. In: Numerical Treatment of Differential Equations, Oberwolfach 1976 (R. BULIRSCH, R. D. GRIGORIEFF, J. SCHRÖDER, eds.). Lecture Notes in Mathematics 631. Springer-Verlag, Berlin—Heidelberg—New York 1978.
[12] HACKBUSCH, W., On the convergence of a multi-grid iteration applied to finite element equations, Report 77-8, Mathematisches Institut, Universität Köln 1977.
[13] HACKBUSCH, W., On the multi-grid method applied to difference equations, Computing **20** (1978), 291—306.
[14] HACKBUSCH, W., On the computation of approximate eigenvalues and eigenfunctions of elliptic operators by means of a multi-grid method, SIAM J. on Numer. Anal. **16** (1979), 201—215.
[15] HACKBUSCH, W., Die schnelle Auflösung der Fredholmschen Integralgleichung zweiter Art, Beiträge Numer. Math. **9** (1980), 47—62.
[16] HACKBUSCH, W., On the fast solving of parabolic boundary control problems, SIAM J. on Control and Optimization **17** (1979), 231—244.
[17] HACKBUSCH, W., On the fast solving of nonlinear elliptic equations, Numer. Math. **32** (1979), 83—95.
[18] KADLEC, J., On the regularity of the solution of the Poisson problem on a domain with boundary locally similar to the boundary of a convex open set, Czech. Math. J. **14** (1964), 386—393.
[19] KATO, T., Perturbation Theory for Linear Operators, Springer-Verlag, Berlin—Heidelberg—New York 1966.
[20] KRONSJÖ, L., A note on the "nested iterations" method, BIT **15** (1975), 107—110.
[21] KRONSJÖ, L., and G. DAHLQUIST, On the design of nested iterations for elliptic difference equations, BIT **11** (1971), 63—71.
[22] LADYŽENSKAJA, O. A., and N. N. URAL'CEVA, Linear and Quasilinear Elliptic Equations, Academic Press, New York 1968 (transl. from the Russian).
[23] LIONS, J. L., and E. MAGENES, Non-homogeneous Boundary Value Problems and Applications I, Springer-Verlag, Berlin—Heidelberg—New York 1972.
[24] NEČAS, J., Sur la coercivité des formes sesqui-linéaires elliptiques, Rev. Roumaine Math. Pure Appl. **9** (1964), 47—69.
[25] NICOLAIDES, R. A., On the l^2 convergence of an algorithm for solving finite element equations, Math. Comp. **31** (1977), 892—906.
[26] NICOLAIDES, R. A., On multigrid convergence in the indefinite case, Math. Comp. **32** (1978), 1082—1086.
[27] SCHUMANN, U. (ed.), Computers, Fast Elliptic Solvers, and Applications, Advance Publ., London 1978.
[28] WESSELING, P., A convergence proof for a multiple grid method, Report NA-21, Dept. of Mathematics, University of Techn., Delft 1978.
[29] ZENGER, C., and H. GIETL, Improved difference schemes for the Dirichlet problem of Poisson's equation in the neighbourhood of corners, Numer. Math. **30** (1978), 315—332.
[30] HACKBUSCH, W.: Convergence of multi-grid iterations applied to difference equations. To appear.

Manuskripteingang: 9. 2. 1979

VERFASSER:

Dr. WOLFGANG HACKBUSCH, Mathematisches Institut der Universität Köln

IX. IKM

IX. Internationaler Kongreß über Anwendungen der Mathematik in den Ingenieurwissenschaften

28. Juni bis 4. Juli 1981 in Weimar

Hochschule für Architektur und Bauwesen Weimar

Thema: *Anwendung mathematischer Methoden und der EDV zur Intensivierung der Bauproduktion*

Sektion 1: Untersuchung von Tragwerken

Sektion 2: Nutzung mathematischer Methoden in der Betriebswirtschaft

Sektion 3: Automatisierte Projektierung

Sektion 4: Anwendungen der numerischen Mathematik

Sektion 5: Methoden und Modelle der Stochastik

Sektion 6: Methoden und Modelle der Optimierung

Auskünfte: Hochschule für Architektur und Bauwesen Weimar
Kongreßbüro IX. IKM
DDR-5300 Weimar
Karl-Marx-Platz 2

Kolibri 360 GmbH
Ferdinand-Jühlke-Straße 7
99095 Erfurt, Deutschland
produktsicherheit@kolibri360.de